U0682653

物联网
工程设计与
系统仿真

▶主 编 彭 聪 王 健
　　　　夏林中　管明祥
▶副主编 吴焕祥　郭子杰　罗德安
▶参 编 于培宁　易 勋　赵志力
▶主 审 覃国蓉

中国教育出版传媒集团
高等教育出版社·北京

内容提要

本书是高等职业教育电类课程新形态一体化教材。

本书由深圳信息职业技术学院在物联网应用技术专业方向拥有丰富教学经验的一线骨干教师主导,并联合国内领先的综合性物联网企业北京新大陆时代教育科技有限公司共同编写完成。本书共 8 章,主要内容包括物联网的基础知识、全感知的关键技术、可靠传输的关键技术、物联网行业实训仿真系统、物联网云平台、智慧图书馆温控系统、智慧小区安防监控系统、智慧农业综合应用系统。

本书采用"纸质教材+在线课程"的出版形式,配套在线课程在"智慧职教"平台(www.icve.com.cn)上线,使用方法详见"智慧职教"服务指南。本书配套提供丰富的数字化教学资源,包括教学课件、微课、仿真工程文件及配套上位机软件、习题等,读者可发送电子邮件至 gzdz@ pub. hep. cn 获取部分教学资源。

本书可作为高等职业教育专科、高等职业教育本科及应用型本科物联网相关专业中"物联网技术与应用仿真""物联网行业应用仿真""物联网技术虚拟仿真"以及"物联网综合应用实训"等理论与实践相结合的专业核心课以及实训课的配套教材,也可以作为高等职业院校电子与信息大类其他相关专业的选修课教材,还可以作为物联网相关从业人员的参考书或培训用书。

图书在版编目(C I P)数据

物联网工程设计与系统仿真 / 彭聪等主编. -- 北京:
高等教育出版社, 2023.11
ISBN 978-7-04-060062-9

Ⅰ. ①物… Ⅱ. ①彭… Ⅲ. ①物联网-系统仿真-高等职业教育-教材 Ⅳ. ①TP393.4

中国国家版本馆 CIP 数据核字(2023)第 036501 号

物联网工程设计与系统仿真
WULIANWANG GONGCHENG SHEJI YU XITONG FANGZHEN

策划编辑	郑期彤	责任编辑 郑期彤	封面设计 赵 阳	版式设计 童 丹	
插图绘制	邓 超	责任校对 刘俊艳 刘丽娟	责任印制 田 甜		

出版发行	高等教育出版社	网 址	http://www.hep.edu.cn
社 址	北京市西城区德外大街 4 号		http://www.hep.com.cn
邮政编码	100120	网上订购	http://www.hepmall.com.cn
印 刷	涿州市京南印刷厂		http://www.hepmall.com
开 本	850mm×1168mm 1/16		http://www.hepmall.cn
印 张	15		
字 数	370 千字	版 次	2023 年 11 月第 1 版
购书热线	010-58581118	印 次	2023 年 11 月第 1 次印刷
咨询电话	400-810-0598	定 价	42.80 元

本书如有缺页、倒页、脱页等质量问题,请到所购图书销售部门联系调换

版权所有 侵权必究

物 料 号 60062-00

"智慧职教"(www.icve.com.cn)是由高等教育出版社建设和运营的职业教育数字教学资源共建共享平台和在线课程教学服务平台,与教材配套课程相关的部分包括资源库平台、职教云平台和 App 等。用户通过平台注册,登录即可使用该平台。

● 资源库平台:为学习者提供本教材配套课程及资源的浏览服务。

登录"智慧职教"平台,在首页搜索框中搜索"物联网工程设计与系统仿真",找到对应作者主持的课程,加入课程参加学习,即可浏览课程资源。

● 职教云平台:帮助任课教师对本教材配套课程进行引用、修改,再发布为个性化课程(SPOC)。

1. 登录职教云平台,在首页单击"新增课程"按钮,根据提示设置要构建的个性化课程的基本信息。

2. 进入课程编辑页面设置教学班级后,在"教学管理"的"教学设计"中"导入"教材配套课程,可根据教学需要进行修改,再发布为个性化课程。

● App:帮助任课教师和学生基于新构建的个性化课程开展线上线下混合式、智能化教与学。

1. 在应用市场搜索"智慧职教 icve"App,下载安装。

2. 登录 App,任课教师指导学生加入个性化课程,并利用 App 提供的各类功能,开展课前、课中、课后的教学互动,构建智慧课堂。

"智慧职教"使用帮助及常见问题解答请访问 help.icve.com.cn。

前　言

党的二十大报告中提出，职业教育应推进产教融合、科教融汇；要加快实施创新驱动发展战略，加强企业主导的产学研深度融合，强化目标导向。以党的二十大精神为指引，职业教育教材除了介绍基本知识和理论外，亦应注重加强培养学生理论联系实际的能力，引导学生基于真实案例透彻理解技术原理并进行专业技能实操训练，从而将所学所悟转化为实用之策。

随着全感知及可靠传输相关关键技术的快速发展，物联网技术及应用不断迭代演进，在不同的垂直应用领域衍生出适应各类场景的解决方案。物联网应用技术是综合性、应用性极强的专业，如果教师仅凭 PPT 课件去讲解抽象复杂的知识点，学生仅凭想象去理解抽象繁杂的基本概念、技术原理和应用系统，易令学生对课程内容产生畏难情绪，丧失学习兴趣。在教学中，引导学生在学习物联网基本概念和关键技术的基础上由点及面、由局部到整体地进行实验实操，从而带领学生以手脑结合的方式巩固知识、加深理解，进而能够灵活运用所学知识对系统进行自主分析乃至创新设计，是每一位专业教师在教学研究和实践中孜孜以求的理想教学效果。

囿于客观实验条件，理论知识的透彻理解以及专业技能的实操训练大多不可能在完全真实的情境中开展。完全真实的情境需要实体实验设备的支持，一方面设备在反复使用中极易遭到损坏，维修费用和更新成本高昂，另一方面实体实验耗时较长，对授课环境要求更高，这些都给教师在授课过程中安排过多的真实情境下的实验实训带来不小的困难和阻力。虚拟仿真工具能在很大程度上弥补实体实验平台的不足，对应用型技术的课程教学具有重要作用。在课堂教授中，教师可以在理论讲解的过程中更灵活地穿插使用虚拟仿真工具，以演示讲解抽象复杂的工作原理和模块关系，以及系统设计与运行过程；在课上以及课后，学生可以利用虚拟仿真工具直接动手设计和搭建系统，配置参数，观察系统运行过程，在动手实践中更透彻地理解基本技术概念并灵活运用于各种应用场景。在新型虚拟仿真工具的帮助下，在课程教学中可以将理论讲授和技能实操的环节进行更加有机紧凑的融会贯通，这不但能克服实体设备维护不便、课时有限的困难，还能更有效地激发学生的学习热情，启发自主思考，培养实践能力，激活创新思维，大幅提升教学质量。

在"新工科"背景下，物联网应用技术专业需要培养具有扎实的理论基础和突出的实践能力，且具备灵活性和创新思维，能与产业发展和企业需求对接的"新工科"人才。作为高等职业院校及应用型本科院校电子与信息大类相关专业中"物联网技术与应用仿真""物联网行业应用仿真""物联网技术虚拟仿真"以及"物联网综合应用实训"等理论与实践相结合的专业核心课以及实训课的配套教材，本书将内容分为三大板块，共 8 章。第一板块包括第 1~3 章，主要介绍物联网的起源、概念、架构、应用等基础知识，以及实现全感知和可靠传输的关键技术，着重对物联网的概念和关键技术进行理论讲解。第二板块包括第 4、5 章，主要对北京新大陆时代教育科技有限公司（以下简称新大陆公司）的物联网行业实训仿真系统以及物联网云平台进行系统介绍，着重通过讲练结合的方式令读者掌握物联网行业实训仿真系统的独立使用以及其与物联网云平台的协作联动使用，从而为综合型物联网系统的设计、构建和仿真验证奠定必备的软硬件知识和操作技能基础。第三板块包括第 6~8 章，共有智慧图书馆温控系统、智慧小区安防监控系统、智慧农业综合应用系统三个项目。这一板块采用"以项目为主导,以任务为驱动"的教学法,以"因材施教,学以致用"为教学目的,将项目任务融入教学过程中,训练学生依托虚拟仿真系统及开放云平台独立完成既定应用场景下的综合物联网系统设计、构建和仿真验证,帮助学生在了解物联网技术要素及关键技术理论的基础上,更透彻地理解各个技术要素如何协同构建一个完整的物联网应用系统,理解常见物联网设备如何协同工作,掌握常见物联网设备的基本功能与接线调试,掌握常规故障分析与排查方法,充分理解在多元的应用场景下,物联网系统如何融通全感知技术、信息通信技术以及云计算技术等新兴技术为不同的垂直行业赋能。总体上,本书内容编排注重将物联网应用技术能力、物联网系统集成能力、物联网工程运维能力在"理论学习+实验实操"的任务式教学过程中进行项目驱动式的内化和整合。

本书具有以下鲜明特色。

第一,支持技术和应用并重的教学理念。在简洁紧凑地梳理物联网基础知识和关键技术的基础上,本书基于微型实操应用案例(空气质量监测系统、气象数据监测系统、智能人体监测系统、简易智能换气扇系统)介绍物联网行业实训仿真系统和物联网云平台的基本知识和使用方法,引导读者基于应用案例理解、掌握并巩固相关的基础知识和技术原理。本书还结合智慧图书馆、智慧小区、智慧农业三种典型的物联网应用场景,引导读者在构建相应应用系统的过程中对物联网系统的拓扑结构、数据传输以及运行与控制过程有较为透彻的理解,并深入理解多种关键技术如何协同构建物联网系统以实现与既定应用场景匹配的功能。

第二,支持讲授和实操并举的授课方式。本书采用更符合认知规律的探究式教学模式,以"背景、概念与案例导入→任务分析→任务实施→案例总结"的顺序展开实操内容,以任务的完成过程为主线,串联任务涉及的物联网技术理论、设备知识和操作技能,在循序完成任务的过程中观察现象并进行分析理解,实现从感性到理性的过渡,培养独立探索和开拓进取的自学能力。依托典型物联网应用项目的构建过程,读者能够熟练掌握纯虚拟仿真系统和配套上位机工具的操作、开放式物联网云平台的操作,通过多元化的典型应用系统构建实操来体验企业开发流程,熟悉物联网系统的虚拟仿真环境,通过技能实操锻炼和培养扎实的动手能力。

第三,助力提升企业需求的职业能力。本书是深圳信息职业技术学院在教材建设领域践行校企合作、产教融合的重要成果之一。本书注重基于物联网赋能的常见垂直行业来选择典型仿真实操项目,注重场景选取的丰富性和多元化,尽量涉及多重通信技术使用、行业常见传感器设备使用,注重基于行业及场景特点的设计细节,注重在实操任务实现过程中融入技术原理拓展、常用设备知识拓展、工程师经验和企业经验介绍,以实操促理解,以应用促学习,点燃读者学习物联网技术的兴趣,让读者感受到数据联动的细节,身临其境地走进丰富的行业应用场景,在潜移默化中锻炼物联网企业相关岗位所需要的"技术应用、系统集成、工程运维"等职业能力。

本书采用"纸质教材+在线课程"的出版形式,提供配套教学课件、微课、仿真工程文件及配套上位机软件、习题等数字化教学资源,适合线上线下混合式教学,也适合读者结合多种资源开展自主学习。

本书由彭聪、王健、夏林中、管明祥任主编,吴焕祥、郭子杰、罗德安任副主编,于培宁、易勋、赵志力参编,覃国蓉教授任主审。书中虚拟仿真实操内容的编排依托新大陆公司的物联网行业实训仿真系统和 NLECloud 物联网云平台展开。在编写本书的过程中,编者得到来自新大陆公司吴成助、范国晓等人的鼎力支持和协助,还得到高等教育出版社郑期彤编辑的很多帮助,在此一并表示最诚挚的谢意!

由于编者水平有限,书中不足之处在所难免,欢迎广大读者提出批评和建议。

编者
2023 年 9 月

目　录

第 **1** 章

物联网的基础知识

☑ **知识目标**
- 了解物联网概念的起源
- 了解中国的物联网发展现状
- 理解物联网的基本概念和系统架构
- 了解物联网的典型应用及中国物联网产业发展状况
- 了解物联网工程设计与项目管理类岗位要求

☑ **能力目标**
- 能够阐述物联网的基本概念
- 能够分析物联网的体系架构
- 能够分析关键技术在物联网体系架构中的位置
- 能够描述物联网在垂直领域的典型应用

☑ **素养目标**
- 培养从整体到局部、从概括到细节的认知习惯
- 培养积极思考与勤于实践并重的意识
- 培养独立学习与沟通协作的能力

物联网,英文名称为"the Internet of Things",可直译为物与物相连的互联网。互联网关注的重点为计算机与计算机之间的联网,也可以说通过互联网将人与人进行连接,实现随时、随地的自由交流。物联网则是把这种交流的对象从人拓展到了物,使物通过感知及识别系统接入网络,实现人与物、物与物的广泛相连,如图 1-1 所示。

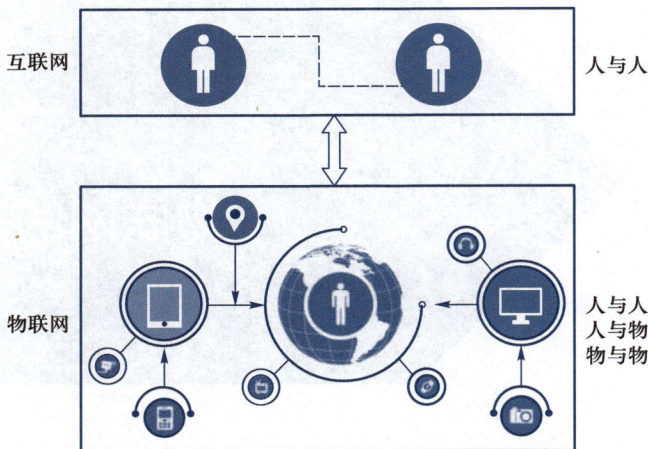

图 1-1   互联网与物联网

1.1   物联网的起源和发展

1999 年,MIT(麻省理工学院)自动识别中心提出第一个有关物联网的概念,将物联网解读为基于 EPC(产品电子代码)编码、射频识别(RFID)以及信息网络系统等技术,依托互联网构建的,可以实现全球性物品互联和物品信息实时共享,即全球性"实物互联"的网络。

2005 年 11 月 17 日,在突尼斯举行的信息社会世界峰会上,国际电信联盟(ITU)发布了《ITU 互联网报告 2005:物联网》(*ITU Internet Report 2005:The Internet of Things*,见图 1-2)。

这份报告在系统介绍相关应用案例的基础上正式提出了"物联网"的概念。报告指出,无所不在的物联网通信时代即将来临,世界上所有的物体,从轮胎到牙刷、从房屋到纸巾,都可以通过互联网主动进行数据交换。射频识别技术、传感器技术、纳米技术、智能嵌入式技术等将得到更

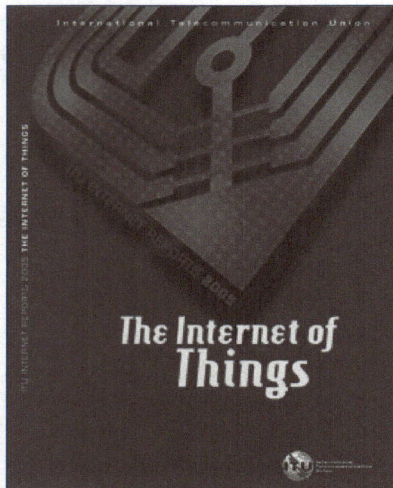

图 1-2   《ITU 互联网报告 2005:物联网》

加广泛的应用。报告还探讨了物联网有关关键技术的市场潜力,以及物联网将如何改变企业的经营方式。报告指出,物联网是指各类传感器、识别设备和现有的互联网相互衔接的一种新技术。在传统的观念上,物理基础设施和 IT(信息技术)基础设施是分

开的,一方面是机场、水库大坝、建筑物等实体物质构成的物理世界,另一方面是对其进行管理的数据中心、个人计算机(PC)、宽带等 IT 基础设施;而在物联网时代,建筑物、电缆等将与芯片、宽带整合为统一的物联网基础设施。在物联网时代,通过在各种各样的物品中嵌入一种短距离的移动收发装置,人类在信息与通信世界里将获得一个新的沟通维度(见图 1-3)——从任意时间、任意地点的人与人之间的沟通连接,扩展到人与物、物与物之间的沟通连接。报告描绘了物联网时代的图景:当司机出现操作失误时,汽车会自动报警;公文包会"提醒"主人忘带了什么东西;衣服会"告诉"洗衣机对其颜色和水温的要求等。

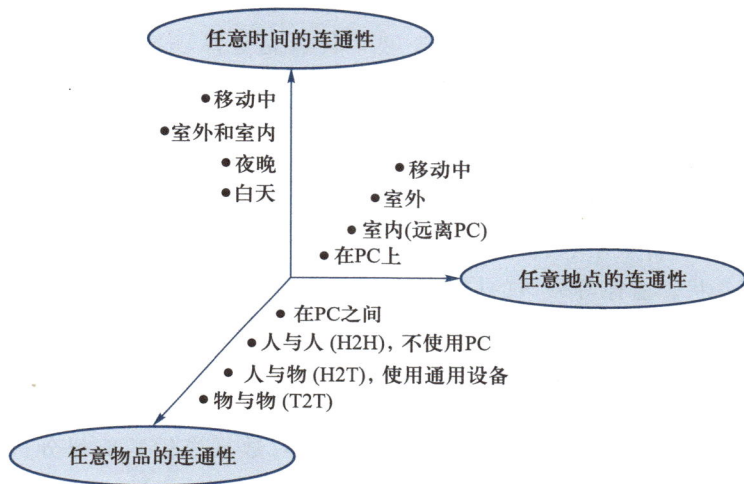

图 1-3　ITU 报告中给出的物联网愿景

2008 年,美国次贷危机引发的国际金融危机席卷全球,世界经济全面衰退,全球经济增长快速下滑,能源、粮食价格大幅波动,全球失业率普遍上升。经济危机总会催生一些革命性的新技术,而新技术正是使经济走出危机的巨大推动力。在大的经济危机之后,总有新的产业或行业诞生,引领和支持经济的复苏与发展,带动社会经济进入新的上升周期。在信息技术领域,业界普遍认为计算机模式每隔 15 年发生一次变革,这就是 IT 产业的 15 年周期定律。纵观历史,1965 年前后出现的大型机,1980 年前后普及的个人计算机,1995 年前后发生的互联网革命,都印证了 15 年周期定律。

至于物联网,经过自物联网概念萌芽后 10 年以上的技术积累和市场探索,自 2010 年起,物联网概念迅速升温,相关业务高速发展,物联网产业引发的革命逐步从导入期转入拓展期。中国、美国、欧洲各国、日本、韩国等的物联网行动计划或社会战略纷纷出台。各国都把物联网建设提升到国家战略层面,通过大力加强本国物联网建设,占领物联网建设制高点,推动和引领未来世界经济的发展。

2010 年 3 月 5 日,"加快物联网的研发应用"第一次写入中国政府工作报告,明确了物联网在我国的战略性新兴产业地位。同时,《国家中长期科学和技术发展规划纲要(2006—2020 年)》和"新一代宽带无线移动通信网"国家科技重大专项均将传感网列入重点研究领域。

拓展微课
以智慧社区说明物联网如何改变日常生活和工作

　　从 2010 年开始,经过十余年的发展,我国物联网在技术研发、标准研制、产业培育和行业应用等方面已具备一定基础,但仍然存在一些制约物联网发展的深层次问题需要解决。为了推进物联网有序健康发展,我国政府加强了对物联网发展方向和发展重点的规范引导,不断优化物联网发展的环境。

　　2016 年,于无锡举行的世界物联网博览会上发布的《2015—2016 年中国物联网发展年度报告》中指出,物联网技术与云计算、大数据、移动互联网等新兴一代信息技术的协同创新进一步深化,与农业、制造业、服务业等传统产业,以及新能源、新材料、先进制造业等新兴产业的“双向融合”不断加强。物联网加快向经济、社会、生活众多领域渗透,不断催生新变革、新应用和新业态,并由此诞生出“INFINIT 机动车维修质管信息系统”“英飞凌安全芯片后道智能制造”“中科西北星智慧养老管理服务云平台”等优秀应用案例。

　　2017 年 11 月召开的中国物联网大会上指出,以智慧城市、车联网、智能硬件等为代表的物联网新兴产业逐步成为新的热点与机遇。例如,2017 年 9 月举行的华为全联接大会上,华为向各方展示了其与合作伙伴在物联网领域的探索与实践成果,包括智能抄表、共享单车、智慧家电、智慧照明、牛联网、智慧邮筒、车联网、梯联网、智能制造、智慧仓储、设备状态监控等领域的应用探索和创新科技。同年 10 月,由我国自主研发的物联网技术 TRAIS-X(一种基于 RFID 的空中接口安全协议)成为国际标准。

　　2020 年,《2020 年中国智能物联网(AIoT)白皮书》发布。AIoT 是自 2018 年兴起的概念,是指系统通过各种信息传感器实时采集在监控、互动、连接情境下获取的各类信息,在终端设备、边缘域或云中心通过机器学习对数据进行智能化分析。这里的智能化分析主要指通过机器学习对数据进行智能化的定位、分析、比对、预测、调度等。如今,5G、人工智能、区块链等新一代信息技术与物联网加速融合,开启了万物智联、人机深度交互和融合的新时代。

拓展微课
物联网的前世今生

微课
物联网的定义和架构

1.2　物联网的定义和架构

　　什么是物联网? 物联网是新一代信息技术的重要组成部分,是物物相连的互联网。这里有两层意思:第一,物联网的核心和基础仍然是互联网,是在互联网基础上延伸和扩展的网络;第二,物联网的用户端延伸和扩展到了任意物品,在物品和物品之间进行信息交换和通信。物联网是智能感知及识别技术与云计算、大数据、泛在网络的融合应用,被称为继计算机、互联网之后世界信息产业发展的第三次浪潮。在垂直行业内部以及跨行业的应用创新是物联网发展的核心,以用户体验为核心则是物联网发展的灵魂。

1.2.1　物联网的基本概念

　　从 20 世纪末物联网概念的首次提出开始,经过了二十多年,到现在物联网还没有一个统一、权威的定义。国际电信联盟(ITU)认为,物联网主要解决物与物(thing to thing,T2T)、人与物(human to thing,H2T)、人与人(human to human,H2H)之间的互联。这个认知的重点在于,H2T 是指人利用通用装置与物品进行连接,从而使人与物的连接更加简化,而 H2H 是指人与人之间不依赖于 PC(包括智能手机)而进行的连接。因为传统互联网并没有考虑到物品之间的连接问题,所以使用物联网来解决这个新认知所提出的问题。在讨论物联网的 T2T、H2T 和 H2H 时,经常会引入一个更为广泛使用的英文缩写 M2M,其内涵包括人与人(man to man)、人与机器(man to machine)、机器与机器(machine to machine)的互联。

目前,比较被认可的物联网定义为:通过一维条码及二维码、射频识别(RFID)、激光扫描仪、全球定位系统(GPS)、各类传感器(如红外传感器、温湿度传感器等)、无线传感器网络(WSN)等物品识别和信息传感设备,按约定的协议,以有线或无线的方式,通过各种局域网、接入网、互联网将任意物品(包括人)连接起来,进行信息交换和通信处理,以实现智能化识别、定位、跟踪、监控和管理的一种网络。

还可以从以下两个方面更透彻地理解物联网的基本概念。

(1)理想的物联网能将物理世界和信息世界无缝连接。物联网是在互联网的基础上,利用 RFID 电子标签、无线传感器网络等技术,构建的一个覆盖所有物(包括人)的网络信息系统。物联网是一个动态的全球网络基础设施,它具有基于标准和互操作通信协议的自组织能力,其中物理的和虚拟的"物"具有身份标识、物理属性、虚拟特性和智能接口,并与互联网无缝连接。物联网将识别设备、传感器嵌入建筑、公路、铁路、桥梁、隧道、涵洞、电网、供水系统、油气管道等各种物理世界的物体中,获取物理世界的物体信息后,通过无线传感器网络、接入网、互联网等手段将信息无缝连接到信息系统中,经过信息系统的处理(采用云计算、大数据等技术),最终将处理结果通过网络直接作用于物理世界的目标物体。所以,可以认为物联网能实现物理世界和信息世界的无缝连接。在物联网环境下,这种无缝连接主要体现在:任意人(anybody)可以在任意时候(anytime)、任意地点(anywhere),通过任意网络(any network)访问任意物(anything)和任意服务(any service)。

(2)寄生于物联网上的物体应当具有什么特征? 一个物体能称得上是物联网上的物体,那么它应该具备如下三个方面的基本特征。

第一,标识能力。物体应该有自己特定的编号,才能让物联网上的应用系统识别出自身。在物联网应用系统中,装有传感器的节点有自己的节点编号,用于标识物体的 RFID 电子标签也有自己的编号,网络中的激光扫描仪、监控摄像头等设备还有自己的网络 IP 地址编号,这些编号的规则可能各不相同,但起到的作用都是令相应物体能在物联网上被找到。

第二,感知能力。物体能感知周围的情况,例如地理位置、温湿度、光照等信息。在车联网系统中,车辆通过 GPS 系统能够准确地获取自己所在的地理位置,再结合电子地图系统进行导航。车内的温度传感器能够监控车厢温度,根据温度设定自动开启、关闭、调大、调小车载空调。这里的车辆就具备了获取地理位置信息及温度信息的感知能力。

第三,通信能力。物体能将自身的信息传递出去,同时也能接收相关信息。如果物体只能感知周围的情况,获取到信息,但不能进行信息的发送及接收,这样的信息也是没有用处的。物联网中的物体可以通过蜂窝通信网络、局域网、无线传感器网络将信息传递给上层的信息系统进行处理,并能接收信息系统的要求,调整物体自身的状态。

1.2.2　物联网的系统架构

一、物联网的体系架构

物联网的体系架构大致分为三层,即感知层、网络层和应用层,如图 1-4 所示。

应用层	物流监控	污染监控	智能检索	远程医疗
网络层	云计算平台	信息中心	网管中心	通信网络
感知层	传感器节点	传感器网关	智能终端	汇聚节点

图 1-4　物联网的三层体系架构

也有人将物联网的体系架构分为四层,即感知层、网络层、服务管理层和应用层,如图 1-5 所示。和三层体系架构的区别在于,四层体系架构将三层体系架构中的云计算、信息处理、网络处理等服务独立出来,在网络层和应用层之间抽象出服务管理层。网络层通过安全通道将感知层生成的数据传输到服务管理层。传输数据的通信技术多种多样,具体是哪种技术取决于传感器设备对通信技术的支持情况。

应用层	物流监控	污染监控	智能检索	远程医疗
服务管理层	云计算平台	信息中心	网管中心	协调中心
网络层	无线/有线网络	核心网	基站	通信协议
感知层	传感器节点	传感器网关	智能终端	汇聚节点

图 1-5　物联网的四层体系架构

二、物联网的技术架构

物联网领域囊括了各种各样的技术,包括感知技术、传输技术以及其他相关应用支撑技术。这些关键技术的目标,是解决物联网系统中信息获取、信息传输、信息处理以及信息安全的关键问题。要构建一个完整的物联网系统,需要各种关键技术的有机结合和协同应用。物联网的技术架构如图 1-6 所示,可以看到各种关键技术在物联网分层体系架构中所处的位置。

1. 感知层

感知层的功能是为物体"说话"创造先决条件。感知层由数据采集子层、传感器网络组网和协同信息处理子层组成。

数据采集子层通过各种类型的传感器获取物理世界中发生的物理事件和数据信息,例如标识信息、物理量信息、多媒体信息(音频、视频等)。获取信息的设备具体涉

	物联网应用					
应用层	环境监测 | 智能电力 | …… | 智能交通 | 工业监控					**公共技术**
	物联网应用支撑子层					
	公共中间件 | 信息开放平台 | 云计算平台 | 服务支撑平台					

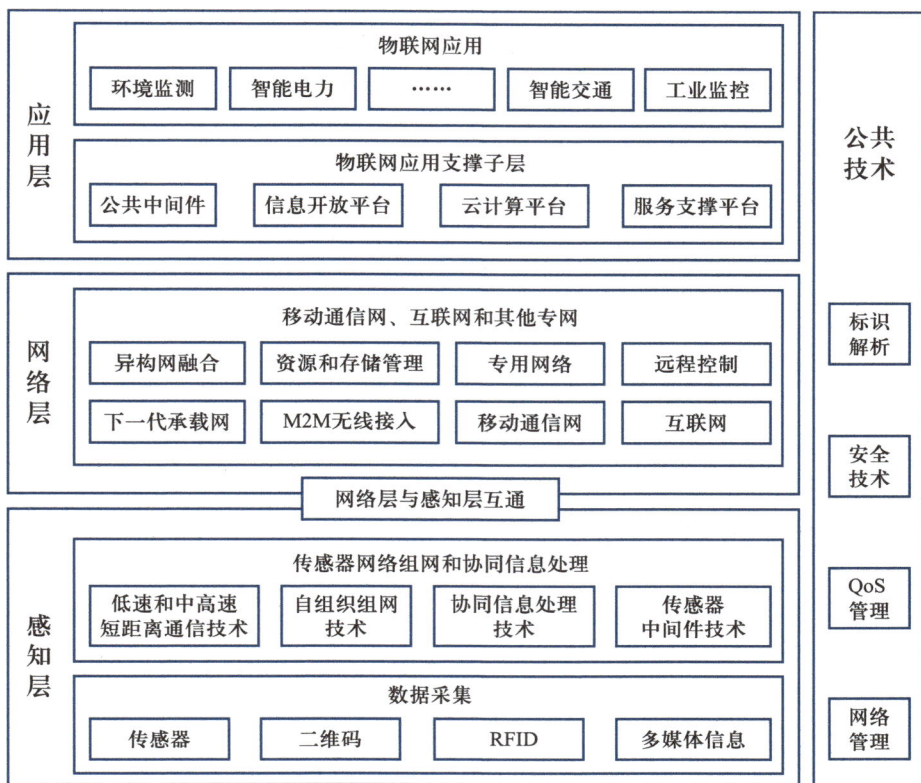

图 1-6 物联网的技术架构

及各种传感器(包括温湿度传感器、可燃气体传感器等)、二维码标签和光学识读器、RFID 标签和 RFID 读写器、摄像头、GPS 等感知终端。数据采集子层除了对物体进行基础信息采集外,同时还接收上层网络送来的控制信息,执行相应动作。这相当于给物体赋予了嘴巴、耳朵和手,既向网络表达自己的各种信息,又能接收网络的控制命令,完成相应动作。

传感器网络组网和协同信息处理子层将采集到的数据在局部范围内进行协同处理,以提高信息的精度,降低信息的冗余度,并通过具有自组织能力的短距离传感网(例如无线传感器网络)接入广域网。这里需要强调,以无线传感器网络为代表的短距离传感网通常划分在感知层,而不是网络层。传感器中间件技术用于解决感知层数据与多种应用平台间的兼容性问题,包括服务管理、状态管理、设备管理、时间管理等。

2. 网络层

网络层将来自感知层的各类信息通过网络传输到应用层。网络层是由互联网、移动通信网、广电网、卫星网、行业专网等形成的融合网络,是整个物联网的中枢。网络层完成大范围的信息沟通,主要借助于已有的广域网通信系统(3G/4G/5G 移动网络、互联网等),把感知层感知到的信息快速、可靠、安全地传送到各个地方,使物品能够进行远距离、大范围的通信,以实现地球范围内的沟通。当然,现有的公众网络是针对人的应用而设计的,当物联网大规模发展之后,其能否完全满足物联网数据通信的要求还有待验证。不过,经过二十余年的快速发展,尤其是 4G、宽带光纤入户的迅速普及,在物联网的早期阶段,数据传输需求基本能够得到满足。

3. 应用层

应用层是物联网和用户的接口,它与行业需求结合,实现物联网的智能应用。应用层完成物品信息的汇总、协同、共享、互通、分析、决策等功能,相当于物联网的控制层、决策层。物联网的终极目标还是为人服务,应用层完成物品与人的最终交互。感知层和网络层将物品的信息大范围地收集起来,汇总在应用层进行统一分析、决策,用于支撑跨行业、跨应用、跨系统之间的信息协同、共享、互通,提高信息的综合利用度,最大限度地为人类服务。具体的应用服务又回归到各个垂直行业的应用,如智能工业、智能农业、智能交通、智能医疗、智能家居、智能物流、智能电网、智能安防和智能环保等。

1.3　物联网的典型应用

物联网最早应用于物流领域,欧盟的 EPCglobal 网络是一个能够实现供应链中的商品快速自动识别以及信息共享的框架。随着技术发展,物联网广泛应用于经济社会发展的各个领域。目前,我国在物联网应用方面开展了一系列试点和示范项目,在智能电网、智能交通、智能物流、智能家居、环境保护、工业自动控制、医疗卫生、精细农牧业、金融服务业、公共安全等领域取得了一定进展。2020 年 10 月,国家在"十四五"规划中划定了七大数字经济重点产业,包括云计算、大数据、物联网、工业互联网、区块链、人工智能、虚拟现实和增强现实,这七大产业也将承担起数字经济核心产业增加值占 GDP 超过 10% 目标的重任。规划中提到,物联网重点发展的领域包括:推动传感器、网络切片、高精度定位等技术创新,协同发展云服务与边缘计算,培育车联网、医疗物联网、家居物联网产业。

物联网应用领域几乎覆盖各行各业,在丰富多元化创新应用发展的同时,带动了传感器、微电子、射频识别等一系列产业的同步发展,带来巨大的产业集群生产效益。

一、物流管理

在物流管理方面,可将物联网应用于智能仓库的货物管理,它不仅能够处理货物的出库、入库和库存管理,而且还可以监管货物的一切信息。在物流管理领域引入物联网技术,将原有的传统物流(见图 1-7)升级为智慧物流(见图 1-8),能够有效地节省人工成本,提高工作精确性,确保产品质量,加快处理速度。另外,通过物流中心配置的读写设备,能够有效地避免粘贴有电子标签的货物被偷窃、损坏和遗失。

以国际贸易为例,物流效率一直是制约整体效率提升的关键因素。物联网技术的应用极大地提升了国际货物的流通效率。例如,在集装箱上使用共同标准的电子标签,就能够实现装卸过程中货物信息的自动化收集,大幅缩短作业时间,并能够实现货物位置实时跟踪,在提高运营效率的同时实现货物装卸、仓储等物流成本的大幅度降低。依托货物数据可建立全球范围的货物状态监控系统,实现跨境贸易信息、货物信息和物流信息的实时跟踪掌握,实现货物及航运信息在制造商、进出口商等贸易参与关联方之间的实时共享,大大提升国际贸易风险的控制能力。

图 1-7 传统物流中的人工手动分拣

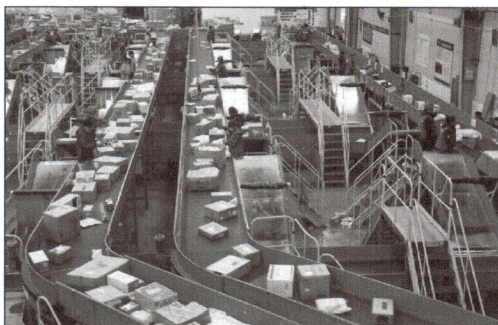

图 1-8 智慧物流

二、交通运输

智能交通系统(intelligent traffic system,ITS,见图 1-9)是基于现代信息科技的智能化交通运输服务系统,它以信息的收集、处理、发布、交换、分析、利用为主线,为交通参与者提供多样性的服务。

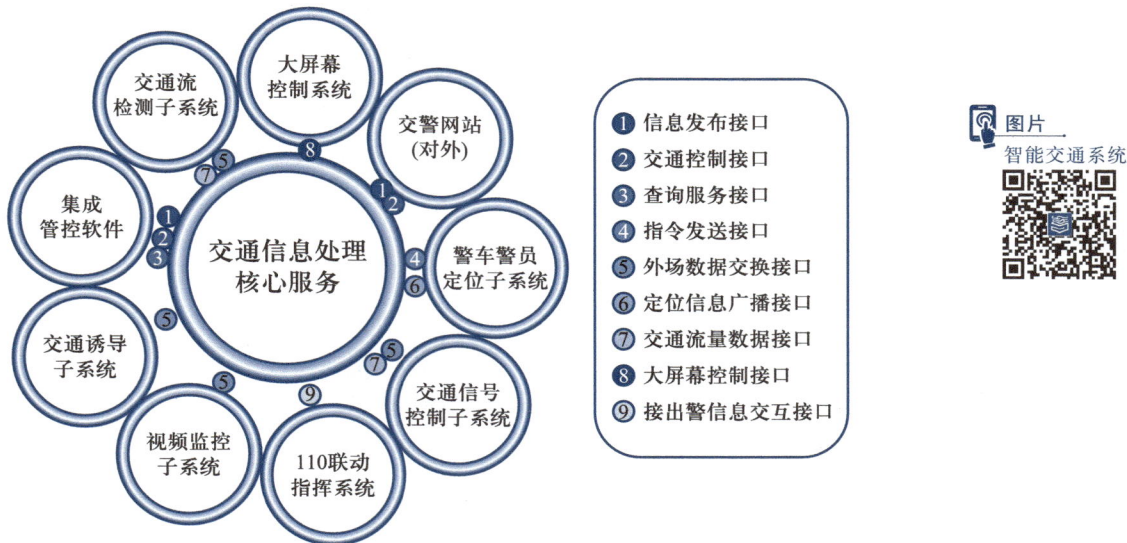

图 1-9 智能交通系统

智能交通系统将传感器技术、RFID 技术、无线通信技术、数据处理技术、网络技术、自动控制技术、视频检测识别技术、GPS 技术、信息发布技术等综合运用于整个交通运输管理体系,通过对交通信息的实时采集、传输和处理,协调与处理各种交通情况,建立起一种实时、准确、高效的综合运输管理体系。理想的智能交通系统(见图 1-10)应当对车辆和交通实现智能化管理:车辆靠自身的智能在道路上自由行驶,公路靠自身的智能将交通流量调整至最佳状态,管理人员对道路、车辆的行踪一清二楚。ITS 使交通设施得以充分利用,并能够提高交通效率与安全,最终实现交通运输服务的智能化管理,实现新世纪交通运输的集约式发展。

图 1-10   智能交通系统应用场景

三、安全防范

安全防范是物联网应用的重要领域之一。随着城市环境的美化、文明程度的提高,要求有新型的、更少人力参与的、更舒适自然和智能化的安全防范体系来实现安全保障。安全防范自动化系统(见图 1-11)是一个提供多层次、全方位、立体化、科学的安全防范和服务的系统,是构建新型安全防范体系的重要技术手段,可以广泛应用于住宅、写字楼、园区等场合。该系统在系统覆盖区域设置可视化监控中心,基于统一的

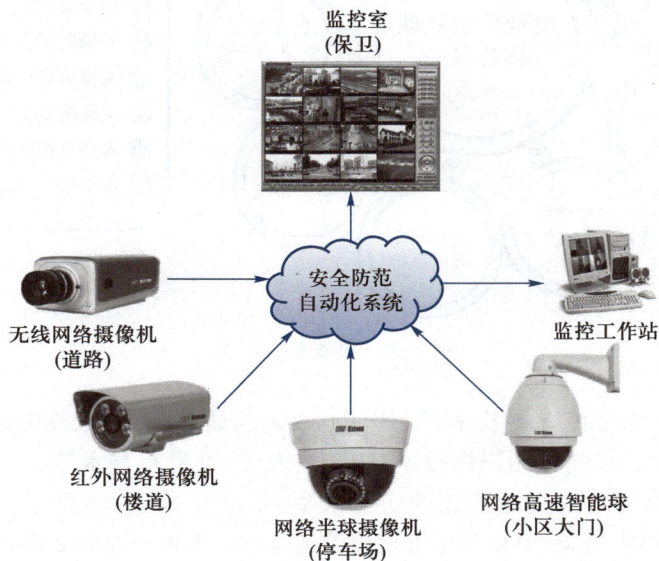

图 1-11   安全防范自动化系统

通信平台将中央监控设备与各子系统设备联网,通过建立在监控中心和覆盖区域之间的信息双向传递,包括智能化的上行状态监控及下行管理控制,可以达到实时信息共享与集中控制的目的。

四、工业物联网

随着电子信息技术广泛应用到工业生产的各个环节,信息化成为工业企业经营管理的常规手段,工业化与信息化的融合是大势所趋。在工业 3.0 阶段,信息孤岛、系统顶层设计缺失、垂直应用分离割裂的问题普遍存在,工厂的数字化和信息化常常停留在针对垂直子领域进行定制化方案提供的层次上,生产、管理、运营等不同维度的数据融合困难,难以真正支持工厂的数字化、智能化需求。工业 4.0 阶段的智能工厂(smart factory)是以物联网、云计算、大数据、人工智能、机器学习等新技术为代表的新一轮信息技术革命的产物,是工厂运营技术与信息通信技术的深度融合。"两化"(工业化与信息化)深度融合的智能工厂提供基于智能制造先进技术的新型生产方式(见图 1-12),贯穿于设计、建设、生产、管理、维护、服务等制造活动的各个环节。理想的智能工厂应当依托具有自感知、自学习、自决策、自执行、自适应等功能的技术平台,满足来自不同工厂相关角色的需求,营造更加高效节能、环保安全的工厂环境。

图 1-12 产线上的机器人

基于工业物联网(IIoT)的扁平化架构设计理念,可以从操作、运营、决策三个维度构建智能工厂的架构和功能,满足专业操作人员、业务管理人员以及企业决策人员等工业领域相关人群的需求。

在操作维度,智能感知技术能提供基础的工业数据,结合边缘计算及自动控制等技术帮助专业操作人员实现智能化业务决策和操作。工厂企业自动化和信息化所需要的较为成熟的专业子系统,包括在电力、冶金、石化等领域广泛应用的集散控制系统(distributed control system,DCS),实现工厂控制系统的报警和联锁功能的安全仪表系统(safety instrumentation system,SIS),实验室信息管理系统(laboratory information management system,LIMS),企业资源管理(enterprise resource planning,ERP)软件,闭路电视监控系统(closed-circuit television,CCTV),供应链管理(supply chain management,SCM)系统,企业 OA(办公自动化)系统等,都是在操作维度层面尝试进一步智能化升级的目标。

在运营维度,依托 IIoT 平台,利用一组业务智能工具分析运营数据,可以提炼商业洞见,实现基于工业数据驱动的业务优化决策,在全供应链获得成本优势和商业先机。业务智能工具可以通过 App 应用软件的形式提供企业微服务,将物流、资金流、信息流和业务流无缝集成,实现协同业务管理。

企 业 经 验

某软件提供商为工厂提供的生产管理看板(production management visible board)将生产运行数据、现场数据、质量数据、操作记录、交接班日志、生产指令等操作管理和工艺管理数据互联互通,统一到一个平台管理,实现无纸化办公和全业务协同,能有效克服数据孤岛、数据上报迟缓、过于依赖人员经验和人力投入等问题。利用机器学习方法对设备数据进行分析,例如"由于振动信号异常,预测机泵轴承 10 天后出现故障,机械密封 11 天后出现故障",可以实现机泵设备故障预测、预维护告警,从而减少车间的非计划停车,达到稳定生产的目的。

在决策维度,工业大数据分析能帮助企业决策者做出数字化科学决策(业务目标导向的 KPI 目标设定)和精细化管理(KPI 任务分解到部门),通过来自感知控制维度的实时信息以及来自生产运营维度的流程优化实现制造效率的提高、产品质量的改善、产品成本的降低以及资源消耗的节约,以更智能化的方式获得工厂效益的提升。决策智能所依据的工业大数据是业务决策的依据,来自经营、生产、质量、设备、环境等多重维度,可以帮助企业在风险预测、成本、定价、生产过程优化等方面做出科学决策、提供智能化建议,其支持多种形式的图形化数据展示,包括但不限于表格、柱形图、条形图、智能仪表盘等。

五、医疗物联网

微课
物联网的典型应
用:医疗物联网

物联网为医疗保健服务带来多方面的变革。一是医疗设备智能化,即基于 GPS、RFID、嵌入式等技术升级现有医疗保健设备及医用物资,提高就诊效率,优化设备及物资管理。二是医疗信息化,即通过信息化手段实现远程诊疗及自助医疗,以及基于超低时延的 5G 技术实现远程手术与智能手术,缓解部分地区医疗资源短缺和不均衡的问题。三是借助更精细的流程数据监控与分析促进医疗过程规范化,提高医疗安全性和质量,消除潜在隐患。四是帮助实现医疗卫生领域关联角色之间的信息共享与交流,促进医疗信息的充分共享和资源配置。

在医疗信息化领域,可以利用物联网技术构建医用物资信息网络系统,实现医用物资的资源共享和协调管理,也可以基于物联网技术实现对药品的身份核实以及全流通实时监控,改善药品在流通过程中出现的药效丧失、假药混入等问题。为避免医疗事故发生,提高医疗人员工作效率,物联网技术可以用于针对老年病及慢性病患者的生命体征监测,利用各种传感设备获取患者的生命指标,并利用网络将传感数据回传中心,进行生命体征状态集成一级分析,及时监测身体状况。利用 RFID 技术还可以实现对血袋这种关键医疗物资的管理,及时准确地监控血液使用过程和流向,并有效精简在血液采集、成分提取以及制备过程中不必要的复杂操作。

在医疗服务流程方面,可以基于物联网实现医疗服务流程的智能化与体系化,典型应用包括 RFID 就诊卡、患者定位管理和身份确认、医护人员管理、门诊自助挂号及收费管理等,如图 1-13 所示。

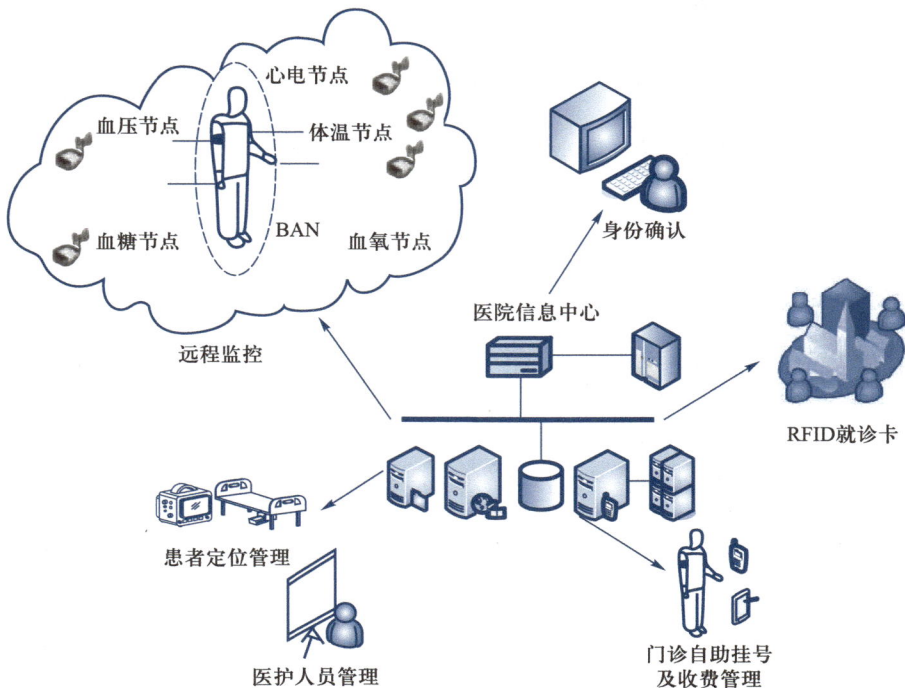

图 1-13　基于物联网实现医疗服务流程的智能化与体系化

物联网在医疗保健领域还有很多可以尝试和落地的应用方向,譬如与可穿戴技术结合实现家居远程医疗监控、慢性病人自我检测、幼童意外伤害防护、医疗废弃物智能化管理、高危群体监控及预警、更智能的医疗全过程管理等。

六、环境保护

环境保护向自动化、智能化、网络化方向发展是未来环境保护工作的重要内容。环境保护物联网就是利用信息技术建设并用于环境质量、污染源、生态保护、环境风险等环境数据获取与应用的物联网。

来看一个智慧小区生活场景中的智能垃圾回收应用案例。生活在一个智慧小区的郭先生,早上拎着若干生活垃圾前往智能垃圾回收箱(见图 1-14)进行丢弃。智能垃圾回收箱通过人脸识别,向他打招呼:"早上好,业主郭先生,请按照提示进行垃圾分类!"按照回收箱屏幕的提示,郭先生将装有瓶子和废纸片的垃圾袋丢进可回收箱,此时智能垃圾回收箱提示:"已回收 3 个塑料瓶以及 2 340 g 废纸,恭喜您,您的'绿色公民'积分又增加了 7 分,您可以凭积分前往小区网上商城进行礼品兑换。"接着,郭先生又按照提示,将厨余垃圾和其他垃圾依次分类投放。离开前,智能回收垃圾箱向郭先生致谢:"感谢您的绿色环保投放,祝您生活愉快!"

图 1-14   智能垃圾回收箱

七、智能电网

传统电力系统由大量松散联系的同步交流电网构成，主要提供三大功能：发电、输电和配电。单向信息流（服务提供方至用户方）问题、能源浪费问题、能源需求持续增长问题、可靠性和安全性问题，一直制约传统电力系统的发展。

智能电网（smart grid，SG）是将传感测量、信息通信、计算机监控等技术与物理电网高度集成而形成的电力系统。国外研究机构认为智能电网应具备以下特征：一个由众多自动化的输电和配电系统构成的电力系统，以协调、有效和可靠的方式实现所有的电网运行，具有自愈功能；快速响应电力市场和企业业务需求；具有智能化的通信架构，实现实时、安全和灵活的信息流，为用户提供可靠、经济的电力服务。我国对智能电网的定义则为：以特高压电网为骨干网架，以各级电网协调发展的坚强电网为基础，利用先进的通信、信息和控制技术，构建的以信息化、自动化、数字化、互动化为特征的统一的坚强智能化电网。

智能电网将发电、输电、配电以及用电系统有机连接，能实现能量流和信息流在服务提供方和用户方之间的双向流动，对电能的产生、传输、分配、消耗环节实施全方位的监控、保护和调度优化，根据实际的能源需求状况为实时定价、故障自愈、用电调度和电能使用做出决策，确保高效、稳定、安全、经济、可持续的电力供应。为了对电网进行智能监测、分析和控制，需要将大量的各类设备（传感器、执行器、智能电表等）部署在发电厂、输电线路、配电中心、配电杆塔以及用电场所，并借助物联网技术实现这些设备的连接、跟踪和分布式自动化控制与运行。

在智能电网上构建的物联网体系架构可以划分为三层或四层。用于智能电网的物联网三层体系架构如图 1-15 所示，各层功能见表 1-1。

八、智能家居

目前主要关注的智能家居解决方案有三类：智能化家居设备管理、智能化家居能源管理和智能化家居活动管理。

第一类是以人机交互和信息流分析为基础的智能化家居设备管理，主要体现为对家用电器和家居环境（如照明系统、空调、供暖系统、智能水电气表、草坪园艺、安防、水管道、气管道等）的远程监控和操作（如照明开/关、加热、冷却、灌溉、门锁开/关、水阀门开/关、气阀门开/关等）。

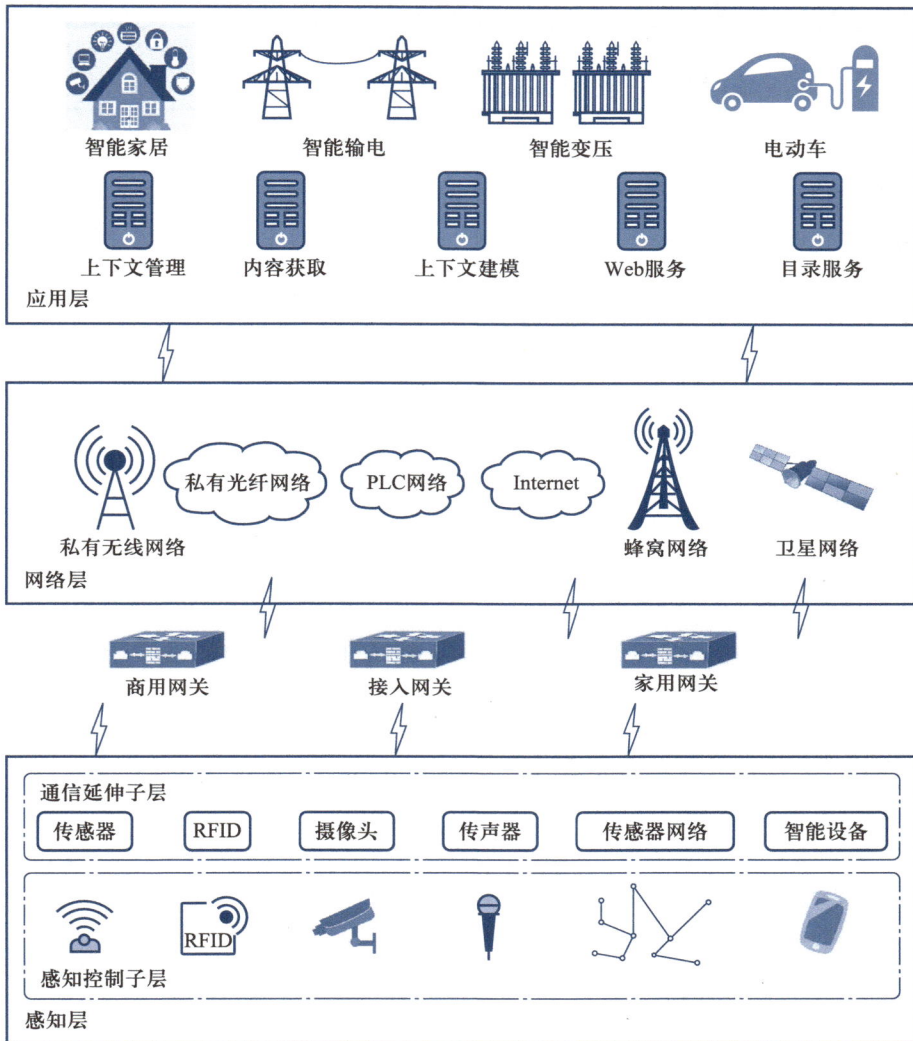

图 1-15　用于智能电网的物联网三层体系架构

表 1-1　用于智能电网的物联网三层体系架构各层功能

物联网分层	功能描述
应用层	主要采用智能计算、模式识别等技术,实现电网相关数据信息的综合分析和处理,进而实现智能化的决策、控制和服务,从而提升电网各个应用环节的智能化水平
网络层	以电力光纤网为主,辅以电力线载波通信网、无线宽带网,转发从感知层设备采集的数据,负责物联网与智能电网专用通信网络之间的接入,主要用于实现信息的传递、路由和控制。 在智能电网应用中,考虑到对数据安全性、传输可靠性及实时性的严格要求,物联网的信息传递、汇聚和控制主要借助于电力通信网实现,在条件不具备或某些特殊条件下也可依托于无线公网

续表

物联网分层	功能描述
感知层	通过各种新型 MEMS(微机电系统)传感器、基于嵌入式系统的智能传感器、RFID 等智能采集设备,实现对智能电网的发电、输电、配电、用电环节相关信息的采集

第二类是基于内部、外部环境定期互动和信息流分析的智能化家居能源管理。这里,"内部"和"外部"是相对于家居环境而言的。内部环境主要包括所有连接到互联网的家用电器和设备,外部环境包括不受智能家居控制的实体,如智能电网。智能家居系统与智能电表相连,通过和智能电表的交互,智能家居系统可以实时监测电价信息的变化,并基于电网用电信息实现家用设备的智慧用电。

第三类是以人机交互和信息流分析为基础的智能化家居活动管理,聚焦于帮助特定人群——老年人和残障人等行动不便者,为他们提供日常活动监护和保健监测。在现代化临床护理场景中,患者常常需要在有限的人力帮助下,以不易察觉的、近乎透明的自然方式获得医疗保健服务。针对这样的场景,可以利用物联网技术实现对患者生理状态以及环境状态的监测,结合医疗服务提供商(如医院和专业医疗机构)后台的综合信息分析和适当处理与干预,提供精细化智慧医疗健康服务。这一类可以看作家居医疗保健类物联网应用,目前已经初露端倪,也是人口老龄化社会终将普遍需要的应用。

在这些解决方案中,被分析的信息流包括通过传感器感知到的环境状况、资源消耗状况、健康情况、用户需求等。人机交互和内外部环境交互的场景则需要多个不同的子系统集成在一起,这意味着子系统之间的接口要标准化,以确保子系统之间有良好的互操作性。整个家居系统则以分布式的、互为协作的方式在对信息流进行分析推断后执行特定操作,确保对所控制的各类资源做出的决定和执行的操作符合用户需求。

图 1-16 所示为一个典型智能家居系统架构,通过这张图可以初步理解各类功能的家居设备和云端计算、远程用户是如何协同工作的。可以看到,家居环境中的一类设备连接到局域网,经由局域网网关间接连入互联网(云端);另一类设备不但连接到局域网,也可以直接连接到互联网。智能家居服务器及其数据库连接到局域网。一些简单的任务可以在局域网内被部署和执行,更复杂的任务则需要通过服务器上传至云端分析、决策后经过 API(应用程序接口)进行远程的任务执行。

九、智慧农业

农业物联网是智慧农业的重要组成部分。基于智能感知技术、信息传输技术以及智能处理技术,农业物联网被广泛应用于农业活动的各个环节,在精准灌溉、精准施肥、病虫害防治、环境智能调控、智慧水产、智慧畜禽业等领域发挥着重要作用。

农业领域的感知信息主要有种植信息和养殖信息两类。种植信息包括环境信息(温湿度、光照、二氧化碳等)、土壤信息(含水量,氮、磷、钾、有机质以及各种矿物质含量)和作物信息(作物营养与生理指标、作物病虫害、作物重金属与农药残留等)。养殖信息包括畜禽养殖信息(养殖环境信息、畜禽体征信息)和水产养殖信息(水的温度、浊度、溶解氧、电导率、酸碱度等指标)。要获取这些细分的信息,需要依靠能够感知农业生产环境和动植物生命信息的技术和专业传感器设备。

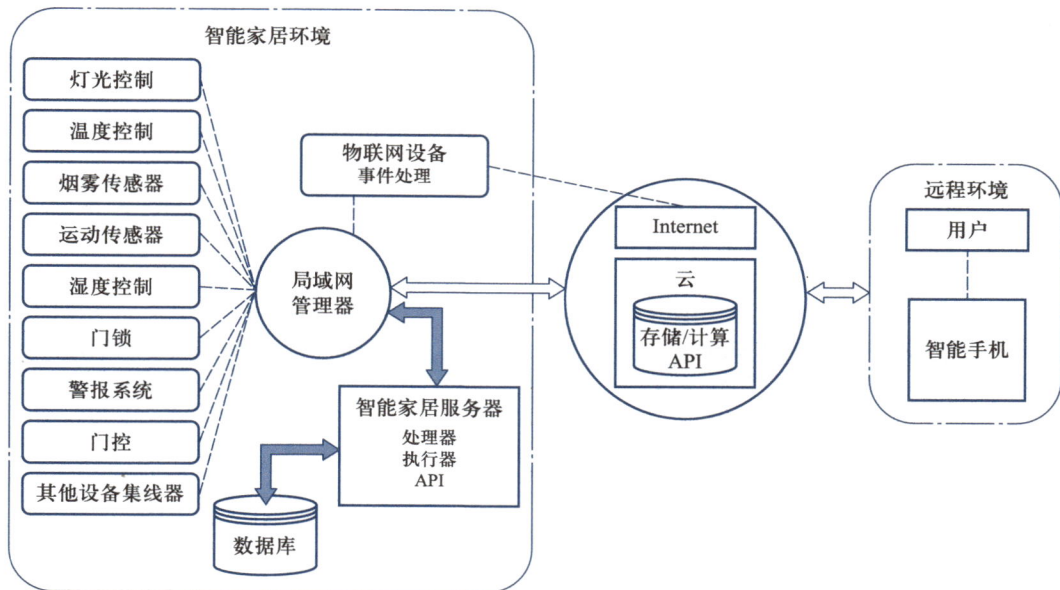

图 1-16 典型智能家居系统架构

根据感知信息的不同,农业物联网的应用可以分为两大类:种植物联网应用和养殖物联网应用。种植物联网应用主要包括农田信息感知与调控、大田作物病虫害诊断与预警等。养殖物联网应用主要包括畜禽养殖物联网、水产养殖物联网、畜禽类农产品溯源等。

图 1-17 对比了传统农业、现代农业以及基于物联网技术的智慧农业的特点。

我国农业物联网技术的发展已有一定规模,随着新型农业传感器技术、新型农业智能作业装备技术,涉农大数据、区块链以及信息传输等技术的快速发展,我国的农业物联网应用将迎来新的机遇。

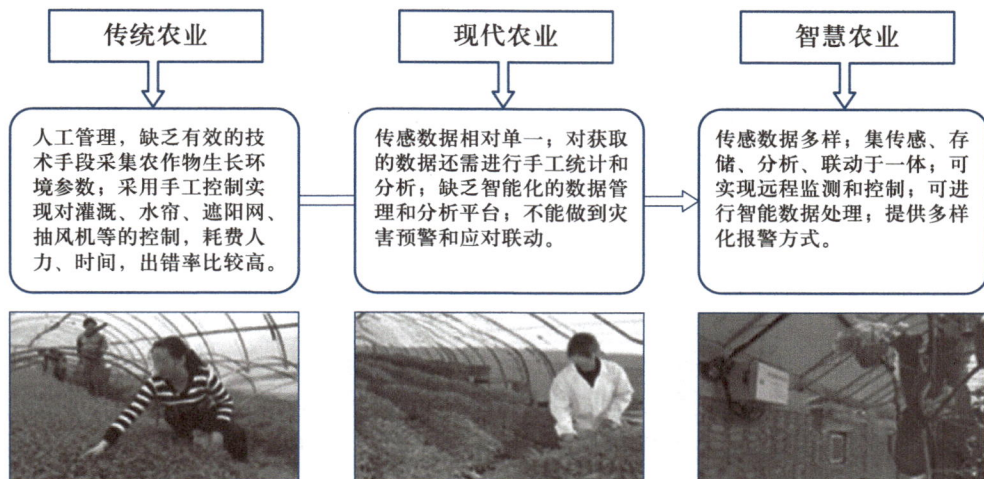

传统农业	现代农业	智慧农业
人工管理,缺乏有效的技术手段采集农作物生长环境参数;采用手工控制实现对灌溉、水帘、遮阳网、抽风机等的控制,耗费人力、时间、出错率比较高。	传感数据相对单一;对获取的数据还需进行手工统计和分析;缺乏智能化的数据管理和分析平台;不能做到灾害预警和应对联动。	传感数据多样;集传感、存储、分析、联动于一体;可实现远程监测和控制;可进行智能数据处理;提供多样化报警方式。

图 1-17 传统农业、现代农业以及智慧农业特点

1.4　中国物联网的产业发展状况

从空间分布来看,我国围绕北京、上海、无锡、杭州、广州、深圳、武汉、重庆八大城市建立了产业联盟和研发中心,已初步形成环渤海、长三角、珠三角、中西部四大区域产业集聚发展的总体产业空间格局,并逐渐向周边地区辐射。其中,长三角地区产业规模位列四大区域之首。我国各地物联网产业的发展重点概览见表1-2。

表1-2　我国各地物联网产业的发展重点概览

发展重点	省、自治区、直辖市
芯片制造	江苏、上海、北京、四川、重庆、广东
传感器设备	上海、北京、广东、福建、湖北
标签成品	北京、广东、福建、湖北
读写器制造	江苏、北京、广东、福建
系统集成	北京、江苏、广东、四川、浙江
网络提供与运营服务	北京、上海、广东、江苏、山东
应用示范	北京、上海、广东、江苏、福建、重庆、湖北、山东

1.5　物联网工程设计与项目管理类岗位描述

2019 年,人力资源和社会保障部、国家市场监督管理总局、国家统计局向社会正式公布了十三个新职业信息,其中物联网工程技术人员榜上有名。物联网工程技术人员是指从事物联网架构、平台、芯片、传感器、智能标签等技术的研究和开发,以及物联网工程的设计、测试、维护、管理和服务的工程技术人员。

在物联网行业从业的工程技术人员,需要掌握一系列物联网基础知识,并同时具备物联网相关技术的实践能力。物联网的基础知识包括设备、网络、平台、数据分析、应用和安全,即当前物联网体系结构的六大组成部分所涉及的基础知识。物联网技术实践能力指的是从业者不仅要了解物联网的技术边界,还要能够完成物联网相关技术的落地实施。

物联网行业的工程技术人员所能匹配的典型工作岗位包括物联网集成开发、物联网工程设计、物联网项目管理等。这些岗位需要的职业技能包括底层技术研究、软硬件系统研发、项目规划实施、系统运维管理等各项专业技术技能,以及各岗位通用的职业核心能力,如沟通表达能力、团结协作能力和学习能力。

对于应用型、技术技能型人才而言,工程设计与项目管理是其中较为热门的岗位。工程设计和项目管理,就是设计和管理人员运用自身的知识、技能和专业技术来满足客户对项目的需求和期望;通过在进度、成本和质量之间寻求最佳平衡点,以使客户获得最大效益,从而实现对工程项目进度、成本和质量的控制。工程设计和项目管理的主要对应岗位有系统设计工程师和系统集成项目管理工程师两大类。可以从岗位职责、岗位工作内容以及岗位核心能力三个层面对这两类岗位进行说明。

1.5.1　系统设计工程师

一、岗位职责

物联网系统设计工程师的主要岗位职责如下：

（1）参与项目的技术支持工作，跟踪评估、协助控制项目进度。

（2）负责物联网项目的智能设备的需求分析和方案设计（包括传感器信息系统、物联网终端设备、网络及软件应用等）。

（3）编写开发文档、硬件技术参数文档，以及硬件设计说明、硬件调试说明等相关文档。

（4）参与业务需求分析，微服务规划、拆分、设计、开发等工作。

（5）负责项目模块化设计，并能独立承担所负责模块的各项工作。

（6）提供物联网系统的技术咨询和技术支持。

（7）配合测试团队完成项目测试方案，协同评估项目测试方案的完整性、有效性。

（8）组织与推动项目的实施，协助进行相关项目管理工作。

二、岗位工作内容

物联网系统设计工程师的具体工作内容随项目不同而发生变化，一般来说总体上应包含以下工作内容：

（1）需求分析，即了解客户对新系统的需求或对原有系统升级改造的要求，主要包括应用类型、物理拓扑结构、带宽要求和流量特征分析等。

（2）技术可行性设计，即确定采用何种网络技术、传输介质和拓扑结构，以及网络资源配置和接入外网的方案等。

（3）产品选型，即根据技术方案进行设备选型，包括感知设备选型、网络通信设备选型和服务器设备选型等。

（4）网络物理设计，即根据产品类型进行网络物理设计。

（5）设备购置，即系统设备、产品的采购及进口代理。

（6）综合布线系统与工程施工，即综合布线系统设计与安装调试等。

（7）软件平台配置，即系统基础应用平台方案的确定，以及所采用的网络操作系统、数据库系统、网络基础服务系统的安装及配置。

（8）系统测试，包括网络设备测试、综合布线系统测试和系统运行测试。

（9）应用软件开发，即根据客户应用要求开发系列软件产品。

（10）用户培训，包括三类对象，即管理人员、网络和数据库管理员、网络业务用户。

（11）系统运行技术支持，在工程项目完成后，根据双方协议执行。

（12）编写各类技术文档，协助完成项目验收。

三、岗位核心能力

物联网系统设计工程师岗位的核心专业能力通常可以归纳如下：

（1）具有参与工程解决方案的设计、分析、评估和选择完成工程任务所需的技术、工艺和方法的能力。

（2）具有依据客户需求分析，制订物联网项目解决方案的能力。

（3）具有 RFID 等感知设备系统集成项目的设计、开发、辅助实施能力。

（4）熟悉现场通信总线、工业以太网通信技术、无线通信技术，熟悉多种协议及网络知识（TCP/IP 等），熟悉网络设备（路由器、交换机、防火墙）的配置和使用。

（5）具有物联网应用系统后期硬件和软件的维护能力。

（6）具有物联网系统的体系结构设计、系统调试能力。

（7）具有熟练使用常用办公软件（如 Word、Excel、PowerPoint、Project 等）的能力。

1.5.2　系统集成项目管理工程师

一、岗位职责

物联网系统集成项目管理工程师的主要岗位职责如下：

（1）负责项目部全面领导、管理工作。合理利用岗位权限，履行对项目部的管理职责，明确各岗位相互之间的关系，组织项目部涉及的质量体系、程序文件和有关技术标准、规范及作业指导书的贯彻和实施。

（2）制订项目计划，并监督执行。识别客户需求，对项目范围、项目变更进行管理，控制项目成本，负责与内外部干系人的沟通管理。

（3）组织并召开项目会议，通过各专业的专题会议更新项目进展，合理进行资源调配，促进团队沟通。

（4）识别项目风险，进行风险管理。

（5）沟通协调内外部资源，推进、跟踪项目过程，监控项目进度，按计划保质交付项目成果，协调履约过程中出现的各类问题，确保项目验收。

（6）项目实施后期的售后服务管理。

（7）合理有效处理客户的需求，维护公司的利益，同时维护好与客户的关系。

二、岗位工作内容

物联网系统集成项目管理工程师的日常工作内容随项目类型不同而发生变化，一般应包含以下工作内容：

（1）控制项目成本，采取各种有效管理手段开源节流，降低施工成本，提高项目利润。

（2）项目部日常管理，即领导、协调、督促项目部各成员进行项目日常生产管理，使生产按计划正常进行。

（3）多方协调，即协调与建设方、监理方及地方关系，为工程进行创造良好的外部环境。

（4）审核上报报表，即审核送往建设方、监理方和公司的各种报表（包括计划和统计报表），并对其真实性负责。

（5）绩效考核，即考核项目部管理人员工作绩效，奖优罚劣，提出绩效考核奖金分配建议方案。

（6）培养人才，即配合公司人事部门，加强对项目在职人员的业务技能培训，在工作中发现人才、培养人才、选拔人才。

（7）质量安全检查，即组织项目内部的质量安全检查，配合政府和建设方监管部门对项目进行质量安全检查，接受公司各职能部门的检查监督。

（8）组织过程控制，即组织编制工程项目总体计划及可行性施工组织设计，组织编制月、周生产计划及重要部位、关键工序实施性施工方案。

（9）组织专题会议，参加专项工程技术交底，召开每周生产例会，填写施工日志。

（10）项目实施管理，即对工程项目的质量、安全、进度、文明施工进行现场检查、监督，并就现场发现的问题及时提出整改意见。

（11）文档管理，即监督检查项目资料编写、整理、统计工作，审核计量报表和现场工程量签证工作。

（12）审核项目实施报表，审核批准上传公司的施工材料、进度统计、计划报表和工程月报表，并将相关报表按要求上报公司相关部门。

（13）竣工验收，办理工程结算，收回工程款，做好工程施工总结。

三、岗位核心能力

物联网系统集成项目管理工程师岗位的核心专业能力通常可以归纳如下：

（1）熟悉物联网工程管理专业知识，了解物联网工程市场和行业法规相关知识，具有协调评审、监理、验收等各环节的经验和能力。

（2）熟练使用项目过程控制相关的专业工具软件，如 Project.、Visio、MindManager、Office 等。

（3）具有一定的软件或硬件专业知识，熟悉软硬件/自动化设备的开发流程。

（4）具有优秀的综合分析能力及观察发现意识，同时具有良好的应变能力、逻辑推理和数据分析能力。

（5）具有良好的计划、组织、沟通、协调能力，具有团队合作能力和较强的学习能力、执行能力，具有较强的领导能力及承压能力；

（6）具有较强的客户服务意识，具有良好的语言表达、沟通及公关能力。

习　题

一、单项选择题

1.（　　）年，ITU 发布的年度互联网报告在系统介绍相关应用案例的基础上正式提出了"物联网"的概念。

　A. 1998　　　　　　　B. 1999　　　　　　　C. 2005　　　　　　　D. 2008

2.（　　）年3月5日，"加快物联网的研发应用"第一次写入中国政府工作报告，明确了物联网在我国的战略性新兴产业地位。

　A. 2003　　　　　　　B. 2005　　　　　　　C. 2008　　　　　　　D. 2010

3. 以下不属于物联网三层体系架构的是（　　）。

A. 感知层　　　　　　 B. 网络层　　　　　　 C. 服务管理层　　　　 D. 应用层

4. 物联网最早应用于(　　)领域。

A. 交通　　　　　　　 B. 物流　　　　　　　 C. 医疗　　　　　　　 D. 家居

5. (　　)是物联网和用户的接口,它与行业需求结合,实现物联网的智能应用。

A. 感知层　　　　　　 B. 网络层　　　　　　 C. 服务管理层　　　　 D. 应用层

二、多项选择题

1. 一个物体能称得上是物联网上的物体,那么它应该具备(　　)方面的基本特征。

A. 标识能力　　　　　 B. 感知能力　　　　　 C. 通信能力　　　　　 D. 计算能力

2. 以下属于物联网感知层技术的是(　　)。

A. RFID 技术　　　　　　　　　　　　　 B. 云计算技术

C. 短距离通信技术　　　　　　　　　　　 D. 无线传感器网络技术

3. 以下属于物联网网络层技术的是(　　)。

A. IP 技术　　　　　　　　　　　　　　　 B. M2M 技术

C. 移动通信网技术　　　　　　　　　　　 D. 异构网融合技术

三、判断题

1. 2020 年,我国发布《2020 年中国智能物联网(AIoT)白皮书》。与 IoT 的不同之处在于,AIoT 更强调中心平台的智能数据处理。　　　　　　　　　　　　(　　)

2. 物联网网络层由数据采集子层、传感器网络组网和协同信息处理子层组成。
　　　　　　　　　　　　　　　　　　　　　　　　　　　　　　　　(　　)

3. 网络层将来自感知层的各类信息通过网络传输到应用层。　　　　　　(　　)

4. 在物联网的四层体系架构中,服务管理层通过安全通道将感知层生成的数据传输到上层。　　　　　　　　　　　　　　　　　　　　　　　　　　　　(　　)

5. 四层体系架构将三层体系架构中的云计算、大数据、智能信息处理等服务独立出来,在网络层和感知层之间抽象出服务管理层。　　　　　　　　　　　　(　　)

6. 在车联网系统中,车辆通过 GPRS 系统能够准确地获取自己所在的地理位置,再结合电子地图系统进行导航。　　　　　　　　　　　　　　　　　　　(　　)

7. 目前和我们生活息息相关的物联网公共设施有智能电动充电桩、智能门禁道闸、智能路灯、智能井盖、智能烟感等。　　　　　　　　　　　　　　　　(　　)

四、填空题

1. 第一个有关物联网的正式概念由 MIT 自动识别中心于 1999 年提出,将物联网解读为基于_____、_____以及_____等技术,依托互联网构建的,可以实现全球性物品互联和物品信息实时共享,即全球性"实物互联"的网络。

2. 一个物体能称得上是物联网上的物体,那么它应该具备_____、_____以及_____这三个方面的基本特征。

3. 物联网的三层体系架构自下而上分别为_____、_____以及_____。

4. 物联网的四层体系架构自下而上分别为_____、_____、_____以及_____。和三层体系架构相比,_____、_____以及_____等服务被独立出来,在_____和_____之间抽象出服务管理层。

5. 基于工业物联网(IIoT)的扁平化架构设计理念,可以从_____、_____、_____三个维度构建智能工厂的架构和功能,满足工业领域相关人群的需求。

6. 目前主要关注的智能家居解决方案有三类:_____、_____和_____。

7. 国际电信联盟(ITU)认为,在物联网时代,任意时间、任意地点的人与人之间的沟通连接,被扩展到_____、_____之间的沟通连接。

五、简答题

1. 根据你的理解,谈谈物联网与互联网的区别与联系。

2. 试着从标识能力、感知能力以及通信能力三个方面,谈一谈寄生于物联网上的物体应当具有什么特征。

3. 试着从操作、运营、决策三个维度谈一谈如何构建智能工厂的架构和功能,以满足专业操作人员、业务管理人员以及企业决策人员等工业领域相关人群的需求。

第**2**章

全感知的关键技术

☑ **知识目标**
- 了解一维条码的类型和特点
- 了解二维码的类型、特点以及优势
- 了解 RFID 技术的起源、发展历史及典型应用
- 理解 RFID 系统的结构及工作流程
- 了解传感器的分类、原理及常用传感器
- 理解无线传感器网络的体系结构及网络特点
- 了解与无线传感器网络有关的重要标准化组织

☑ **能力目标**
- 能够从操作和功能的角度对比一维条码和二维码
- 能够阐述 RFID 系统的工作流程
- 能够阐述物联网常用传感器的功能和应用
- 能够分析无线传感器网络的体系结构

☑ **素养目标**
- 培养从整体到局部、从概括到细节的认知习惯
- 培养积极思考与勤于实践并重的意识
- 培养独立学习与沟通协作的能力

教学课件
全感知的关键技术

微课
全感知的关键技术：一维条码和二维码

对于物联网系统而言，三层体系架构的最底层——感知层类似于物联网的皮肤和五官等器官，是联系物理世界和信息世界的重要纽带，是物联网系统的核心和关键所在。感知层的主要任务，是凭借各类感知技术收集、捕获信息来识别物体和感知环境，实现对物理世界的全面感知。随着物联网的不断发展，感知技术及其应用也不断发展，最重要和亟待突破的难点是如何获得更敏感、更可理解的感知能力，以及如何解决设备的低功耗、小型化、低成本等问题。与实现全感知相关的典型设备包括二维码标签和识读器、RFID 标签和读写器、摄像头、GPS、传感器、终端和传感器网络。本章将从条码技术、RFID、传感器、无线传感器网络几方面介绍与实现全感知功能密切关联的常用关键技术。

2.1　一维条码和二维码

条码（bar code）是由一组规则排列的条、空所组成的符号，可供机器识读，用以表示信息。常见条码包括一维条码和二维码。

2.1.1　一维条码

日常生活中，商品外包装上通常都印有一种宽度不同、黑白相间的条纹，这就是这类商品的身份证——一维条码（1D barcode），又称条形码，如图 2-1 所示。

一维条码的常见码制包括 Code 39、Code 128、EAN-8、EAN-13、EAN-128、UPC（A）、UPC（E）、Codabar（库德巴码）、ISSN 及 ISBN 等。其中，Code 39 和 Code 128 都是企业内部（非零售市场）常用的一维条码格式，都以数字、字母及相关符号表示信息。Code 39 编码接受包括数字、字母及若干符号在内的 44 个字符，广泛应用于制造业、医疗保健等行业；Code 128 使用三种不同的字符集进行编码，广泛应用于企业内部管理、生产流程、物流控制系统等方面。EAN-8 和 EAN-13 是欧洲版本的国际通用商品代码，以数字表示信息，主要用于商品标识，分别使用 8 位数字和 13 位数字编码。EAN-128 是 Code 128 的变体，

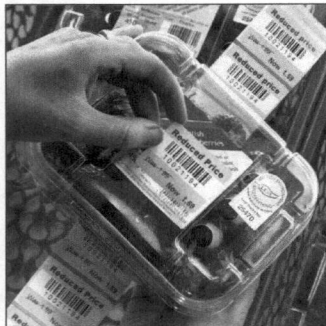

图 2-1　一维条码用于商品

使用与 Code 128 相同的代码集。UPC 主要用在美国和加拿大零售业中，UPC（A）和 UPC（E）分别以 12 位数字和 6 位数字编码，后者更适用于小商品。Codabar 以包括数字、字母及符号在内的 20 个字符表示信息，应用在血库、图书情报、物资等领域。ISSN 和 ISBN 分别是国际标准刊号和国际标准书号，用于期刊和图书管理。

在视觉上，一维条码是一种黑白图案，由可变宽度的矩形黑条（又称"条"）和白条（又称"空"）平行排列来表示编码信息，如图 2-2 所示。不同颜色的物体，其反射的可见光的波长不同，白色物体能反射各种波长的可见光，黑色物体则吸收各种波长的可见光。一维条码的识别利用了这一基本原理。

图 2-2　一维条码

这些信息(数字、字母或其他符号)从左到右进行水平编码。显然,一维条码只能容纳有限数量的字符。要想表示更多信息,则需要更长的一维条码。最常见的一维条码是在食品杂货和消费品上常见的 EAN 及 UPC 代码。一维条码的意义依赖于与数据库的连接:识读器读取一维条码中的数字后,必须基于数据库资料将一维条码中的数字与产品、定价日期或其他信息联系起来。

从实现上具体来讲,要将按照一定规则编译的一维条码转换成有意义的信息,需要经历扫描和译码的过程。一维条码识读器光源的光在一维条码上反射得到不同反射强度的反射光信号,光电转换器负责将反射光信号转换成相应的电信号。电信号经放大电路做信号增强之后,被送到整形电路进行模数转换,输出数字信号。显然,构成一维条码的条和空的宽度不同,相应电信号持续时间的长短也不同。译码器基于脉冲数字电信号 0、1 的数目判别条和空的数目,基于 0、1 信号持续的时间判别条和空的宽度。根据对应的编码规则,条形符号被转换成相应的字符信息,即得到一维条码所包含的信息。最后,由计算机系统进行数据处理并在相应数据库里提取信息,就可以得到一维条码对应的更详细信息了。

2.1.2 二维码

一维条码的应用大大提高了资料收集与资料处理的速度,但其能承载的信息容量非常有限。因此,一维条码仅能标识商品,而不能描述商品,对商品详细信息的描述要依赖网络和数据库的支持,使用受到限制。为了存储更多的信息并表示更多的数据类型,人们提出了二维条码,又称二维码(2D barcode)。二维码使用图案、形状和点在水平和垂直两个维度实现信息的加密(见图 2-3)。

(a) 一维条码　　　　　　(b) 二维码

图 2-3　一维条码与二维码的维度比较

一、二维码的优点

首先,二维码能够在两个维度同时表达信息,与一维条码相比,二维码在编码容量和数据种类上都有显著提高。二维码可以在与一维条码(只有 20～25 个字符)相同的空间内加密更多字符(大约 2 000 个)。更大的编码容量和更多的数据种类使得二维码仅仅凭借图案本身就可以起到存储数据信息的作用,这意味着二维码不一定要依赖网络和数据库,可以独立于数据库进行工作。此外,二维码还引入了纠错机制,容错率高,即使编码变脏或破损,也可自动恢复数据,可靠性大大提高。

二、二维码的发展

20 世纪 80 年代中期,出现了行排式二维码。行排式二维码将一维条码自上而下地堆叠在一起,可以用传统的一维条码识读器进行识读。常见的行排式二维码有 Code 49、Code 16K 以及 PDF417 等,如图 2-4 所示。其中,PDF417 拥有更高信息密度,支持存储较大的文本文件,又被称为袖珍数据文件。

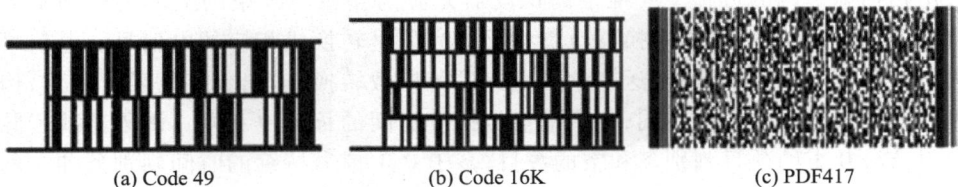

(a) Code 49　　　　　　　(b) Code 16K　　　　　　(c) PDF417

图 2-4　各种行排式二维码

在行排式二维码出现的同时,矩阵式二维码也发展起来,采用了与行排式二维码完全不同的编码方法。矩阵式二维码是对整个编码区域内的点阵进行编码,信息密度比行排式二维码高得多,是真正的二维码。常见的矩阵式二维码有 Data Matrix、Code One、MaxiCode、QR Code(QR 码)、汉信码等,如图 2-5 所示。其中,Data Matrix 是最早的二维码,于 1988 年发明,并于 1995 年 10 月被国际自动识别制造商协会接纳为国际标准的公开二维码。Code One 于 1992 年发明,是最早被接纳为国际标准的公开二维码。MaxiCode 是美国联合包裹运送服务公司(United Parcel Service,UPS)专为邮件系统设计的专用二维码,故最初也被称为 UPS Code。这是一种特殊的正方形矩阵码,中间有 3 个同心圆用于扫描定位,其余部分由小的六角形组成(通常的矩阵码都是由正方形的小点阵组成)。

(a) Data Matrix　　　(b) Code One　　　(c) MaxiCode　　　(d) QR码　　　(e) 汉信码

图 2-5　各种矩阵式二维码

QR 码由日本 Denso 公司于 1994 年 9 月推出,是最早支持汉字的二维码。2015 年,Denso 公司颁布了新的 QR 码技术标准,同时开始收取专利费用。以 QR 码(见图 2-6)为例,可以看到二维码相对于一维条码在编码容量和纠错机制上的突出优势。相同面积的 QR 码是一维条码承载信息的几十倍,可以表示包括汉字、英文、数字、其他字符等在内的多种语言文字,可以将图片、声音、文字、签名、指纹等不同类型的信息进行数字化编码。

QR 码的纠错能力具备 4 个级别,用户可根据使用环境选择相

图 2-6　QR 码示例

应的级别。调高级别,纠错能力相应提高,由于数据量会随之增加,因此编码尺寸也会变大。如表 2-1 所示,在纠错级别 L(low)、M(medium)、Q(quartile)及 H(high)下,分别约有 7%、15%、25% 以及 30% 的字码能被纠正。这解释了为什么有污损或残缺的二维码仍然能被正确识读,以及为什么可以在二维码的中心位置加入图标。

表 2-1　QR 码的纠错能力

纠错级别	纠错容量(近似值)
L	7%
M	15%
Q	25%
H	30%

为了解决国际二维码垄断问题,我国迫切地需要一套新的拥有自主知识产权的二维码标准。2005 年,中国物品编码中心牵头,科研院所与企业共同参与,研究开发出中国拥有完全自主知识产权的新型二维码——汉信码。汉信码在汉字信息表示方面达到国际领先水平,在信息编码效率、符号信息密度与容量、识读速度、抗污损能力等方面达到国际先进水平。

自 20 世纪 80 年代中期至今,二维码的发展已有 30 多年的历史。起初,受编码效率及图像处理等因素的制约,二维码识读器的性能较差、价格昂贵,一定程度上限制了二维码的应用。直到最近十年,随着移动便携设备的普及和高清摄像头成为移动设备标配,二维码的应用发展才走上了快车道。二维码也因其具有更大的信息容纳量、支持更多的数据类型而更受人们欢迎,比一维条码有更广泛的用武之地,应用领域进一步拓宽和丰富。

三、二维码的生成和识读

1. 二维码的生成

二维码的生成过程包括信息编码、纠错编码、符号表示、符号印制四个部分,如图 2-7 所示。

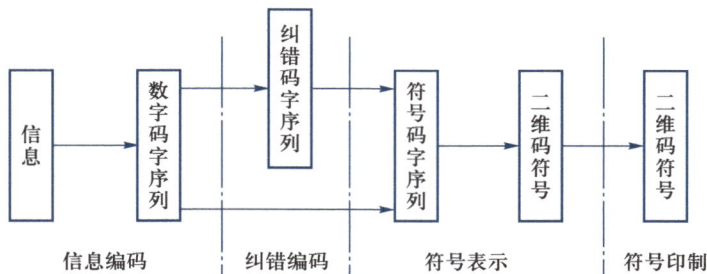

图 2-7　二维码的生成过程

首先是信息编码。二维码的信息编码分为两个阶段。第一阶段完成原始数据的信息化处理,即信息预编码;第二阶段将数字、汉字、图像等信息按一定的规则映射到二维码的基本信息单元。

　　然后是纠错编码。完成信息编码后,为提高二维码的可读性,又引入另一个重要的技术环节——纠错编码。纠错技术是二维码的特点之一,也是二维码比一维条码的先进之处之一。纠错编码在原有信息的基础上增加信息冗余,通过一定的纠错码生成算法生成纠错码字,支持用户根据实际情况选择不同的纠错级别,确保在二维码出现脱墨、污点等符号破损的情况下,也可以利用纠错编码时引入的纠错码字正确解码,还原原始数据信息。纠错级别越高,同等条件下二维码能存储的原始数据越少,二维码也越容易被识别。

　　接下来是符号表示。完成二维码的信息编码和纠错编码后,数据信息流就被转换为码字流,将码字流用相应的二维码符号进行表示的过程,就是所谓符号表示。符号表示技术主要研究各种码制的条码符号设计、码字排布等。

　　最后一个环节是符号印制。二维码符号印制对反射率、对比度、模块大小以及分辨率等均有严格的要求,必须选择适当的印刷技术和设备,以保证印制出符合规范的二维码。

　　2. 二维码的识读

　　二维码的识读技术可以分解成光电转换技术、译码技术、通信技术以及计算机技术,主要负责将二维码符号所代表的数据转换为计算机可读的数据,并负责计算机之间的数据通信。除此之外,二维码的识读技术还涉及数据处理、数据分析、译码等软件技术。

　　二维码解码芯片利用大规模可编程逻辑电路实现硬件方式的二维码解码。和传统软件解码方式相比,硬件解码的解码速度能提升 10 倍以上,识读效率(抗污损)则提高 30～50 倍;同时,解码系统所需的周边电路及其元器件大大简化,成本和功耗明显降低,可靠性进一步提高。

2.1.3　两种条码的对比

　　总的来说,我们应当了解一维条码和二维码在操作和功能上的支持和限制,以便根据应用场景的不同选择不同的条码,做出有关码型的最佳决策。

　　从操作上看,一维条码和二维码的关键区别在于读取它们所需的识读器类型。一维条码用传统的激光扫描仪进行扫描,扫描距离是标准范围或远程。在扫描时,一维条码激光扫描仪在扫描角度上有很大限制。二维码必须使用一种被称为成像仪的识读器来读取。成像仪有两种类型:1D only(只能读取一维)和 1D/2D(可以读取一维或二维)。扫描距离包括标准范围/中等范围或近/远。实际应用中,二维码成像仪通常既可以读取一维条码,也可以读取二维码。二维码成像仪还可以从任意方向、长距离读取,可以解释损坏或印刷不良的条码,极大地提升了工作效率。

　　从功能上看,使用哪种类型的条码主要取决于应用场景对条码功能的需求。一维条码通常用于关联数据容易频繁更改的场景,例如商品定价或集装箱的内容。在可能没有数据库连接、空间有限以及需要大量数据的情况下,则可以使用具有更大信息容纳量和独立性的二维码。在具体实践中,应当为不同的应用场景选择不同的条码。例如,二维码可用于标记传统一维条码不适合的非常小的物品,如外科手术器械或计算机内部的电路板。又如,在一个典型的运输包裹上可能会出现多种类型的条码。

2.2   RFID

微课
全感知的关键技
术:RFID

射频识别(radio frequency identification,RFID)技术是一种无线通信技术,它通过无线电信号识别特定目标并读写相关数据,而无须在识别系统与特定目标之间建立机械或光学接触。

2.2.1   RFID 技术的起源与发展

射频识别在历史上的首次应用可以追溯到 1940 年第二次世界大战期间,主要用于敌我双方飞机的辨识。20 世纪 70 年代末期,美国政府开始将 RFID 技术从军用转移到民用。

20 世纪 90 年代是 RFID 发展史上最为重要的十年,电子收费系统在美国开始大量部署,在北美约共有 3 亿个 RFID 标签被安装在汽车尾部。1991 年,世界第一个高速公路不停车收费系统在美国俄克拉何马州投入使用。1992 年,世界第一个电子收费和交通管理的集成系统在美国休斯敦投入使用。之后,人们开始意识到 RFID 技术的标准化问题。只有在运行频率和通信协议等方面拥有统一标准,RFID 技术才能在更广泛的领域得到应用。

20 世纪 90 年代开始,受技术、成本及需求等多方面因素的刺激,RFID 技术逐步进入规模化商业应用的前期阶段。以沃尔玛、宝洁等一批知名公司为代表的企业界及一些政府机构开始推进 RFID 应用,并要求他们的供应商也采用此项技术。与此同时,包括 EPCglobal、AIM Global、ISO/IEC、UID 等在内的多个全球性 RFID 标准化机构和技术联盟组织开始聚焦于 RFID 的标准化工作,试图在标签频率数据标准、传输和接口协议、网络运营和管理、行业应用等方面获得统一平台。

进入 21 世纪,随着 RFID 标准化工作的不断成熟,RFID 产品种类日趋丰富,有源、无源及半无源的 RFID 标签都得到快速发展,标签成本不断降低,RFID 技术更广泛地规模化应用于物流、制造、零售、交通运输、社会政务等多个行业领域。

RFID 发展历史见表 2-2。

表 2-2   RFID 发展历史

时期	事件
1941—1950 年	雷达技术催生了 RFID 技术,1948 年奠定了 RFID 技术的理论基础
1951—1960 年	早期 RFID 技术的探索阶段,仍处于实验室实验研究
1961—1970 年	RFID 技术的理论得到进一步发展,人们开始尝试一些新应用
1971—1980 年	RFID 技术与产品研发进入高潮期,各种 RFID 技术测试快速发展,初步出现商业应用
1981—1990 年	RFID 技术及产品进入商业应用阶段,各种规模应用开始出现
1991—2000 年	RFID 技术标准化问题日趋得到重视,RFID 应用得到丰富,已经成为人们生活中的一部分

续表

时期	事件
2000 年至今	RFID 产品种类更加丰富,各类标签快速发展,标签成本不断降低,行业应用规模持续扩大

2.2.2　RFID 系统的结构及工作流程

条码技术将已编码的条码附着于目标物上,使用专用的识读器,利用光信号将信息传送到识读器。RFID 技术则将存有信息的 RFID 标签附着于目标物上,使用专用的 RFID 读写器,利用射频信号将信息在 RFID 标签与 RFID 读写器之间传送。

RFID 系统将识别信息存储在 RFID 标签(也称为 RFID 电子标签)中,通过无线电波实现非接触的识别过程。RFID 系统是一种简单的无线系统,需要两个基本器件:读写器和应答器(即 RFID 标签)。

从硬件层面,如图 2-8 所示,一个典型的 RFID 系统主要包括三个部分:①存有识别目标个体信息(如电子编码)的 RFID 标签,由天线、耦合元件及芯片组成,每个标签附着于目标对象上,储存有和目标对象相关的信息;②与 RFID 标签进行通信的 RFID 读写器,由天线、耦合元件及芯片组成,是读取(有时也支持写入)RFID 标签信息的设备,通常有手持式和固定式;③记录并处理识别目标信息的服务器。

RFID标签　　　电磁场　　　RFID读写器　　　服务器

图 2-8　典型 RFID 系统的构成

从软件层面,为支持对识别目标信息的处理,服务器和读写器的接口驱动程序、服务器的操作系统、服务器的数据库系统和数据业务处理程序都是必需的组成部分。

下面来看一个包含被动式 RFID 标签的 RFID 系统的工作流程,如图 2-9 所示。第一步,RFID 读写器通过天线发送一定频率的射频信号。第二步,当 RFID 标签进入 RFID 读写器天线工作区域时,其内置天线产生感应电流,RFID 标签获得能量被激活。第三步,RFID 标签将所储存的有关识别目标的信息经过编码和调制,并通过内置天线发送出去。第四步,RFID 读写器的天线接收到 RFID 标签发送来的载波信号,将其传送到 RFID 读写器。最后,RFID 读写器对接收到的信号进行解调和解码,并送到后台计算机系统进行相关处理。

RFID读写器　　天线　　　　　　　RFID标签
计算机系统

图 2-9　RFID 系统工作流程示意图

2.3　传感器

　　要想利用信息,首先要准确可靠地获取信息。传感器(sensor)是一种检测装置,能感受到被测量的信息,并将感受到的信息按一定规律转换为电信号或其他所需形式的信息输出,以满足信息的传输、处理、存储、显示、记录和控制等要求。传感器是获取自然和生产领域中信息的主要途径和手段。

　　如今,人类生产生活的各种现代化系统都离不开传感器。传感器是物联网感知层获取信息的重要组件,已广泛应用于工业生产、宇宙探索、海洋探测、环境保护、资源调查、医学诊断、生物工程,甚至文物保护等领域。例如在自动化生产过程中,要用各种传感器来监视和控制生产过程中的各个数据,使设备工作在正常状态或最佳状态,并使产品质量达到最佳。汽车上配备的常见传感器如图 2-10 所示。

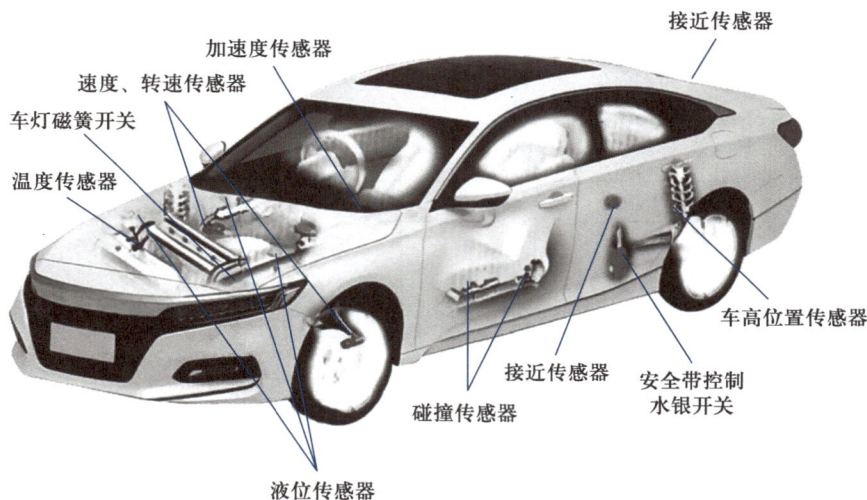

图 2-10　汽车上配备的常见传感器

2.3.1　传感器的分类

　　国家标准 GB/T 7665—2005《传感器通用术语》对传感器下的定义是:"能感受被测量并按照一定的规律转换成可用输出信号的器件或装置,通常由敏感元件和转换元件组成。"传感器的存在和发展,让物体有了触觉、味觉和嗅觉等感官,让物体慢慢活了起来。传感器延展了人类的五官,帮助人类在研究自然现象和规律以及生产活动中获取更丰富和准确的信息,所以传感器又被称为电子五官。

　　从被测量、传感对象、工作机理、材料、工艺等角度出发,对传感器有不同的分类方法。

　　最常见的分类是按照传感器被测量进行分类,这种分类是从使用的角度出发,利于使用者选用产品,也方便进行产品水平和质量评价。传感器被测量包括物理量、化学量和生物量三大类,具体包括力、压力、位移、速度、温度、湿度、流量、气体成分和离子浓度等。传感器种类繁多,同一被测量可以用不同原理的传感器来检测,而利用同一原理又可以制作出多种被测量传感器。

按传感对象,传感器可分为心电传感器、呼吸传感器、脉搏传感器、血糖传感器、烟雾传感器、火焰传感器、气体传感器、水质传感器、风力传感器等。这种分类很显然也是从便于理解和使用的角度出发的。

按工作机理,传感器可分为结构型(空间型)和物性型(材料型)两大类。结构型传感器是依靠传感器结构参数的变化实现信号变换,从而检测出被测量。结构型传感器可进一步分为机械式、磁电式和电热式。物性型传感器是利用材料本身的物性变化实现被测量的变换,主要是以半导体、电解质、磁性体等作为敏感材料的固态器件。物性型传感器按物性效应可分为压阻式、压电式、压磁式、磁电式、热电式、光电式、电化学式等。

按材料,传感器可分为半导体传感器、金属材料传感器、陶瓷传感器、高分子和电子聚合物传感器、光纤传感器、复合材料传感器等。

按工艺,传感器可分为厚薄膜传感器、MEMS(微机电系统)传感器、纳米传感器等。

2.3.2　传感器的构成及原理

传感器一般由敏感元件、转换元件和转换电路三部分组成,如图2-11所示。

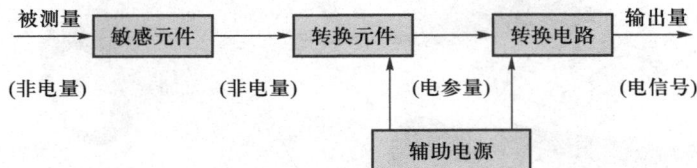

图 2-11　传感器的构成

敏感元件是传感器中能直接感受被测量的部分,其输出与被测量成确定关系的某一物理量(非电量或电参量)。

转换元件将敏感元件输出的非电量转换为电参量,便于传输和处理。例如,应变式压力传感器中的电阻应变片,可以将压力应变转换成电阻值的变化。

并不是所有的传感器都必须包括敏感元件和转换元件,如果敏感元件直接输出电参量,就不需要转换元件。

转换电路将电参量转换成便于测量的电压、电流、频率等电信号。交直流电桥、放大器、振荡器和电荷放大器等都是较为典型的转换电路。

2.3.3　物联网常用传感器

本节将从功能和应用的角度介绍一些物联网系统中常用的传感器,包括光敏传感器、气敏传感器、霍尔传感器、热红外人体感应器、超声波测距传感器以及 MEMS 传感器。这其中的很多传感器也是在物联网实验和实训教学中常见的传感器。

一、光敏传感器

光敏传感器是利用光敏元件将光信号转换为电信号的传感器,它的敏感波长一般在可见光附近。光敏传感器并不只局限于对光的探测,还可以作为探测元件组成其他传感器,对那些能够转换为光信号变化的非电量的变化进行检测。

光敏传感器是应用最广的传感器之一,在自动控制和非电量测量技术应用中占有重要地位。光敏传感器广泛应用于以光控制为特征的物联网系统、自动控制系统及智能电子产品中,例如屏幕智能感光调节、键盘智能节能、照相机自动补光、路灯及航标等的自动控制、光控灯、声光控开关、智能监控系统、防盗钱包等。

二、气敏传感器

气敏传感器是一种检测特定气体的传感器,它可以感知环境中特定气体成分与浓度,并将这种非电信号转换为电信号。气敏传感器从原理上分为电学类气敏传感器、光学类气敏传感器、电化学类气敏传感器以及其他高分子气敏传感器。其中,电学类气敏传感器又包括电阻式和非电阻式(电流式或电压式)两种类型。

在所有气敏传感器中,主流的技术路径包括半导体气敏传感器(属电学类)、电化学类气敏传感器以及红外吸收式气敏传感器(属光学类)三个方向,都分别占有较可观的市场份额。气敏传感器广泛应用于一氧化碳、瓦斯、煤气、氟利昂、呼气中乙醇(酒精)等的检测,如图 2-12 所示。随着智能家居新风系统、汽车空气品质等领域新需求的产生,气敏传感器可以找到更多的应用空间。

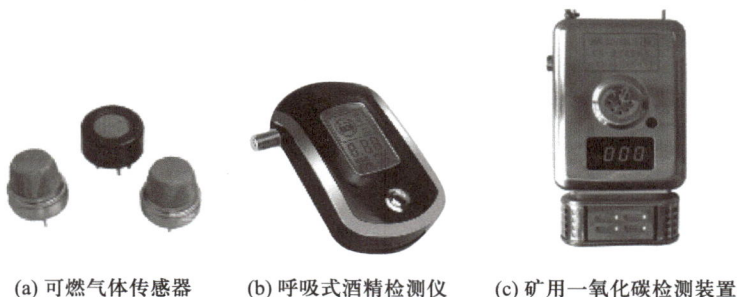

(a) 可燃气体传感器　　　(b) 呼吸式酒精检测仪　　　(c) 矿用一氧化碳检测装置

图 2-12　各种气敏传感器及其应用

三、霍尔传感器

霍尔传感器是根据霍尔效应制作的一种磁场传感器。在受检对象上人为设置磁场,利用霍尔效应检测这个磁场,就可以将力、力矩、压力、应力、位置、位移、速度、加速度、角度、角速度、转数、转速以及工作状态发生变化的时间等非电、非磁的物理量转变为电量来进行检测和控制。霍尔传感器分为线性型和开关型两种。线性型霍尔传感器的输出信号为模拟量,开关型霍尔传感器的输出信号为数字量。

霍尔传感器有结构牢固、体积小、重量轻、寿命长、安装方便、耐振动等优点,被广泛用于工业控制、智能仪器仪表、消费类电子等领域。在和物联网有关的应用中,常见的霍尔传感器有霍尔效应动感检测器、霍尔压力传感器、霍尔车用传感器、霍尔无损探伤传感器等。

在汽车电子领域,多达几十个霍尔车用传感器会被用于对一台汽车的工作状态进行测量和控制,应用范围包括气缸点火器、发动机转速和曲轴角度传感器、自动门窗的开关系统、速度表和里程表、制动防抱死系统的速度传感器、液体液位传感器、各种负载的电流监测及工作状态诊断、发动机熄火检测,以及蓄电池充电的电流控制器等。在矿山、运输、建筑、旅游等领域,霍尔无损探伤传感器能用于对起重、运输、提升及承载设备中的重要构件——钢丝绳做断丝、磨损等探伤检测。霍尔效应动感检测器可以装在机动车辆上用于防盗,也可以用于老人、病人、消防员等特殊人群的昏迷、跌倒等危险情形预警。

四、热红外人体感应器

热红外人体感应器(见图 2-13)是一种可探测人体存在的红外热释电感应器。无论人体移动还是静止,其感光元件可以产生极化压差,令感光电路发出有人的识别信号,实现探测移动或静止人体的功能。热红外人体感应器常用在建筑物的过道、楼梯、走廊等场所,实现自动控制照明以及防盗报警等功能。

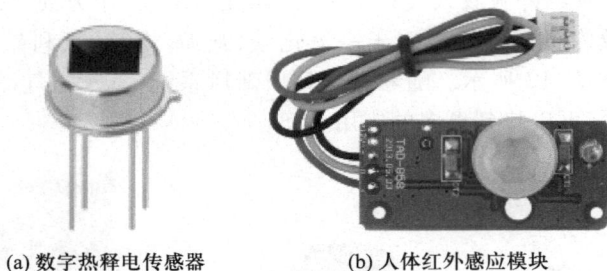

(a) 数字热释电传感器   (b) 人体红外感应模块

图 2-13   热红外人体感应器

五、超声波测距传感器

超声波测距传感器采用超声波回波测距原理检测传感器与目标物之间的距离,可用于智能驾驶、高速公路、智能停车(见图 2-14)、工业测井、自动控制、生产制造等场景下的液位检测、物位检测、距离测量等。

图 2-14   超声波测距传感器在智能停车方面的应用

六、MEMS 传感器

MEMS(micro electronic mechanical system,微机电系统)传感器是融集成电路制造技术以及微机械加工技术于一体的新型传感器。典型的 MEMS 传感器系统由传感器、信息处理单元、执行器等构成。传感器将力、声音和光等非电信号转换为电信号，经过模数转换后，这个电信号被转换为电子系统可以识别和处理的数字信号。MEMS 传感器的分类如图 2-15 所示。

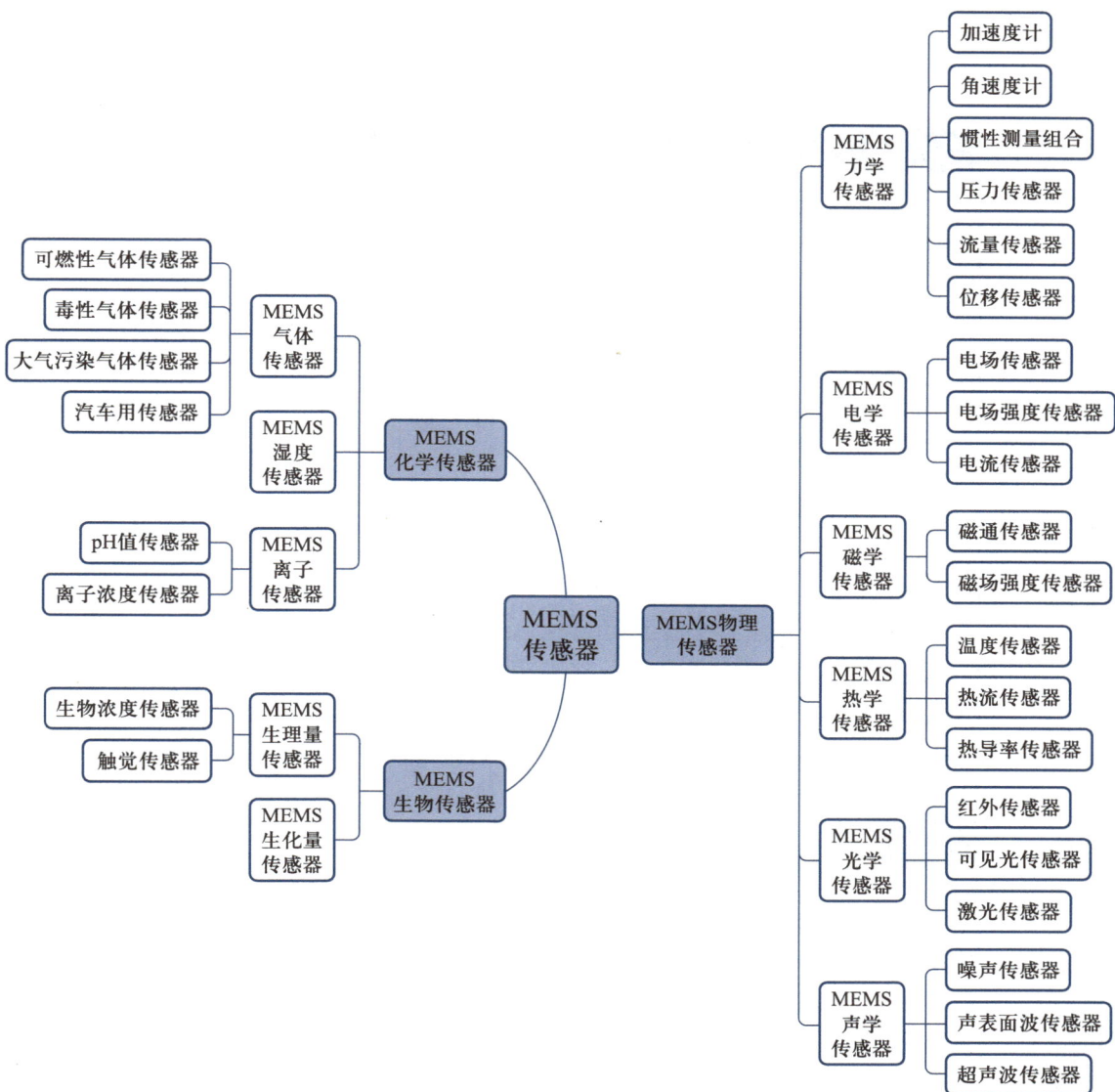

图 2-15　MEMS 传感器的分类

　　在工业生产活动中，传感器作为过程和环境控制中的关键元件已经有悠久的历史。早期的传感器完全是机械式的，多是为特定操作条件下的目标应用而设计，制造成本高，制造耗时长。相比之下，MEMS 传感器具有微型化（微米量级到毫米量级）、质量小（微克量级到克量级）、功耗低、可靠性高、响应时间短、耐受恶劣工作环境、易于集成、成本低以及适合批量化生产等特点。在微米量级的尺度，MEMS 传感器能完成很多传统机械传感器不能实现的功能，正逐渐取代传统工业领域中一些工业机械传感器的主导地位。MEMS 传感器在尺寸、性能、功耗,以及批量化生产上的优势也令其在消费电子、汽车电子、航空航天、机械、化工及医药等领域找到广阔的应用空间。如今,随着工业系统自动化的发展以及人工智能和大数据技术的引入,工业制造进入智能时代,工业应用领域对高精度及恶劣工作环境耐受的 MEMS 传感器的需求还在不断增长。MEMS 传感器的典型应用见表 2-3。

表 2-3　MEMS 传感器的典型应用

应用领域	系统或产品	用到的 MEMS 传感器
消费电子	手机、数码相机、手环、平板计算机、笔记本式计算机等	压力传感器、MEMS 麦克风、加速度计、陀螺仪、惯性测量单元(IMU)、指纹识别传感器等
汽车电子	汽车的安全系统、制动防抱死系统(ABS)、发动机系统、动力系统等	压力传感器、加速度计、陀螺仪、化学传感器、气体传感器、指纹识别传感器等
航空航天、空间应用	微型惯性导航系统、空间姿态测定系统、动力和推进系统、控制和监视系统、微型卫星等	加速度计、陀螺仪、压力传感器、惯性测量单元、磁力计、化学传感器等
医疗保健	临床化验、诊断和健康监测系统、灵巧药丸输送系统、心脏起搏器、计步器	MEMS 麦克风、生物传感器、压力传感器、集成加速度传感器、微流体传感器等
机器人	无人机姿态控制系统	加速度计、陀螺仪、惯性测量单元等
工业控制、气象、环境、农业、矿山	环境监测系统、农业物联网、设备生命周期管理(运输、安装、长期维护)	压力、湿度、温度、生物、腐蚀、气体和气体流速、加速度计、MEMS 麦克风等

2.4　无线传感器网络

微课
全感知的关键技术:无线传感器网络

　　传统的无线通信网络主要满足人类用户的通信需求,在成本、功耗和灵活性方面并不适应物联网低功耗、高异构的特点,不能很好地支撑来自物联网的海量机器通信需求。作为传统无线通信网络的重要补充,无线传感器网络(wireless sensor networks,WSN)是物联网感知层广泛采用的无线通信技术。和传统无线通信网络主要服务人类用户通信需求相比,无线传感器网络所传输的信息内容通常是机器设备所捕获的有关物理世界的特征,如温度、压强、速度等,而不是人类用户的语音、消息、邮件等。

2.4.1　无线传感器网络的体系结构

　　无线传感器网络的体系结构从逻辑上与现代通信网络的体系结构类似。如图 2-16所示,广义的无线传感器网络也包含骨干传输网络(简称骨干网),其体系结构分为三部分:终端无线传感器网络(包括汇聚节点)、骨干网(通常是互联网、移动通信网、卫星网等)和信息处理中心。从狭义上讲,无线传感器网络即指终端无线传感器网络(包括汇聚节点)。

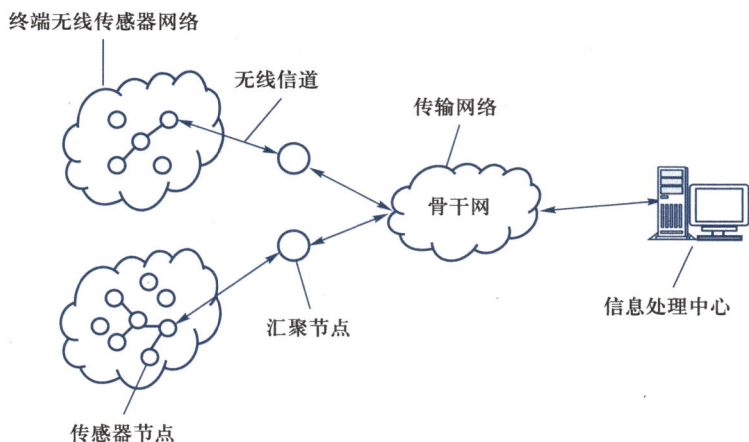

图 2-16　广义的无线传感器网络体系结构

　　终端无线传感器网络是一个相对完整的体系结构,多个无线设备通过自组织的形式连接在一起,并通过一个或多个网关(汇聚节点)与骨干网相连接。从骨干网的角度,有了汇聚节点,终端无线传感器网络里的一群设备常常被看成一个终端。例如蓝牙耳机通过蓝牙技术连接到关联的手机上,蓝牙耳机等设备和蓝牙手机之间形成一个终端蓝牙网络,从骨干网(如移动通信网)的角度,它只看见手机终端,手机终端就是一个汇聚节点。

　　如图 2-17 所示,终端无线传感器网络(以下简称无线传感器网络)由传感器节点、路由节点和网关(汇聚节点)这几种设备组成。它们之间通过无线通信接口以及某种高层通信协议(网络层及以上的协议)连接在一起,协同合作以完成对各种物理信息的采集和汇聚。常见的无线通信接口包括 Wi-Fi(IEEE 802.11)、蓝牙和 IEEE 802.15.4 等,其中 Wi-Fi 和蓝牙都是比较成熟的技术,但 IEEE 802.15.4 具有更好的功耗、成本等优势。以 IEEE 802.15.4 为底层无线通信技术的无线传感器网络协议中,以 ZigBee 联盟开发的 ZigBee 系列协议最为著名。

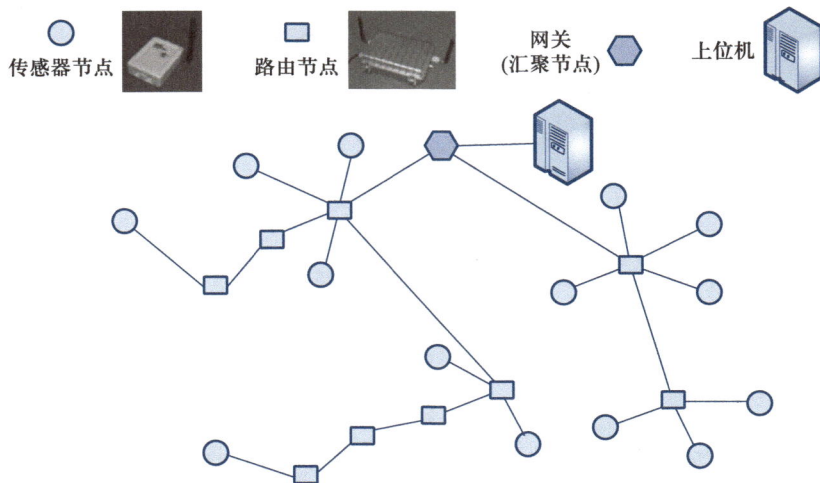

图 2-17　无线传感网络节点结构

工程师提示

对于对无线传感器网络不太熟悉的人来说,一提到无线传感器网络就会想到 ZigBee,好像 ZigBee 就是无线传感器网络的代名词。实际上,无线传感器网络可以采用 Wi-Fi、蓝牙和 IEEE 802.15.4 等多种无线通信接口,而 ZigBee 只是以 IEEE 802.15.4 为底层接口的一种常用无线通信技术。

2.4.2　无线传感器网络的特点

无线传感器网络具有多跳组网、自组织组网、节点数量众多、低功耗等特点,这些特点直接影响了该网络所承载的上层业务应用。

一、多跳组网

传统网络的组网方式多是星状或树状的,而无线传感器网络通常采用比较灵活的组网方式——多跳组网和自组织组网,这种网络也称为网状网。在通常的网络结构中,下一级节点到上一级节点一般都是直接连接,例如手机是直接连接到基站的。考虑到降低节点的能耗和降低成本,无线传感器网络中节点的通信距离较短,一般在几十到几百米范围内,再加上一些特殊环境的限制,有时末梢节点很难直接连接到网关(汇聚节点),必须通过其他节点进行中转。如图 2-18 所示,A 先跳到 B,再跳到 C、D、E,最后到达汇聚节点,这样相互配合组成了一个多跳网络,可实现无线传感器网络对较大区域的覆盖。能起到多跳作用的节点在完成自己的数据采集任务的同时,还要承担起路由中转的责任,这类节点称为路由节点;而那些不能起到多跳作用的节点通常称为传感器节点。图 2-19 所示为在嵌入式开发中常用到的典型无线传感器节点的外形。

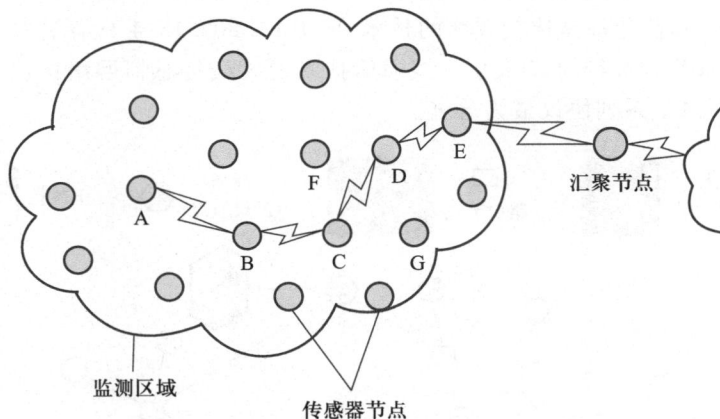

图 2-18　多跳网络

二、自组织组网

很多情况下,多跳组网是在网络安装过程中人为配置的,但在无线传感器网络中,由于节点易受到干扰或因为没电、损坏常导致预先配置的多跳链路不可用,所以在网络形成的过程中还引入了自组织组网技术。节点部署到监测区域后,如原先预设的多跳链路中某个节点(如图2-20中的C)发生故障不能继续使用,自组织网络能够根据环境情况自动进行配置和管理(如图2-20中A先跳到B,再跳到F、D、E,最后到达汇聚节点),通过拓扑控制机制和网络协议自动形成无线多跳网络。

图2-19　典型无线传感器节点外形

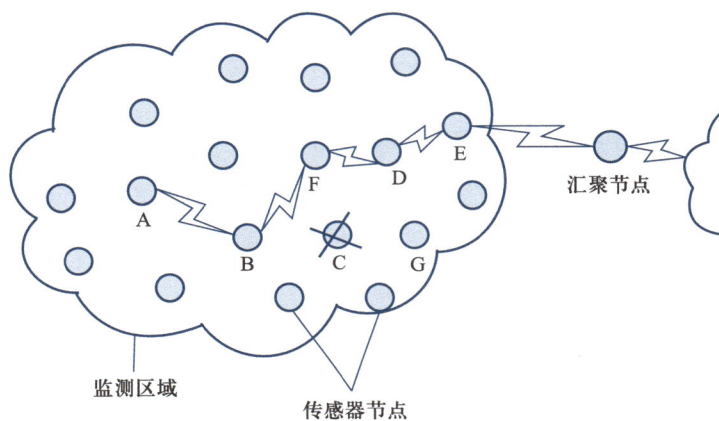

图2-20　自组织网络

三、节点数量众多

传统通信网络的接入点数量通常不会超过本地人口数量的量级,如手机数量一般都是以当地人口数量作为上限,宽带连接的上限也基本是当地的家庭总数。而无线传感器网络面向的不再是人,而是数量级更大的各类物品,所以节点数量要比传统通信网络大很多。为应对物联网对网络节点地址的大量需求,无线传感器网络在寻址方面多采用多级寻址方式,在网关到骨干网之间可以使用与目前互联网一致的IP协议,而在终端无线局域网内采用私有的地址协议,以降低对骨干网公网地址的需求。

四、低功耗

由于客观环境限制以及设备自身能力的局限性,无线传感器网络中的传感器节点、路由节点往往只能由电池供电,尽可能实现低功耗无线传输是无线传感器网络技术研究的重点。

2.4.3   无线传感器网络的标准

拓展微课
IEEE 802.15.4、
ZigBee 和 BasicRF
的关系

要想在市场上广泛应用无线传感器网络技术,标准的统一是前提条件。无线传感器网络的产业发展是伴随着国际技术标准一起成长起来的。1999 年,美国电气与电子工程师协会(IEEE)成立了旨在推动无线个域网络(WPAN)的标准组织 IEEE 802.15 工作组,为无线传感器网络标准的统一和发展奠定了基础。

一、IEEE 802.15 工作组

IEEE 802.15 是隶属于 IEEE 802 旗下的一个工作组,主要针对能支撑各种不同速率的无线个域网络技术制定物理层和 MAC(介质访问控制)层规范。IEEE 802.15 工作组先后制定了蓝牙 1.1 标准(802.15.1)、超宽带标准(802.15.3a)和低速个域网标准(802.15.4)。其中,面向低速率应用的标准 IEEE 802.15.4 发展最快,成为无线传感器网络技术的首选方案。依据 IEEE 802.15.4 标准生产出来的芯片(于 2004 年诞生,见图 2-21)得到广泛使用。IEEE 802.15.4

图 2-21   IEEE 802.15.4 芯片

的物理层技术是 ZigBee 技术,ZigBee 联盟(ZigBee Alliance)作为 ZigBee 技术的主要推动组织,也吸引了工业界的广泛参与。

二、ZigBee 联盟

ZigBee 联盟(见图 2-22)成立于 2001 年 8 月。ZigBee 联盟作为推广 IEEE 802.15.4 标准的组织,还开发了 IEEE 802.15.4 之上的网络层协议栈以及多个应用子集,包括家庭自动化、智能能源、楼宇自动化、电信应用、健康护理和零售等。

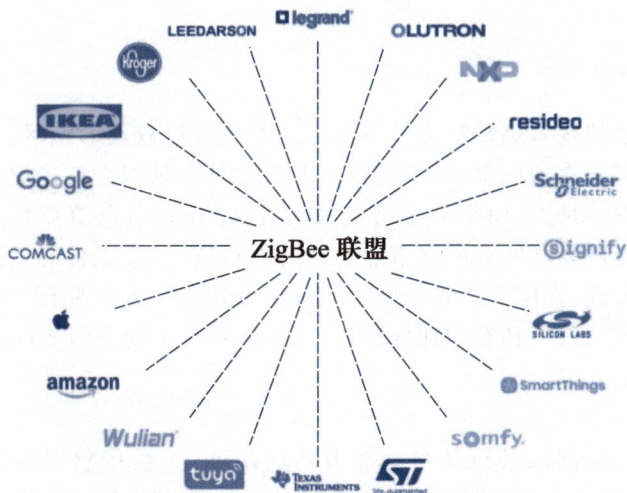

图 2-22   Zigbee 联盟

习 题

一、单项选择题

1. RFID 卡同其他几类识别卡最大的区别在于(   )。

    A. 功耗　　　　　　　　B. 非接触　　　　　　　C. 抗干扰　　　　　　D. 保密性

2. RFID 技术主要通过(   )方式实现 RFID 标签和 RFID 读写器之间的信息传输。

    A. 无线射频　　　　　　B. 同轴电缆　　　　　　C. 双绞线　　　　　　D. 声波

3. 从 RFID 系统的工作流程可以看到,RFID 读写器的主要任务是(   )。

    A. 通过发射天线发送一定频率的射频信号,并通过接收天线接收来自 RFID 标签的应答,最后对接收到的信号进行处理

    B. 存储信息

    C. 对数据进行运算

    D. 识别相应的信号

4. 气敏传感器不能检测的物质是(   )。

    A. 一氧化碳　　　　　　B. 瓦斯　　　　　　　　C. 氧气　　　　　　　D. 酒精

5. 以下对 RFID 技术特点描述不正确的是(   )。

    A. 自动识别目标对象并获取相关数据

    B. 必须靠激光来读取信息

    C. 可以识别单个非常具体的物体

    D. 可以同时对多个物体进行识别

6. 传感器按照被测量的分类不包含(   )。

    A. 物理量传感器　　　　　　　　　　　B. 生物量传感器

    C. 电阻式传感器　　　　　　　　　　　D. 化学量传感器

7. 按(   )分类,传感器可分为心电传感器、呼吸传感器、脉搏传感器、血糖传感器、烟雾传感器、火焰传感器、气体传感器、水质传感器、风力传感器等。

    A. 传感对象　　　　　　B. 工作机理　　　　　　C. 材料　　　　　　　D. 工艺

二、多项选择题

1. 在纠错级别 H 下,以下污损程度的 QR 码中能被纠正的是(   )。

    A. 20%　　　　　　　　B. 35%　　　　　　　　C. 15%　　　　　　　D. 32%

2. 无线传感器网络所传输的信息内容通常是机器设备所捕获的有关物理世界的特征,如(   )。

    A. 压强　　　　　　　　B. 速度　　　　　　　　C. 短消息　　　　　　D. 温度

3. 从(   )等角度出发,对传感器有不同的分类方法。

    A. 被测量　　　　　　　B. 原理　　　　　　　　C. 材料　　　　　　　D. 工艺

    E. 传感对象

4. 无线传感器网络具有(   )等特点。

    A. 多跳组网　　　　　　B. 节点数量众多　　　　C. 低功耗　　　　　　D. 自组织组网

5. MEMS 传感器具有微型化的特征,这个微型化的量级是(   )。

A. 微米量级到毫米量级　　　　　　　　B. 微米量级到厘米量级

C. 毫米量级到厘米量级　　　　　　　　D. 微米量级

三、判断题

1. 行排式二维码的信息密度比矩阵式二维码高。　　　　　　　　　　　　　(   )

2. 二维码成像仪不可以读取一维条码。　　　　　　　　　　　　　　　　　(   )

3. 二维码通常用于关联数据容易频繁更改的场景,例如商品定价或集装箱的
内容。　　　　　　　　　　　　　　　　　　　　　　　　　　　　　　(   )

4. 线性型霍尔传感器的输出信号为数字量。　　　　　　　　　　　　　　　(   )

5. 以无线传感器网络为代表的短距离传感网通常划分在物联网网络层。(   )

6. 所有传感器都必须包括敏感元件和转换元件。　　　　　　　　　　　　　(   )

7. 按材料分类,传感器可分为厚薄膜传感器、MEMS 传感器、纳米传感器等。

(   )

8. 以 IEEE 802.15.4 为底层无线通信技术的无线传感器网络协议即 ZigBee 系列
协议。　　　　　　　　　　　　　　　　　　　　　　　　　　　　　　(   )

9. 纠错级别越高,同等条件下二维码能存储的原始数据越多,二维码也越容易被
识别。　　　　　　　　　　　　　　　　　　　　　　　　　　　　　　(   )

四、填空题

1. 只有在_____和_____等方面拥有统一标准,RFID 技术才能在更广泛的
领域得到应用。

2. 传感器一般由_____、_____和_____三部分组成。

3. 无线传感器网络是物联网_____层广泛采用的无线通信技术。

4. 传统网络的组网方式通常是_____或_____的,而无线传感器网络通常采
用比较灵活的组网方式——_____和_____,这种网络也称为_____。

5. 在无线传感器网络中,能起到多跳作用的节点要承担起数据采集以及路由中转
的责任,这类节点称为_____;不能起到多跳作用的节点通常称为_____。

6. 应变式压力传感器中的电阻应变片,可以将_____转换成_____的变化。

7. 传感器中的转换电路可将电量参数转换成便于测量的_____、_____、
_____等电信号。

8. 光敏传感器是利用光敏元件将_____转换为_____的传感器。

9. 霍尔传感器是根据_____制作的一种磁场传感器。

10. 物联网对网络节点地址的需求很大,无线传感器网络在寻址方面多采用
_____方式,在网关到骨干网之间可以使用与目前互联网一致的_____,而在终
端无线局域网内采用_____的地址协议,以降低对骨干网公网地址的需求。

五、简答题

1. 试阐述 RFID 系统的具体工作流程。

2. 一个典型的 RFID 系统主要由哪几部分构成?

3. 谈谈无线传感器网络具有哪些特点。

第3章

可靠传输的关键技术

☑ **知识目标**
- 了解蓝牙的制式、技术特征、组网方式及物联网应用
- 熟悉 ZigBee 的技术特征、组网方式及物联网应用
- 熟悉 Z-Wave 的技术特征、组网方式及物联网应用
- 了解红外通信的技术特征以及红外遥控系统
- 了解短距离无线通信有关标准化组织或技术联盟
- 了解 GSM 及 GPRS 的系统构成和应用特征
- 了解 4G 的关键技术和网络应用现状
- 熟悉 5G 的性能特征、关键技术及物联网应用

☑ **能力目标**
- 能够阐述蓝牙制式的特征和应用
- 能够分析蓝牙的组网模式和组网过程
- 能够分析 ZigBee 的组网模式和组网过程
- 能够分析 Z-Wave 的组网模式和组网过程

☑ **素养目标**
- 培养从整体到局部、从概括到细节的认知习惯
- 培养积极思考与勤于实践并重的意识
- 培养独立学习与沟通协作的能力

对于物联网系统而言,三层体系架构的第二层——网络层如同物联网的神经网络和大脑,这一层的主要功能是将从感知层获得的信息进行传输和处理。物联网网络层是在现有移动通信和互联网的基础上建立起来的。网络层包括各种基于 Internet 的通信网络和综合网络,是物联网体系架构中最成熟的部分。传输数据的通信技术多种多样,具体采用哪种技术取决于传感器设备对通信技术的支持情况。本章介绍与实现物联网数据的可靠传输密切相关的常见无线通信技术,包括蓝牙、ZigBee Z-Wave 及红外通信这样的短距离无线通信技术,以及 GSM、GPRS、4G 及 5G 等典型蜂窝广域网通信技术。

3.1 物联网通信的多种选择

通信,是指通过某种媒质进行的信息传递。通信的基本形式是在信源与信宿之间建立一个传输信息的通道。现代通信意义上所指的信息已不再局限于电话、电报、传真等单一媒体信息,而是将语音、文字、图像、数据等合为一体的多媒体信息,这些信息是通过通信来进行传递的。

通信系统中涉及大量具体设备,所有通信系统都可以抽象为一个通信模型,由信源、信宿、信道、变换器、反变换器组成,如图 3-1 所示。

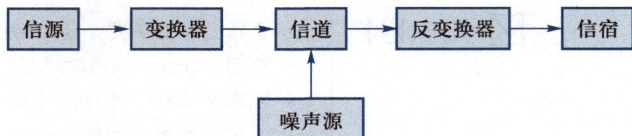

图 3-1 通信系统模型

(1)信源:产生各种信息(如语音、文字、图像及数据等)的信息源,可以是发出信息的人或机器。

(2)信宿:信息的接收者,可以与信源相对应构成人到人通信、机器到机器通信、人到机器通信或机器到人通信。

(3)信道:信号的传输媒介,可以分为有线信道和无线信道。

(4)变换器:又称为发送设备,负责将信源产生的信号变换成适合在信道传输的信号。

(5)反变换器:又称为接收设备,负责将从信道上接收的信号变换成信息接收者可以接收的信息。反变换器的作用与变换器相反,起到还原的作用。

(6)噪声源:噪声源不是通信系统模型中的一部分,但通信系统模型中传输的信号会被噪声源发出的噪声干扰,从而产生误码。

短距离通信技术主要解决最后几十米到一千米的通信问题。在物联网中,常采纳的短/中距离通信技术包括 RFID 技术、ZigBee 技术、蓝牙技术、Z-Wave 技术、红外通信技术、Wi-Fi 技术等。其中,RFID 技术是感知(识别)目标物体信息的重要技术,已在第 2 章做了介绍。本章将继续对包括蓝牙、ZigBee、Z-Wave、红外通信在内的短距离通信技术做简单的介绍。

自 1987 年在广东省开通我国首个模拟移动通信网至今,为支持广域覆盖场景,移动通信技术和市场以超出预期的速度高速发展,三十多年来,历经了五代移动通信技术(简称 1G、2G、3G、4G 和 5G)的变迁(见图 3-2)。1G 是一个纯粹的语音通信网络。2G 是关于语音和短信的通信网络。3G 是关于语音、短信和数据的通信网络。4G 提供与 3G 相同的功能,但区别在于数据传输速率更高。5G 相对于 4G 在数据传输速率上再一次有了数量级的飞跃,几秒内即可下载一部完整长度的高清电影。如今,2G 所涵盖的 GSM 技术、GPRS 技术仍然在被广泛使用,但从技术的更迭来看,它们会逐步被 4G 技术、5G 技术所淘汰。本章也会简要介绍 GSM 技术、GPRS 技术、4G 技术,以及考虑物联网应用场景较为充分的 5G 技术,它们都是物联网终端实现无线接入的技术选择之一。

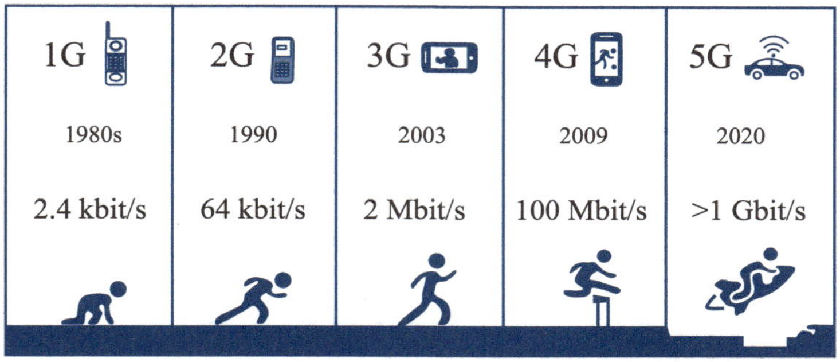

图 3-2　从 1G 到 5G

3.2　短距离无线通信

3.2.1　蓝牙技术

一、蓝牙技术简介

蓝牙(Bluetooth)是一种低成本、低功率、近距离无线技术标准,可实现固定设备、移动设备等在个域网范围内的短距离数据交换。蓝牙技术的目标在于开发一套开放的、全球统一的无线连接标准,使手机、笔记本式计算机、掌上计算机、打印机、传真机、数码相机等各类数据和语音设备均能够按这个标准互联,从而在个人区域无线通信网络的范围内实现无缝连接和资源共享。1994 年,爱立信公司发明蓝牙技术。1998 年 5月,爱立信联合诺基亚、东芝、IBM 和英特尔共同成立蓝牙技术联盟(Bluetooth Special Interest Group,Bluetooth SIG,见图 3-3),联手推出蓝牙计划,全面推广蓝牙通信标准。这项计划公布后,迅速得到众多厂商的支持和采纳,1999 年年底,第一批应用蓝牙技术的产品(包括手机和笔记本式计算机等)进入市场。如今,蓝牙技术联盟已经成长为由超过 36 000家公司构成的全球性社区,致力于设备连接的

微课
短距离无线通信:
蓝牙技术

图 3-3　蓝牙技术联盟

标准化和应用创新,主要职责包括监督蓝牙标准的开发、管理认证,以及维护商标权益。要想以"蓝牙设备"的名义进入市场,制造商的设备必须符合蓝牙技术联盟的标准。

企 业 经 验

企业若申请加入蓝牙技术联盟,有两种会员资格可以选择,即 Adopter 会员(应用会员)和 Associate 会员(联盟会员)。企业可以先申请成为 Adopter 会员,再根据需要升级成 Associate 会员。两种会员资格所享有的权益见表 3-1。

表 3-1 蓝牙技术联盟会员权益

权益	Adopter 会员	Associate 会员
在产品中使用蓝牙技术	√	√
在营销和产品中使用蓝牙文字标记和徽标	√	√
获取蓝牙规范的草案	v0.9	v0.5、v0.7、v0.9
获取配置文件调整套件	√	√
获取定制研究报告	×	√
规范开发		
参加研究组和专家组	√	√
参加工作组和 BTI(测试和互操作委员会)	×	√
担任委员会和工作组的领导	×	√
BARB(蓝牙架构审核委员会)顾问或 BQRB (蓝牙认证评估委员会)代表(每位成员 1 个名额)	×	√

二、经典蓝牙和低功耗蓝牙

蓝牙支持短距离通信,标准传输距离约为 10 m,若使用增强技术,可以将有效传输距离扩展到 100 m。蓝牙有两种无线电制式以供选择:经典蓝牙(Bluetooth Classic)和低功耗蓝牙(Bluetooth Low Energy,BLE),如图 3-4 所示。

经典蓝牙又包括传统蓝牙和高速蓝牙。在功耗上,传统蓝牙有 Class 1、Class 2、Class 3 共三个级别的功耗,分别支持 100 m、10 m、1 m 的传输距离。低功耗蓝牙没有功耗级别的区分,发送功率一般为 7 dBm,空旷环境下实测距离一般为 40 m 左右。这样的灵活度使得蓝牙能够支持来自开发者的多样化无线连接需求,如在智能手机和扬声器之间传输高质量音频,在智慧建筑解决方案的成百上千个物联网终端之间传输消息,以及在医疗设备和平板计算机之间传输数据。

经典蓝牙支持基本速率(basic rate,BR)和增强数据速率(enhanced data rate,EDR),工作在 2.4 GHz(2.402～2.480 GHz,共 79 个信道)的免费 ISM 频段。经典蓝牙支持点对点设备通信,主要用于实现音频流的无线传输,是无线音箱、无线耳机和车载娱乐系统所采用的主流无线电协议。经典蓝牙还能支持移动打印这样的短距离数据传输应用。

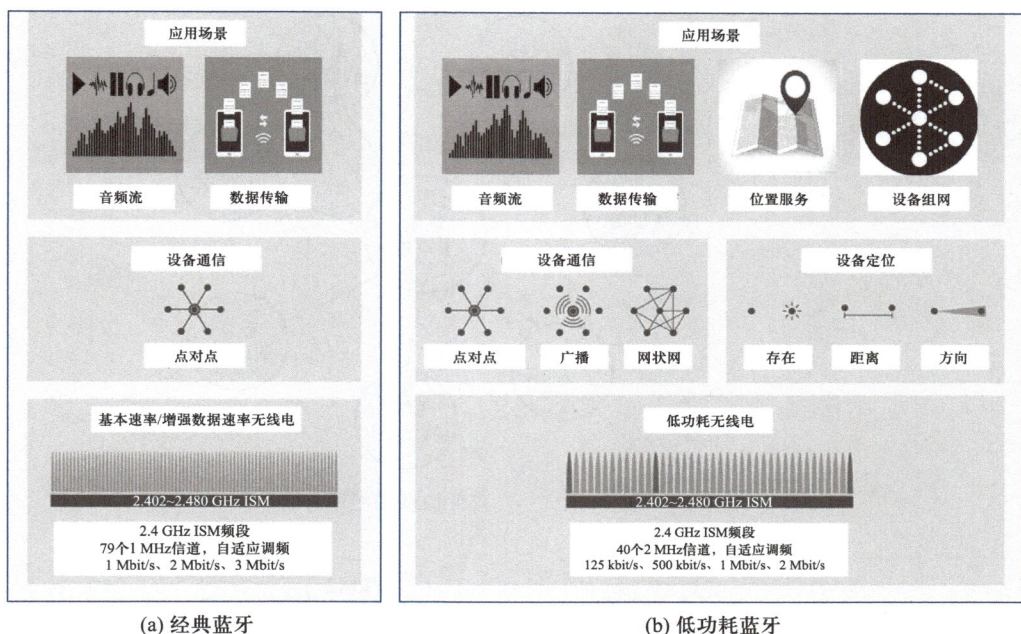

(a) 经典蓝牙	(b) 低功耗蓝牙

图 3-4 经典蓝牙和低功耗蓝牙

低功耗蓝牙是专为低功耗操作设计的蓝牙制式,工作在 2.4 GHz 的免费 ISM 频段,使用超过 40 个信道来传输数据。低功耗蓝牙为开发人员提供了巨大的灵活性,以支持来自不同产品的独特的连接需求。低功耗蓝牙支持多种通信拓扑,包括点对点通信、广播通信,以及网状网通信。这意味着蓝牙技术能够支持创建可靠的、大规模的设备网络。低功耗蓝牙设备能确定另一设备的存在、距离以及方向,这意味着低功耗蓝牙不但能支持设备通信,还能应用于高精度室内定位。

三、蓝牙的组网

蓝牙系统采用无基站的灵活组网方式,支持点对点或点对多点的无线连接。它的网络拓扑结构有两种形式:微微网(piconet)和散射网(scatternet)。

蓝牙微微网由主设备(master)单元(建立连接的设备)和从设备(slave)单元构成,如图 3-5 所示。一个微微网包含一个主设备单元和最多 7 个从设备单元,即一个蓝牙设备(主设备)可以同时与 7 个其他的蓝牙设备(从设备)相连接。首先提出通信要求的节点为主设备,主设备负责时钟同步信号和跳频序列;从设备是受控同步的设备,接受主设备的控制。从设备与主设备建立连接后,被分配一个临时的 3 bit 的成员地址。主设备轮询从设备并与它们通信,从设备保持与主设备之间的同步。从设备之间不能通信,需要通过主设备转发数据才能实现它们之间的通信。例如,蓝牙手机与蓝牙耳机可以构成一个最简单的微微网,蓝牙手机为主设备,蓝牙耳机为从设备。又如,两个蓝牙手机之间也可以构成微微网,直接应用蓝牙功能进行无线数据传输,如传送歌曲或图片。

蓝牙散射网由一组相互独立并以特定方式连接在一起的蓝牙微微网构成,如图 3-6 所示。一个微微网中的主设备或从设备同时也可以是另一个微微网中的主设备或从设备,这种设备又称为复合设备。同时最多可以有 7 个移动蓝牙设备通过一个网络节

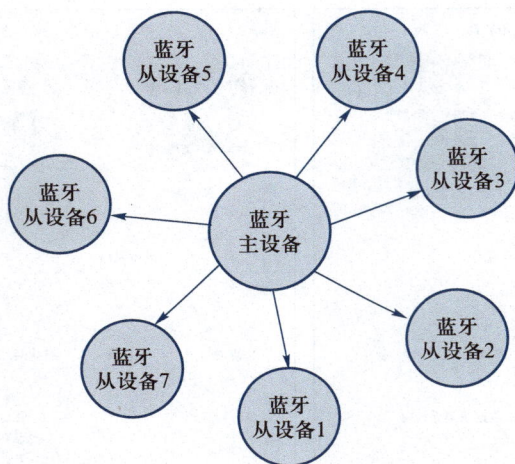

图 3-5　蓝牙微微网组网方式

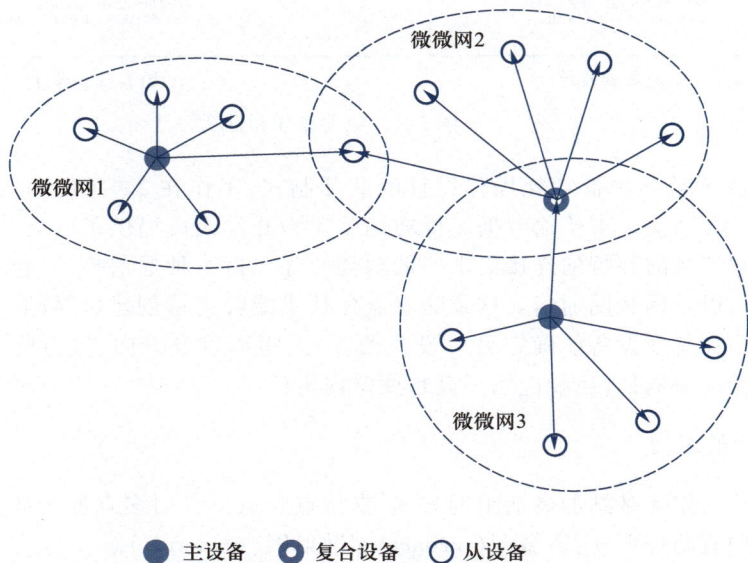

● 主设备　◉ 复合设备　○ 从设备

图 3-6　蓝牙微微网进一步构成蓝牙散射网

点(主设备)与互联网相连。

　　蓝牙 4.0 对传统蓝牙一对一的连接模式进行优化,利用星状拓扑来完成点对多点的连接,在每个从设备及每个数据包上使用 32 bit 的存取地址,这样,在连接和断线切换迅速的应用场景下,数据能够在网状拓扑之间移动,但不至于为了维持此网络而显得过于复杂,有效降低了连接复杂性,减少了连接建立时间。

　　蓝牙 5.0 是由蓝牙技术联盟在 2016 年提出的蓝牙技术标准。相对于旧版本,蓝牙5.0 的特色包括以下几点:①针对低功耗设备传输速率有相应提升和优化,低功耗模式的传输速率上限为 2 Mbit/s,是之前蓝牙 4.2 BLE 版本的两倍。②有效传输距离进一步增加,发送和接收设备之间的有效工作距离在理论上可达 300 m,是之前蓝牙 4.2 BLE 版本的 4 倍。③强化了导航功能,可以作为室内导航信标,结合 Wi-Fi 对室内位置进行辅助定位,可以实现精度小于 1 m 的室内定位。④支持更丰富的数据传输功能,相对于蓝牙 4.2 BLE 版本,其广告消息容量提升了 8 倍,每个数据包的有效负载数据由 31 字节提升到 255 字节。⑤为应对来自物联网应用场景的需求,蓝牙 5.0 做了很多底层优化工作,相对于 Wi-Fi 技术,在智能家居、家庭自动化及智慧工业等应用场景中低功耗优势明显。

3.2.2　ZigBee 技术

微课

短距离无线通信:
ZigBee 技术

一、ZigBee 技术简介

ZigBee 与蓝牙类似,是一种新兴的短距离、低复杂度、低功耗、低数据速率、低成本的无线通信技术,主要用于传感控制类应用。ZigBee 工作在免许可频段,包括 2.4 GHz(全球频段)、868 MHz(欧洲频段)和 915 MHz(北美频段)。在 2.4 GHz、915 MHz 以及 868 MHz 下,分别可以达到最高 250 kbit/s、40 kbit/s 以及 20 kbit/s 的原始数据吞吐量。ZigBee 的传输距离一般在 10 m 到 100 m 之间,随发送功率以及环境参数的不同有所不同,也可以通过增加功率放大模块的方式继续提升传输距离。

二、ZigBee 的组网

ZigBee 的寻址方案能够支持网络上的数百个节点,再由多个网络协调器连接在一起,进而实现更大规模的组网。依据 IEEE 802.15.4 标准,ZigBee 能够支持多达 65 000 个传感器节点的组网,令传感器之间相互协调实现通信。这些传感器通常以低功耗的模式工作,能用很少的能量以接力的方式通过无线电波将数据从一个网络节点传到另一个网络节点。ZigBee 网络的大小最终取决于工作频带、网络节点的通信频率以及上层应用程序对数据丢失或重传的容忍度等多个因素。

如图 3-7 所示,ZigBee 组网模式有三种——星状、树状和网状,网络角色也有三种——ZigBee 协调器(ZigBee coordinator,ZC)、ZigBee 路由器(ZigBee router,ZR)、ZigBee 终端(ZigBee end-device,ZED)。ZC 是全网的中心,是网络中的第一台设备,负责网络搭建、维护和管理,通常由主电源常供电。ZR 是挂在 ZC 下的子节点设备,负责路由发现、消息转发、允许其他设备通过 ZR 加入网络等,通常也采用主电源常供电。ZED

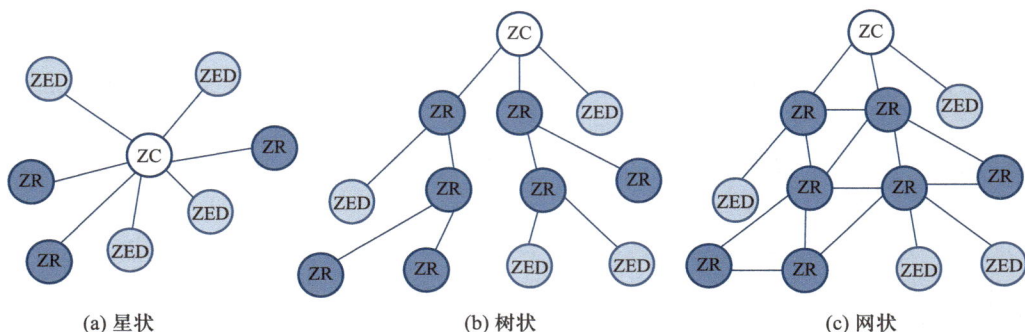

图 3-7　ZigBee 组网模式

为最末端的子节点设备,一般为功能简单的低功耗传感器设备,负责数据采集或控制,只能通过 ZC 或 ZR 加入网络;ZED 没有维持网络结构的责任,可以睡眠或唤醒,能运行在低功耗模式下,一般采用电池供电。ZED 只能与 ZC 或 ZR 进行通信;两个 ZED 之间的通信必须经过 ZC 或 ZR 进行多跳或者单跳通信,且 ZED 不能允许其他设备经由 ZED 加入网络。

ZigBee 星状网的网络拓扑最简单,以 ZC 为中心节点呈星状散开,每个 ZED 只能与 ZC 通信,如果两个 ZED 之间需要通信,必须经过 ZC 进行数据转发。ZigBee 树状网的网络拓扑类似于树结构,最高级的根节点为 ZC,ZC 将整个网络搭建起来,在树杈分支处的 ZR 作为承接点,将网络以树状向外扩散。ZED 是树的叶子节点,ZED 与 ZED 之间的通信必须经过 ZR,形成多跳通信。树状网比星状网有更大的网络容量和更好的健壮性。在 ZigBee 树状网的基础上,ZigBee 网状网允许相邻的 ZR 之间进行通信,这令整个网络具有更加稳定可靠的路由能力,动态组网更加灵活。ZigBee 网状网能够充分凸显 ZigBee 网络的自组织组网优势,具有更好的抗毁能力和连接鲁棒性。

ZigBee 技术在物理层和 MAC 层直接采用了 IEEE 802.15.4 标准。ZigBee 和 IEEE 802.15.4 的这种关系类似于 WiMAX 和 IEEE 802.16、Wi-Fi 和 IEEE 802.11、Bluetooth 和 IEEE 802.15.1。随着通信技术的不断发展和动态变化,不排除未来 ZigBee 在物理层和 MAC 层采用其他标准的可能性。

三、ZigBee 技术的特点

ZigBee 技术的特点可以归纳为低功耗、低成本、低速率、短距离、超大容量、高安全性、组网能力强等方面。

(1)低功耗。ZED 节点的低功耗特性是 ZigBee 的突出优势。根据估算,在低耗电待机模式下,2 节 5 号干电池可支持 1 个 ZED 节点工作 6 至 24 个月,甚至更长。ZED 节点在低功耗工作状态下,休眠激活时延(从睡眠转入工作状态的时间间隔)为 10 ~ 20 ms,连接入网只需 30 ms,进一步节省电能。而完成同样动作,蓝牙和 Wi-Fi 都需要数秒。相比之下,ZigBee 的功耗最低,蓝牙其次,Wi-Fi 最高。

(2)低成本。ZigBee 的协议专利免费,且协议栈简单,易于实现。和协议栈相对复杂的蓝牙相比,运行 ZigBee 需要的系统资源只约为蓝牙的十分之一,这使得 ZigBee 芯片的成本得以大大降低。

(3)低速率。ZigBee 专注于低速率传输应用的需求,原始数据速率为 10 ~ 250 kbit/s。

(4)短距离。ZigBee 相邻节点间的传输范围一般介于 10 m 到 100 m 之间,通过增加功率放大模块,传输距离可以增加到数千米。如果考虑到多跳通信,传输距离可以更远。

(5)超大容量。ZigBee 网络中,1 个主节点可以管理多达 254 个子节点。主节点由上一层网络节点(一般指 ZC)管理,多个 ZC 可以互相连接和配合,理论上最多可支持高达 65 000 个节点组网。

(6)高安全性。ZigBee 主要凭借严格的访问控制和 AES-128 高级加密系统确保安全性。物联网应用中,在 ZED 设备兼容性和网络易用性以及 ZED 网络的安全性之间存在折中,厂商可以在对应用场景和产品实际情况进行评估后,对 ZigBee 网络的安全属性进行灵活设定。

(7)组网能力强。ZigBee 网络的拓扑可以采用星状、树状或网状结构,具体拓扑的选择依据实际项目的需求确定。在 ZC、ZR 以及 ZED 三种网络节点的协同下,ZigBee 网络能够实现自组织组网和自愈功能,提供高可靠的通信能力。

四、ZigBee 在物联网的应用

在智能家居领域,ZigBee 技术常用在机顶盒、卫星接收器、家庭网关设备、家居设备上,为家庭监控和能源管理提供通信解决方案。例如,在智能调光系统中,调光电源、光照强度传感器以及灯光开关等传感器或执行器节点中均内置了 ZigBee 模块。

在智能工业和智能电网等领域,传感器构成的 ZigBee 网络可以对目标环境数据进行自动采集、分析与处理,为远程抄表、危险化学成分检测、火警检测和预报、高速旋转机器的检测和维护等应用提供支持与辅助。对于这类数据量较小、状态更新实时性要求不高,并有低功耗运行需求的物联网应用来说,以低速率、超低功耗为主要特征的 ZigBee 非常合适。

在交通运输领域,可以利用 ZigBee 技术实现分布式道路指示、公共交通情况实时跟踪等功能。ZigBee 技术可以在 GPS 覆盖不到的楼宇内和隧道内发挥作用,还能提供更丰富具体的信息。

在楼宇自动化领域,ZigBee 技术可以应用在电灯开关、烟火检测器、抄表系统、无线报警、安保系统、暖通空调、厨房设备上,实现数据采集和远程控制服务。例如,在暖通空调设备上安装 ZigBee 模块,可实现对设备的实时控制,节省能源消耗。在烟雾传感器上安装 ZigBee 模块,可构成 ZigBee 网络以实时传输传感器探测到的报警信息,方便系统针对关键事件做出及时反应,包括触发楼宇内其他烟雾传感器报警、开启洒水系统和应急灯,以及将火灾定位信息等及时通告楼宇管理者。

在智慧农业领域,ZigBee 技术可以支持实现农作物耕种的自动化、网络化、智能化。在农业果蔬大棚监测组网系统中,各类传感器可以实时采集室内温度、空气湿度、土壤温度、CO_2 浓度、光照强度、叶面湿度、露点温度等环境参数。这些传感器上安装了 ZigBee 芯片,采集到的数据能通过 ZigBee 网络回传给中央控制系统,中央控制系统又可以依据环境数据的情况经由 ZigBee 网络发出指令,自动开启或者关闭指定设备,实现对农业果蔬大棚室内温度、空气湿度、光照强度等环境参数的远程控制。

3.2.3 Z-Wave 技术

一、Z-Wave 简介

2005 年,丹麦公司 Zensys 开始研发 Z-Wave。同年,美国 Sigma Design 公司收购了 Zensys 公司,并牵头成立了 Z-Wave 联盟。Z-Wave 是基于射频的短距离无线通信技术,专为住宅和轻型商业环境中的控制、监测和状态读取应用而设计,如图 3-8 所示。

Z-Wave 在不同国家及地区的工作频率有所不同,其中,欧洲及中国大陆采用 868.4 MHz,美国及加拿大采用 908.4 MHz 及 916 MHz,澳大利亚及巴西则采用

微课
短距离无线通信:
Z-Wave 技术

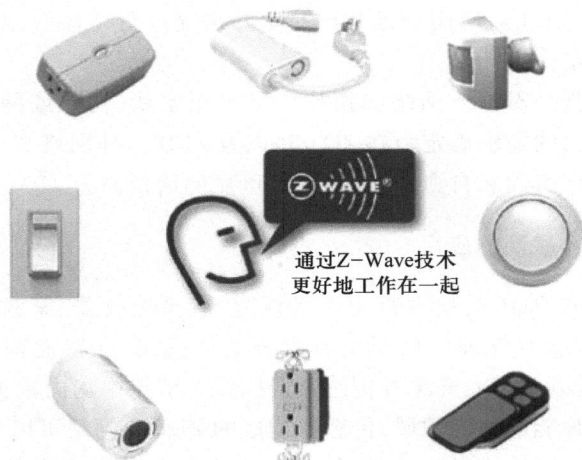

图 3-8 Z-Wave 技术应用

919.8 MHz 及 921.4 MHz。总的来说,Z-Wave 采用低于 1 GHz 的 ISM 频段,这样就避免了来自蓝牙、ZigBee 以及其他工作在 2.4 GHz 附近的无线技术的干扰。Z-Wave 采用二进制频移键控(BFSK)及高斯频移键控(GFSK)等调制方式,以 9.6/40/100 kbit/s 的数据传输速率提供小数据包传输,信号的有效覆盖范围在室内为 30 m,室外可超过 100 m。

Z-Wave 技术支持网状网连接以及消息确认机制,可支撑智能家庭和智慧建筑的无线控制类应用,支持各类智能设备相互连接并交换控制命令和数据。它为家庭及建筑自动化带来低成本的无线连接,在低功耗性能上是优于 Wi-Fi 的替代方案,在远程覆盖性能上是优于蓝牙的替代方案。在现有各种短距离无线通信技术中,Z-Wave 拥有相对较低的传输频率、相对较远的传输距离和一定的价格优势。在智能抄表、照明及家电控制、供热通风与空气调节、接入控制、防盗及火灾检测等物联网应用中,都可以考虑采纳 Z-Wave 作为连接技术方案。

企业经验

包括 ADT、Alarm. com、AT&T、DSC、GE、霍尼韦尔、Lowes、Verizon、Vivint 等在内的知名公司都使用 Z-Wave 的相关产品提供服务。在酒店、邮轮和度假租赁场所,常可以找到利用 Z-Wave 技术提供的服务。在美国某家酒店内,有上万台设备的连接采用了 Z-Wave 技术。

企业经验

Z-Wave 联盟(Z-Wave Alliance)虽然没有 ZigBee 联盟强大,但是 Z-Wave 联盟的成员均是已经在智能家居领域有现行产品的厂商,该联盟已经拥有 160 多家国际知名公司成员,范围基本覆盖全球各个国家和地区。思科与英特尔的加入,强化了 Z-Wave 在智能家居领域的地位。就市场占有率而言,Z-Wave 技术在欧美地区的普及率比较高。在目前全球有关无线控制的市场上,Z-Wave 是不可忽视的技术路径。来自 Z-Wave 联盟的数据显示,Z-Wave 经过验证和广泛部署,已发布了超过 3 300 种可互操作的产品,相关产品的全球销售已超过 1 亿台。

二、Z-Wave 的网络结构

Z-Wave 网络支持网状拓扑,其节点有三种类型:控制节点(controller)、从节点(slave)以及路由从节点(routing slave)。

控制节点存储全网所有节点的拓扑信息,计算信息传输路径,规定所有节点的路由地址,因此控制节点可以与 Z-Wave 网络中的所有节点进行通信,在网络中可充当中继器。

从节点不存储网络的拓扑信息,也不计算信息传输路径,不具备 Z-Wave 网络节点的管理功能,只响应来自控制节点和路由从节点的命令,完成命令赋予的任务,并沿原路传回反馈信息。在并不存储网络拓扑信息的情况下,若从节点在 Z-Wave 网络中想充当中继器的作用,就需要时刻侦听网络命令,这需要它能获得稳定的工作电源。

路由从节点具有从节点的所有功能,还可以主动向 Z-Wave 网络中的其他节点发送路由信息,并存储这些与自身相关的部分节点的路由信息。路由从节点可以使用稳定工作电源(如市电)或电池作为供电方式,在有电源保障的情况下,路由从节点在网络中也可以充当中继器。

每一个 Z-Wave 网络都有一个 32 位(4 字节)的网络 ID,也称为家庭 ID(home ID),这是 Z-Wave 网络中所有节点的共同标识。网络内每个节点有一个由控制节点分配的 8 位(1 字节)的节点 ID(node ID)。由于网络中会分配一些地址用于内部通信和特殊功能,每个网络最多可以支持 232 个不同节点的通信。图 3-9 所示为一个 Z-Wave 灯光控制系统的例子,体现了 Z-Wave 的网络拓扑结构特点。

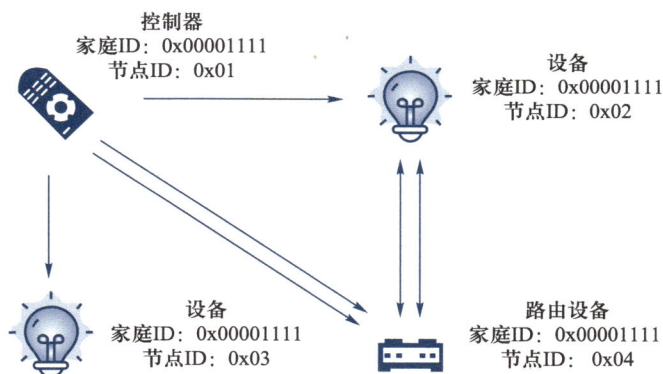

图 3-9　Z-Wave 灯光控制系统

企业经验

Z-Wave 在户外的单跳传播距离约为 100 m,但建筑物的存在会缩短这个距离。实践中,建议大约每 10 m(或更近)安装一个 Z-Wave 设备,以实现较好的覆盖效果。Z-Wave 网络可以连接在一起,用于更大规模的部署。每个 Z-Wave 网络可以支持多达 232 个 Z-Wave 设备,用户可以在这样的限制下灵活地添加尽可能多的设备。

Z-Wave 网络中的节点具有双向应答机制,当一个节点被分配了网络 ID 和节点 ID 并接入 Z-Wave 网络之后,节点能够自动寻找周围的邻居节点,邻居节点也会向这个新节点发送确认信息。如图 3-10 所示,控制节点发出寻找节点的信息后,获取新加入节点 A 的信息,然后分配地址给节点 A,节点 A 反馈信息给控制节点,确认加入 Z-Wave 网络。

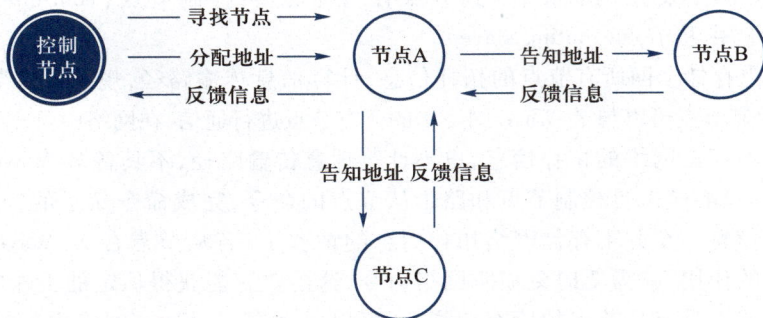

图 3-10   Z-Wave 组网

Z-Wave 网络支持网状拓扑的连接,采用动态路由机制,所有节点都具有路由选择的能力,这就使得 Z-Wave 网络能够绕过直接通信路径上的障碍物,更好地覆盖整个网络区域。也就是说,联网节点越多,控制器的路由选项就越多,网络连接能力就越强大,网络就越稳定。Z-Wave 能够通过多达 4 个中继节点来转发消息,这是考虑到了在网络规模、网络稳定性,以及允许消息在网络中传播的最大时间之间的折中。

如图 3-11 所示,卧室里的人通过 Z-Wave 遥控器想关掉餐厅灯 F,关灯的信号可经过灯 C 直接到灯 F。假设此时出现了网络通信障碍,灯 C 到灯 F 的信号被挡住了,这时 Z-Wave 会自动选择其他的路径,例如关灯信号可以经灯 C 通过灯 E 传送到灯 F,这时,灯 E 成为信号传输的中继器。Z-Wave 信号能很容易地穿过大多数墙壁、地板、天花板,也能通过路由的方式绕过障碍物,实现强大的全屋无缝覆盖。

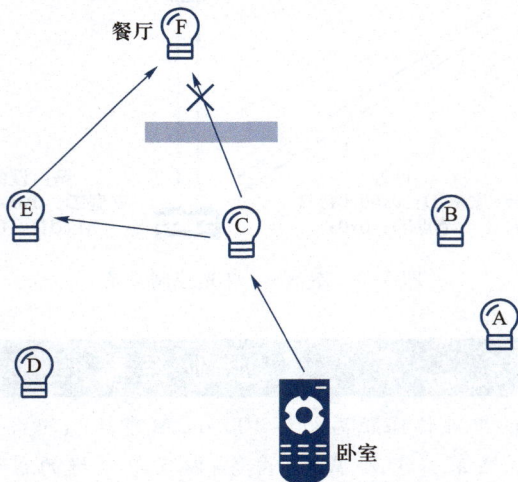

图 3-11   Z-Wave 路由选择

三、Z-Wave 在物联网的应用

作为一种结构简单、成本低、功耗低、性能可靠的无线通信技术,Z-Wave 在欧美地

区的智能家居市场得到了广泛应用。通过 Z-Wave 技术构建的家居无线网络,可以通过本地网络设备实现对家电的遥控,也可以通过使用计算机、手机等设备经互联网对 Z-Wave 网络中的设备进行控制。总之,Z-Wave 在技术上已经很成熟,但在标准化工作、市场开拓及消费群体的培育上相比 ZigBee 而言尚存在差距。

3.2.4 红外通信技术

微课
短距离无线通信:
红外通信技术

一、红外通信技术简介

按波长从长到短排列,人眼所能看到的可见光依次为红、橙、黄、绿、青、蓝、紫。其中,红光的波长范围为 $0.62 \sim 0.76~\mu m$,比红光波长还长的光称为红外线。红外线是波长介于微波与可见光之间的电磁波,是波长在 750 nm 到 1 mm 之间的非可见光。

红外通信利用红外线作为传递信息的媒介。红外线波长较短,对障碍物的衍射能力差,比较适用于实现短距离无线通信,主要是点对点的直线传输。

红外通信的实质是对二进制数字信号进行调制与解调,以便利用红外信道进行传输。发送端将基带二进制信号调制为一系列的脉冲串信号,通过红外发光二极管发送红外信号。接收端将接收到的光脉冲转换成电信号,再经过放大、滤波等处理后送给解调电路进行解调,还原为二进制数字信号后输出。

红外通信的特点可以总结为三点:①适用于点对点的近距离(1 m 左右)直线低速率传输;②传输定向性强(窄角度,30°锥形范围),收发两端必须对准才能通信;③易受到墙壁或其他障碍物的阻碍(因为红外线的能量非常低),以及雨雪、雾气等的干扰。

1993 年,惠普、康柏、英特尔等二十多个大厂商联合发起成立了红外数据协会(Infrared Data Association, IrDA),致力于建立统一的红外数据通信标准,以支持各种红外设备的互联互通。1994 年,第一个 IrDA 的红外数据通信标准 IrDA 1.0 发布,又称为 SIR(serial infrared),它是一种异步的、半双工的红外通信方式,通过对串行数据脉冲和光信号脉冲编解码实现红外数据传输。IrDA 1.0 的最高通信速率只有 115.2 kbit/s,适应于串行端口。1996 年,IrDA 发布 IrDA 1.1 标准(fast infrared, FIR)。在 IrDA 1.1 中,红外通信的数据传输速率分为三个不同的范围,即 2 400 ~ 115 200 bit/s、1.152 Mbit/s 以及 4 Mbit/s。2001 年,继 IrDA 1.1 之后,IrDA 推出了数据传输速率高达 16 Mbit/s 的超高速红外(very fast infrared, VFIR)技术,并将其作为补充纳入 IrDA 1.1 标准之中。因为功耗偏高的缘故,FIR(最高速率为 4 Mbit/s)和 VFIR(最高速率为 16 Mbit/s)都不如 SIR(最高速率为 115.2 kbit/s)应用广泛。

表 3-2 从传输距离、传输角度、安全性、移动性及模块价格等方面对红外通信技术与蓝牙技术进行了对比。

表 3-2　红外通信技术与蓝牙技术的对比

项目	红外通信技术	蓝牙技术
传输距离/m	1(标准功率) 0.2(低功耗)	1(Class 3)　10(Class 2) 100(Class 1)

续表

项目	红外通信技术	蓝牙技术
传输角度	波长短,单向性好,只能在特定角度范围内(不超过30°)直线传输,发送和接收设备需要对准	波长长,可以绕开障碍物,传输呈球面发散,可以在任何角度传输,发送/接收设备无须对准
安全性	数据不易被截获,安全性高	数据容易被截获,安全性低
移动性	不支持	支持
模块价格	相对低(收发模块价格为几元到几十元)	相对高(收发模块价格为几十元到上百元)

从表中可以看出,和红外通信技术相比,蓝牙技术具有距离远、无角度限制等优点,但其数据传输速率较低且成本较高,误码率和保密性也不如红外通信。这些特性的不同使得两种技术在应用上有所区别。例如,在有障碍物或对移动性要求比较高的环境中,比较适合使用蓝牙技术,而在可以直视且位置相对固定的环境中,比较适合使用红外通信技术,这样既可以降低成本,又能获得较高的数据传输速率。

二、红外遥控系统

红外遥控是一种无线、非接触控制技术,具有抗干扰能力强、信息传输可靠、功耗低、成本低、易实现等优点。红外遥控是诸多电子设备特别是家用电器中广泛采用的遥控技术,也逐渐应用到计算机和手机等智能系统中,如图3-12所示。

图3-12　电视、风扇、手机遥控器

由于红外线的波长远小于无线电波的波长,因此在采用红外遥控方式时,不会干扰其他电器的正常工作,也不会影响邻近的无线电设备。因此,红外遥控最突出的优点是不被干扰,不影响其他的通信设备,工作过程较稳定,传输效率高和反应快,因此也适合在工业控制及航空航天等领域用于监测勘察及设备操控等方面。

红外遥控系统一般分发送端和接收端两部分,系统构成如图3-13所示。发送端包括键盘矩阵、编码调制、红外发光二极管(LED);接收端包括红外接收头、光电转换放大器、解调电路以及解码电路。发送端将待发送的二进制信号编码调制为一系列的脉冲串信号,通过红外发光二极管发送红外信号。接收端完成对红外信号的接收、放大、检波、整形,并解调出遥控编码脉冲。

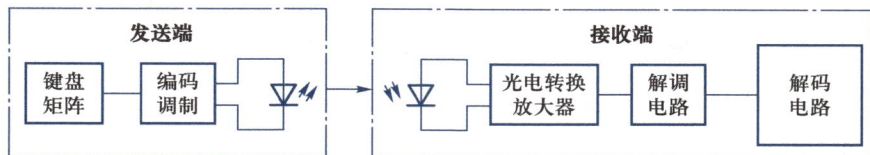

图 3-13　红外遥控系统构成

红外遥控系统调制信号的载波频率一般为 30 ~ 60 kHz,通常使用 38 kHz 或 40 kHz 的方波。载波频率是由发送端所使用的晶振决定的,在发送端要对晶振进行整数分频,分频系数一般取 12,所以 38 kHz 和 40 kHz 的载波频率分别对应着 455 kHz 和 480 kHz 的晶振。

红外发光二极管是发送端的重要元件。它是一种不同于普通发光二极管的特殊发光二极管,通常使用砷化镓、砷铝化镓等材料制成,采用全透明或浅蓝色、黑色的树脂封装,如图 3-14 所示。当在其两端施加一定的电压时,就会产生波长为 940 nm 的红外线。

红外接收头又称为红外接收模块,是接收端的重要元件。红外接收头内部含有高频的滤波电路,专门用来滤除红外线合成信号的载波信号,并输出还原的数字编码信号。当红外线合成信号进入红外接收头时,其输出端便可以得到发送端发出的数字编码。红外接收电路通常被集成在一个元件中,成为一体化红外接收头,如图 3-15 所示。

图 3-14　透明红外发光管、浅蓝色红外发光管

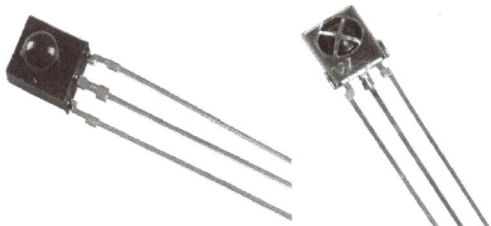

图 3-15　一体化红外接收头

图片
透明/浅蓝色红外发光管

3.3　蜂窝广域网通信

3.3.1　GSM 技术(2G)

GSM(global system for mobile communications,全球移动通信系统)是由欧洲电信标准化协会(European Telecommunications Standards Institute,ETSI)制定的数字移动通信标准,被看作第二代移动通信系统(2G)。GSM 曾是应用最广泛的移动通信标准,在 2G 的鼎盛时期,全球超过 200 个国家和地区的十多亿人在使用 GSM 电话。

GSM 系统主要由移动台(MS)、基站子系统(BSS)、网络子系统(NSS)和操作支持系统(OSS)四部分组成,如图 3-16 所示。

微课
蜂窝广域网通信:
GSM 技术(2G)

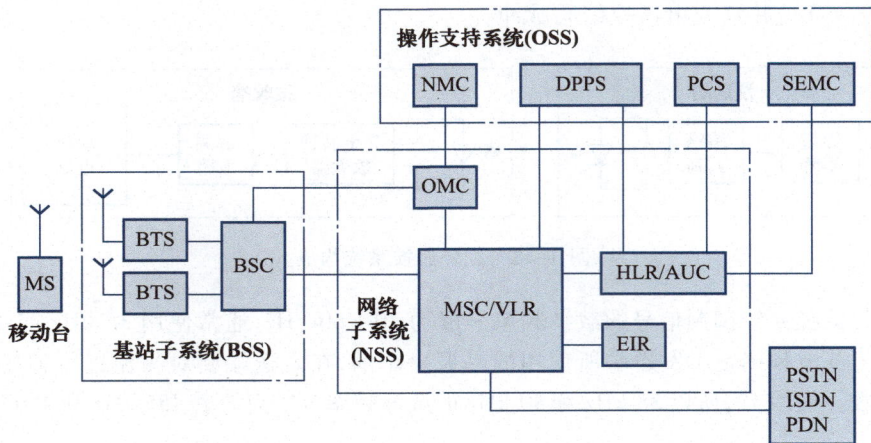

图 3-16　GSM 系统结构

图片

GSM 系统专业术语
中英文对照表

（1）移动台（mobile station，MS）：移动台是 GSM 移动通信网中用户使用的设备，也是用户在 GSM 系统中能够直接接触的唯一设备。移动台的类型以手持台为主，还包括车载台和便携式台。

（2）基站子系统（base station system，BSS）：基站子系统是 GSM 系统中与无线蜂窝方面关系最直接的基本组成部分。它通过无线接口直接与移动台相接，负责无线发送接收和无线资源管理。另一方面，基站子系统与网络子系统中的移动业务交换中心（MSC）相连，实现移动用户之间或移动用户与固定网络用户之间的通信连接，传送系统信号和用户信息等。此外，要对基站子系统部分进行操作维护管理，还要建立基站子系统与操作支持系统之间的通信连接。

（3）网络子系统（network sub-system，NSS）：网络子系统主要提供 GSM 系统的交换功能和用于用户数据与移动性管理、安全性管理所需的数据库功能，对 GSM 移动用户之间的通信以及 GSM 移动用户与其他通信网用户之间的通信起管理作用。

（4）操作支持系统（operation sub-system，OSS）：操作支持系统主要负责移动用户管理、移动设备管理以及网络的操作和维护。

GSM 是一种电路交换系统，主要支持用户的语音业务，数据的传送只能使用短信形式实现，无法做到"实时在线"和"按流量计费"。

3.3.2　GPRS 技术（2.5G）

微课

蜂窝广域网通信：
GPRS 技术（2.5G）

GPRS 是通用分组无线服务（general packet radio service）的简称，是在 GSM 系统的基础上发展起来的分组数据承载和传输业务，主要支持 GSM 移动电话用户的移动数据业务。和采用电路交换的 GSM 系统不同，GPRS 是分组交换系统，能更高效地利用无线网络的资源，在数据业务的承载和支持上具有明显优势，特别适用于间歇非周期性的数据传输、少量的数据传输，以及较大容量数据的不频繁传输等，支持"实时在线"和"按流量计费"。GPRS 经常被描述成 2.5G，即是说这项技术位于第二代和第三代移动通信技术之间。

GPRS 网络通常是在 GSM 网络的基础上升级的，GSM 网络中的绝大部分设备都不需要做硬件改动,只需软件升级即可。图 3-17 所示为 GPRS 网络结构。与 GSM 相比,GPRS 新增的主要设备包括服务 GPRS 支持节点(serving GPRS support node,SGSN)、网关 GPRS 支持节点(gateway GPRS support node,GGSN)以及分组控制单元(package control unit,PCU)。

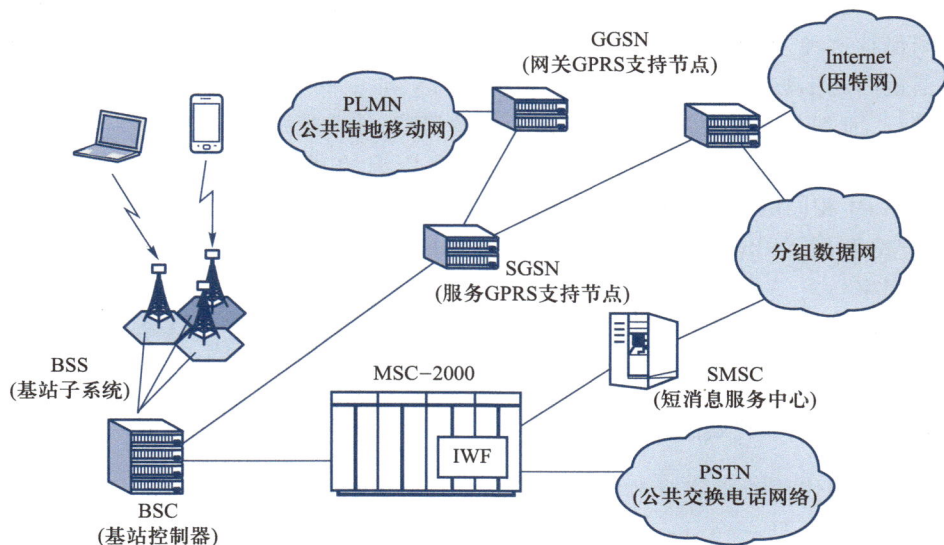

图 3-17　GPRS 网络结构

SGSN 类似通信网络内的路由器,主要负责传输 GPRS 网络内的数据分组,将 BSC(基站控制器)送出的数据分组路由到其他的 SGSN,或是由 GGSN 将分组传递到外部的因特网。SGSN 还具有所有与管理数据传输有关的功能。

GGSN 是 GPRS 网络连接外部因特网的网关,主要负责 GPRS 网络与外部网的数据交换,将来自 SGSN 的分组按照其他分组协议(如 IP)发送到其他非 GPRS 网络,或者将来自其他网络的分组转发给相应的 SGSN。

PCU 是新增的分组控制单元,主要负责分组数据的信道管理和信道接入控制。PCU 实际属于 BSC 的一部分,因此在图 3-17 中没有标出。

GPRS 具有以下特点。

(1) 支持端到端的分组交换数据传输业务,并采用动态信道资源分配策略,能够高效地利用频率资源,降低通信成本。和电路交换相比,分组交换支持多个用户共享无线信道。在无线资源分配策略上,GPRS 采用动态信道分配方式,只在有效数据通信时占用物理信道资源,通信保持时并不占用,从而大大提高了频率资源的利用率,降低了通信成本。

(2) 具有多种服务质量,可灵活支持不同类型的数据业务。GPRS 所设置的服务质量参数包括优先级、可靠性、时延以及数据速率。其中,数据速率从 9 kbit/s 开始,最高可达 171 kbit/s。GPRS 可根据数据业务的类型和网络资源的实际情况,灵活选择服务质量参数为用户提供服务,包括频繁但少量突发型数据业务,也包括大数据量业务,应用非常广泛。

（3）网络接入速度快,能与 IP 有线网络无缝连接。GPRS 在本质上是分组交换型数据传输网络,支持 TCP/IP 等协议,可以与分组数据网（IP 网）直接互通,接入速度仅为几秒。GPRS 的底层使用多种传输技术,并采用基于 IP 的核心网络,与高速发展的因特网的无缝连接顺应了通信网的发展趋势。

（4）计费规则更加合理。在 GPRS 网络中,用户只需与网络建立一次连接,便可以长时间保持这种连接,且只在有效传输数据时才占用信道并被计费,通信保持时并不占用信道因此不被计费。费用计算主要依据有效通信的数据量以及相应提供的服务质量进行,而不考虑那些并未占用信道的传输间隙,计费规则更加合理。

（5）充分利用 GSM 的无线覆盖,提高无线资源的利用率。在无线接口上,GPRS 使用与 GSM 相同的物理信道,重新定义了新的用于分组数据传输的逻辑信道。这样,GPRS 充分利用了 GSM 网络覆盖,能利用空闲的语音信道传送数据业务,提高无线资源的利用率。

3.3.3　4G 技术

一、4G 网络和终端的发展情况

关于第四代移动通信技术（4G）,要了解两个标准:LTE（长期演进计划,long term evolution）以及 LTE-Advanced（简写为 LTE-A）。LTE 包括 LTE-TDD（也称为 TD-LTE,其中 TDD 是 time division duplexing 的简写,含义为时分双工）和 LTE-FDD（也称为 FDD-LTE,其中 FDD 是 frequency division duplexing 的简写,含义为频分双工）两种制式。严格意义上讲,LTE 还没有达到国际电信联盟所认可的对 4G 的要求,尽管它被宣传为 4G 无线标准,但实际可以看作 3.9G。升级版的 LTE-A 才满足国际电信联盟对 4G 的要求,是真正意义上的 4G。

2010 年是海外主流运营商规模建设 4G 的元年。2013 年 12 月 4 日,我国三大电信运营商中国移动、中国电信和中国联通均获得工信部颁发的 TD-LTE 牌照。从 2014 年开始,4G 建设飞速发展。据工信部每年发布的年度通信业统计公报数据显示,我国的移动通信基站数量从 2009 年的 111.9 万个增加到 2019 年年底的 841 万个,其中 4G 基站总数达到 544 万个,如图 3-18 所示。这十年间,移动通信基站的数量增长了 6.5 倍,在类型上则由以 2G 基站为主转变到以 4G 基站为主。如图 3-19 所示,2015 年年底,我国的 4G 基站数量已超过 2G 基站数量,成为移动通信基站的主流形式。

根据工信部发布的《2019 年通信业统计公报》,我国拥有全球规模最大的 4G 用户数,截至 2019 年年底,4G 用户总数达到 12.8 亿户,全年净增 1.17 亿户,占移动电话用户总数的80.1%。超 12 亿户的 4G 用户基数成为中国移动互联网产业发展的坚实用户基础,为各类移动互联网应用规模化和创新发展提供了土壤。

如图 3-20 所示,2014—2019 年,移动互联网接入流量从 20.6 亿 GB 增长至 1 220 亿 GB,年复合增长率接近 130%。月户均移动互联网接入流量从 0.20 GB/（户·月）增长至 7.82 GB/（户·月）,年复合增长率超过 100%。移动支付、移动出行、视频直播、短视频、餐饮外卖等线上/线下融合应用不断拓展新模式、新商圈、新消费,使得移动互联网接入流量消费保持较快增长。

微课
蜂窝广域网通信:
4G 技术

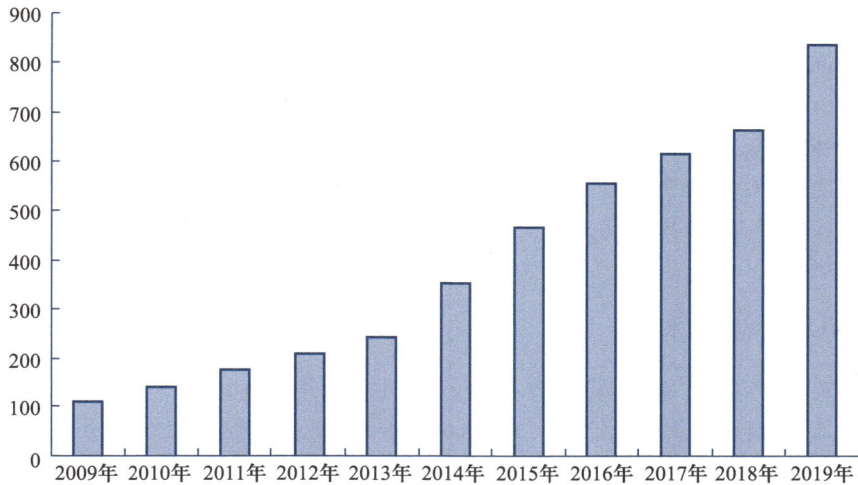

图 3-18　2009—2019 年全国移动通信基站数量(单位:万个)

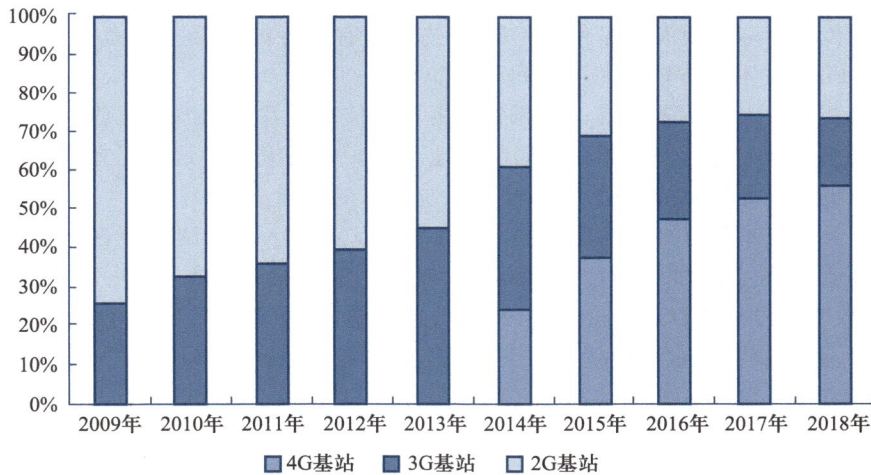

图 3-19　2009—2018 年我国不同类型基站的比例

图 3-20　2014—2019 年我国移动互联网流量情况

和 3G、2G 网络相比,4G 的优势在于通话质量及数据通信速度,其数据传输速率达到 100 Mbit/s(LTE)甚至 1 Gbit/s(LTE-A),能够支持数据、高质量音视频和图像等的高速传输。4G 网络支撑业务类型的丰富也刺激了 4G 终端的功能多样化和类型丰富化。4G 手机是众多 4G 终端中的一种类型,语音传输仅仅是其功能之一,智能化的设计和操作使得 4G 手机更像是一台功能完备的小型计算机。在外观和式样上,4G 终端的形式更加丰富,随着智能设备发展的突飞猛进,眼镜、手表、手环等常见物品都有可能成为 4G 终端。

二、4G 的关键技术

为了实现支撑高速多媒体数据业务的目标,4G 采用了包括正交频分复用(OFDM)、新型调制和编码、智能天线(smart antenna,SA)、软件无线电(software defined radio,SDR)以及 IPv6 等在内的多种关键技术。

OFDM 的主要思想是在频域内将给定信道分成多个相互正交的子信道,将高速数据流转换成多个并行的低速数据流,在每个子信道上使用一个子载波进行调制,各子载波并行传输。多子载波传输使得 OFDM 技术具有良好的抗衰落能力。循环前缀的采用令 OFDM 技术具有较强的抗码间干扰能力。

新的调制技术包括多载波正交频分复用调制技术以及单载波自适应均衡技术等,可以确保频谱被充分利用和延长终端的电池寿命。更高级的信道编码方案、自动重发请求和分集接收等技术的采用,则保证了系统足够的性能。

智能天线技术具有抑制信号干扰、自动跟踪以及数字波束调节等智能功能,既能改善信号质量,又能增加传输容量,是 4G 移动通信系统的关键技术之一。具体的做法是,采用数字信号处理以产生空间定向波束,使天线(见图 3-21)主波束对准用户信号到达方向,旁瓣或零陷对准干扰信号到达方向,达到充分利用移动用户信号并消除或抑制干扰信号的目的。

图 3-21　楼顶常见的天线

在 4G 网络中,继续采用了多输入多输出(multiple input multiple output,MIMO)技术。对于功率、带宽较为受限的无线信道,MIMO 技术是有效提升数据速率、提高系统容量、提高传输质量的空间分集技术。MIMO 使用两个或多个发送器和接收器同时发送和接收更多数据从而实现空间分集,分立式多天线将通信链路分解为许多并行的子信道,从而大大提高信道容量,如图 3-22 所示。

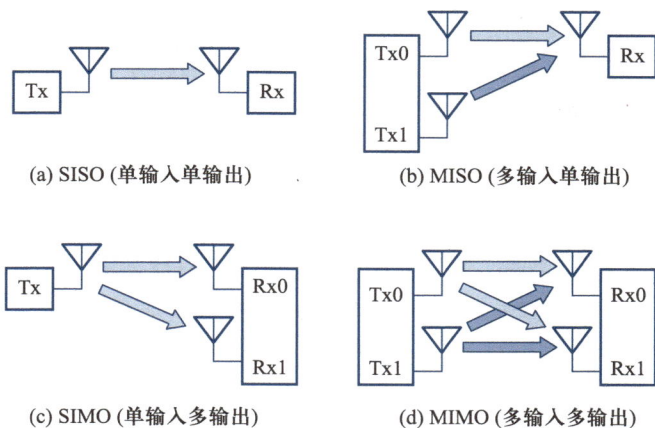

(a) SISO (单输入单输出)　　　　(b) MISO (多输入单输出)

(c) SIMO (单输入多输出)　　　　(d) MIMO (多输入多输出)

图 3-22　SISO、MISO、SIMO、MIMO

软件无线电技术将标准化、模块化的硬件功能单元构建为一个通用硬件平台,利用软件加载方式实现各种类型的无线电通信系统。软件无线电技术尽可能多地用软件来定义和实现无线传输的各种功能。软件系统包括各类无线信令规则与处理软件、信号流变换软件、信源编码软件、信道纠错编码软件、调制解调算法软件等。软件无线电使得系统具有灵活性和适应性,能够适应不同的网络和空中接口。软件无线电技术支持采用不同空中接口的多模式手机和基站,能实现各种应用的可变服务质量。

4G 网络的核心网是一个基于全 IP 的网络,同旧的移动网络相比,4G 可以实现不同网络间的无缝互联。核心网具有开放的结构,把业务、控制和传输等分开,允许各种空中接口接入。核心网独立于各种具体的无线接入方案,能提供端到端的 IP 业务,和旧的核心网及公共交换电话网络(public switched telephone network,PSTN)兼容。全 IP 的核心网络具有很大的灵活性,不需要考虑无线接入究竟采用何种方式和协议。

3.3.4　5G 技术

一、5G 的发展背景和性能特征

2013 年以来,第五代移动通信系统(5G)的发展被提上日程,这是为支持 2020 年以后的移动通信需求而开发的最新一代蜂窝移动通信技术。各国有关机构和人员在 5G 的发展愿景、应用需求、候选频段、关键技术指标及使能技术等领域进行了广泛的研讨并逐步形成共识。2016 年,5G 的标准化进程正式启动。2019 年 11 月,我国三大运营商的 5G 套餐上线,标志着 5G 在国内正式商用,5G 网络建设逐步开展。工信部发布的《2020 年通信业统计公报》显示,2020 年,5G 网络建设稳步推进,按照适度超前原则,新建 5G 基站超 60 万个,全部已开通 5G 基站超 71.8 万个,其中中国电信和中国联通共建共享 5G 基站超 33 万个,5G 网络已覆盖全国地级以上城市及重点县市。

5G 网络的典型特征包括超高速率、超低时延、海量连接、低功耗四个方面。5G 网络的峰值数据传输速率最高可达 20 Gbit/s,是 4G 峰值速率 1 Gbit/s 的 20 倍。5G 拥有低于 1 ms 的网络时延,这意味着更快的响应时间,相比之下,4G 的网络时延约为 50 ~

微课
蜂窝广域网通信:
5G 技术

70 ms。5G 网络可以支持千亿量级的海量设备连接,基站和终端都更加节能省电。5G 以全新的网络架构和大跃升的网络性能,开启了移动通信发展和万物互联的新时代,提供前所未有的用户体验和万物连接能力。

衡量无线通信网络的传统指标包括峰值速率、移动性、端到端时延、频谱效率。面向 2020 年及以后移动数据流量的爆炸式增长、物联网设备的海量连接,以及垂直行业应用的广泛需求,ITU 针对 5G 网络又新增了四个关键能力指标:用户体验速率、连接数密度、流量密度和能源效率。5G 网络的八大关键能力指标从不同角度刻画了 5G 的典型性能。从性能指标描述(见表 3-3)可以看到,5G 系统的性能设计充分考虑了万物互联时代的物联网应用场景,在支持移动虚拟现实等高速率需求的极致业务、车联网及工业控制等对时延要求严苛的业务、海量的物联网设备接入、指数级移动业务流量增长等方面具有潜力和优势。

表 3-3   5G 网络的关键能力指标

序号	关键能力指标	范围	优势
1	峰值速率:单用户可以获得的最高传输速率	10 ~ 20 Gbit/s	支持超高传输速率类应用场景(体育赛事、演唱会的媒体直播等)
2	移动性:满足一定系统性能前提下,通信双方的最大相对移动速度	500 km/h	支持飞机、高速公路、地铁、高铁等超高速移动场景
3	端到端时延:数据包从离开源节点到被目的节点成功接收所经历的时间长度	毫秒级(1 ms)	支持时延严苛需求的业务(车联网/工业控制/远程医疗/VR/AR)
4	频谱效率:单位频带内的数据传输速率,衡量数字通信系统的传输效率	相比 4G 提高 3 ~ 5 倍	确保对频谱更高效率的利用
5	用户体验速率:真实网络环境下用户获得的最低传输速率	100 Mbit/s ~ 1 Gbit/s	支持超高速率需求业务(VR/AR)
6	连接数密度:单位面积上支持的在线设备数	100 万个/km²	支持海量设备接入(物联网)
7	流量密度:单位面积区域内的总流量数,衡量网络在一定区域内的数据传输能力	10 Mbit/(s·m²)	支持局部区域的超高数据传输
8	能源效率:每消耗单位能量可以传送的数据量,主要指基站和移动终端的发送功率,及整个移动通信系统设备所消耗的功率	相比 4G 提升百倍左右	支持超低功耗终端和超低成本

二、5G 的关键技术

5G 的关键技术内容丰富,可以分为无线技术及网络技术两个方面。无线技术涉及毫米波技术、超高密度组网(微蜂窝)技术、大规模 MIMO 技术、波束成形技术、同时同频全双工技术、高级调制编码技术、新兴多地址信息接入技术等。网络技术涉及网络信息切片技术、网络功能重构技术与移动边缘高新计算技术等。这里主要介绍部分无线技术。

1. 毫米波

当今无线网络面临的问题在于不断膨胀的数据传输需求与拥挤不堪的无线频段之间的矛盾。在用户数不断增长的情况下,单用户分到的带宽更少,导致更慢的服务和更多的连接中断。为了解决这个问题,很自然的考虑就是在一个全新的、从未被移动服务所使用过的频段上传输信号。

毫米波是波长为 1~10 mm 的电磁波,其频率在 30~300 GHz 之间,相比之下,目前的移动通信网络所使用的频段在 6 GHz 以下,无线电波波长为几十厘米。毫米波是新无线通信频段的可行选择。在被提出应用于 5G 之前,毫米波主要用于卫星和雷达系统。在 5G 系统中,毫米波被用于在基站之间发送数据,也会被用于连接基站和移动终端。

毫米波不能轻易地穿过建筑物或障碍物,在大气中传播衰减严重,很容易被树叶和雨水等吸收。为了规避这个缺陷,5G 网络采用微蜂窝技术来扩充蜂窝基站。

2. 微蜂窝

微蜂窝是一种便携式微型基站,只需要很少能量就可以工作,可以约 250 m 的间距放置在城市中。在一个城市中安装数千个微蜂窝基站,形成超高密度的网络,构成网络的基站就如同一个中继集群,可以接收来自其他基站的信号,也能向任何位置的用户发送数据。如果采用毫米波作为传输数据的无线电波,基站天线尺寸可以大大减小,因此毫米波基站可以很容易地贴在路灯杆或者建筑物上,使得构建大规模高密度的网络基础设施变得容易。不过微蜂窝基站的部署密度很高,这使得在乡村地区建设 5G 网络比在城市建设更加困难。

3. 大规模 MIMO

大规模 MIMO 技术通过在单天线阵列上安装数十根天线,将 MIMO 系统中的天线数目显著提升到一个新数量级的水平。5G 基站的天线数目远远多于传统蜂窝网络基站的天线数目,从而可以利用大规模 MIMO 技术扩充网络容量。

4G 基站已经在使用 MIMO 技术,一个 4G 基站配备了 12 个处理所有蜂窝通信的天线端口,8 个用于发送,4 个用于接收。5G 基站则支持大约 100 个天线端口,这意味着单个天线阵列容纳了更多的天线。这样一来,5G 基站可以同时发送和接收更多用户的信号,可将移动网络容量再提升一个数量级。实验室和现场试验对大规模 MIMO 技术的测试结果显示:大规模 MIMO 技术能大幅提升 5G 网络的频谱效率。不过,安装天线数目过多导致信号交叉,会为网络带来更多干扰,波束成形技术能够在一定程度上克服这种干扰。

4. 波束成形

波束成形技术是能够根据特定场景自适应调整天线阵列辐射模式的技术,该技术能识别向某特定用户发送数据的最有效路径,减少对邻近用户的干扰。依据场景和技术,在 5G 网络中采用波束成形技术有以下的方式。

针对大规模 MIMO 天线阵列,波束成形技术能够帮助提升频谱利用效率。大规模

MIMO 天线阵列面临的主要挑战在于,如何在减少干扰的同时利用更多的天线传输更多的信息。在部署了大规模 MIMO 天线阵列的基站,智能信号处理算法能为每个用户规划最优传播路径。基站可以向多个不同方向发送独立的数据包,数据包以精确协作的模式被建筑物和其他障碍物反弹。通过编排数据包的移动路径和到达时间,波束成形技术可以实现大量用户在大规模 MIMO 天线阵列上的更多信息传输。

针对毫米波传输,波束成形技术可以解决一系列问题。蜂窝信号很容易被物体阻挡,而且在长距离传输时衰减很快。这种情况下,波束成形技术可以将信号聚焦在一个集中的波束中,该波束只指向用户的方向,而不是同时向多个方向传播。如此一来,信号完整到达的概率被显著提升,对其他用户的干扰也大大减少。

5. 同时同频全双工

全双工技术也是 5G 通信系统的核心关键技术,该技术通过改变天线发送和接收数据的方式来实现 5G 的高吞吐量和低时延性能。

传统基站和移动终端所使用的收发机在收发信息时,或者轮流使用相同频率收发,但在时间上错开;或者同时收发信息,但使用不同的收发频率。在 5G 系统中,终端和基站之间的上下行链路能使用相同的频率同时传输数据。从理论上说,全双工技术能将无线网络的频谱效率翻倍。

凭借毫米波、微蜂窝、大规模 MIMO、波束成形、全双工等关键技术,5G 致力于构建具有超低时延和超高数据传输速率的新一代蜂窝通信网络,为智能手机用户、VR 游戏玩家、自动驾驶汽车等多元化用户提供服务。

三、5G 在物联网的应用

基于蜂窝通信连接的端到端物联网解决方案是复杂的,5G 提供的大连接、低功耗、超低时延、超高速率以及更好的安全性为物联网的应用创新带来了更多机会。

1. 智慧交通类应用

5G 的超高速率、超低时延,以及无所不在的覆盖特性,使得它能够支持智能车辆和交通基础设施,比如联网的汽车、卡车及公共交通工具。以车联网为例,最早依托有线通信设立路侧提示牌,接着基于 2G/3G/4G 蜂窝网络承载车载信息服务,如今依托支持高速移动的 5G 通信技术,逐步步入半自动/全自动驾驶时代。对于车联网(见图 3-23)以及智慧交通网络类的应用来说,一瞬间的时延就可能是交通平稳顺畅和十字路口四向相撞之间的区别。

图 3-23   车联网

2. 智慧远程医疗类应用

5G 的超低时延特性使它能够支持那些对网络的实时传输性能要求非常严苛的远程医疗服务类应用。例如,为了更便捷地实施和共享优质的医疗服务,令偏远和欠发达地区获取成本可控的高质量的医疗服务,可以采取远程外科手术。由爱立信牵头针对 8 个关键行业中超过 600 名决策者的详细调查显示,在医疗保健行业有超过 73% 的高层管理人员相信,5G 将对本行业新型服务和产品的实施做到更好的网络技术支撑,有望使远程医疗服务成为现实,并成为医疗保健服务行业的变革推动者。远程看护、远程诊断、远程手术将逐渐得到应用,从而有效提高患病群众的生活品质。

图 3-24 所示为 2019 年 1 月由华为联合中国联通、福建医科大学孟超肝胆医院、苏州康多机器人有限公司成功实施的世界首例 5G 远程外科手术动物实验。手术操作端距离实验动物约 50 km,远程操控手术机器人两端的控制链路、两路视频链路全部承载在 5G 网络下,成功完成远程肝小叶切除手术。

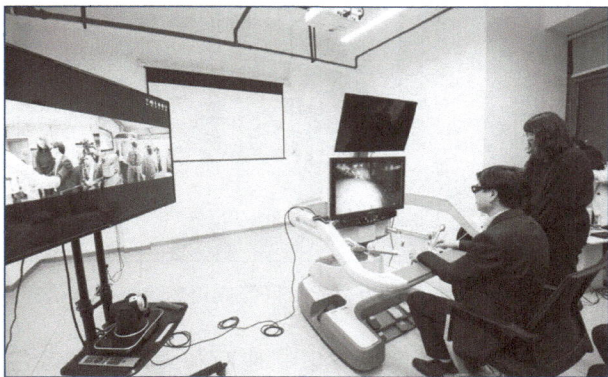

图 3-24   世界首例 5G 远程外科手术成功实施

在国外,领先的通信设备制造商们也在研究如何优化通信技术,从而使远程医疗服务的精度更高、费用更低,为患者带来的副作用更小。例如,在远程诊断领域,可以改进连接以及数据压缩,以更好地传输图像并执行远程分析。

3. 设施监控或资产追踪类应用

在物联网应用中,设施状态监控及资产状态追踪是很常见的,这需要定期将少量数据从传感器发送到云端进行存储、分析以及反向的决策和操作,以优化对设施或资产的使用。例如,监测水电气表以掌握使用情况,跟踪城市街灯以及停车位的使用状态,以及跟踪一件商品在物流过程中的温度和位置等,都属于这样的应用场景。这类应用常常需要广域网通信技术作为连接性的支撑。

依托 5G 连接实现这些应用会有独特的好处。因为,目前支持 IoT 的蜂窝通信网络是向前兼容 5G 网络的。例如,LTE-M(又称为 CAT-M1)和 NB-IoT 是低功耗广域网(LPWAN)的典型网络技术。和其他蜂窝通信技术相比,在建筑物内部、地下以及农村偏远地区,LTE-M 和 NB-IoT 都有更好的无线覆盖,并能支持在一个设备分布密集的区域,将数据传输到数量更多的设备上。LTE-M 和 NB-IoT 可以看作 5G 大规模机器通信(massive MTC,mMTC)的先驱网络。这些硬件都可以通过固件(固化到硬件中的程序，firmware）升级来实现 5G 的有关功能。一旦 5G 基础设施投入使用，适配 4G 时代的传感器和硬件就可以在固件更新后继续利用新的网络能力。

4. 高实时性需求关键业务相关应用

5G 网络可以提供非常可靠的超低时延性能，这使得它能在确保安全性的前提下支持那些对实时性要求很高的关键业务。除了前面提到的远程手术类医疗服务外，还有一些应用场景特别需要低时延性能优越的网络连接，例如，仓库中自动导航车辆（automated guided vehicles，AGV）的指挥和控制、智能工厂（见图 3-25）中机器人之间的实时通信，以及基于人工智能实施质量控制的实时视频传输等。对这些应用场景来说，5G 连接能提供比 Wi-Fi 连接更大的带宽、更稳定可靠的超低时延，是最佳的选择。

图 3-25   5G 网络可以为智能工厂等应用场景提供通信连接

例如，在国外有机器人供应链解决方案制造商和无线网络运营商合作，利用时延性能优化后的蜂窝网络去支持供应链仓储的 3D 机器人解决方案。该解决方案借助边缘计算技术，依托时延性能优化后的私有 LTE 网络提供物联网解决方案。仓库的货架被排列成整齐划一的垂直仓储结构。工业机器人可以在仓储结构的 X、Y 以及 Z 轴上有序地水平和垂直移动，以将货物从货架上送到周边区域，供工人拣选、包装和运输。实践表明，这种紧凑的模块化集成供应链解决方案能大幅降低零售商所需要的仓储空间。

5. 广覆盖资产的远程维护保养类应用

从 4G 到 5G，蜂窝网络的广域覆盖特性支持智能设备直接连接到云端，方便用户通过云平台来实施远程管理监控。在地广人稀的国家和地区，很多建筑物地处偏远，未必有 Wi-Fi 接入，能实现广域覆盖的蜂窝网络就是更好的连接方案。这样可以将建筑物中的资产设备作为智能设备通过蜂窝通信连接到云，实现远程监控和管理维护，提升运营效率，降低运营成本。如果设备具备移动性，那么 5G 网络可以支持设备的漫游，而不是像 Wi-Fi 网络那样需要连接的断开和修复。

来看一个应用于大型连锁咖啡机构的案例，该机构旗下每家咖啡店都有多达十几件设备，每天运转超过 16 h。可以采用依托 5G 蜂窝连接的物联网解决方案，来对咖啡机、研磨机以及搅拌机实施远程预测性维护保养。这样的维护保养解决方案可以将数据安全地聚集到云平台，通过在云平台侧分析数据，识别设备故障，及时介入故障排除和机器维护工作。这是一种变被动反应式修理维护为前瞻预测式保养维护的解决方案,有助于及时发现和解决故障甚至预测和阻止故障的发生。

6. 有高可靠、广覆盖、大连接需求的应用

对于工业生产领域的一些大型综合系统来说,要实现以综合性能优化为目的的智慧化运行,需要在数量庞大的系统子组件之间实现高效率、高质量的实时互联互通,这就需要平稳的、深度的、高实时性的通信连接来支撑。5G 网络的大带宽、低时延、广连接、高可靠的特性,完全契合这种通信需求,能有效提升大型综合系统数量庞大的子组件之间的互联互通能力,支撑物联网对这类系统在智慧运行上的赋能。

典型的应用例子便是智能电网。2020 年,国家电网、中国电信及华为公司在青岛联合建成国内最大规模的 5G 智能电网,在青岛部署了 30 余个 5G 基站,成功实现了 5G 智能分布式配电、变电站作业监护以及电网态势感知、5G 基站削峰填谷供电等创新应用。此外,依托 5G 网络还可以支撑包括电力机器人、无人机智能巡检、精准负荷控制等在内的应用。

总之,5G 网络在速率、移动性、时延、连接数、功耗等无线通信的各项典型性能指标上达到了新的高度,能够为物联网在各领域的发展给予更好的连接支持,使各种创新的物联网应用以更智能高效的方式提供更好的服务,帮助很多还处在理论或者试点阶段的新技术得到初步实践乃至商用普及。5G 网络为设备互联互通提供更好的网络基础设施,使大规模设备互联、大数据交互成为可能,物联网技术与应用的发展将迎来更多机遇。

习　题

一、单项选择题

1. (　　　)的目标在于开发一套开放的、全球统一的无线连接标准,使各类数据和语音设备均能够按这个标准互联,从而在个人区域无线通信网络的范围内实现无缝连接和资源共享。

A. ZigBee 技术　　　　B. RFID 技术　　　　C. 蓝牙技术　　　　D. Z-Wave 技术

E. 红外通信技术

2. 为应对来自物联网应用场景的需求,(　　　)做了很多底层优化工作,在很多应用场景中低功耗优势明显。

A. 蓝牙 4.0　　　　B. 蓝牙 5.0　　　　C. 蓝牙 4.2　　　　D. 蓝牙 3.0

3. 在 ZC、ZR 以及 ZED 三种网络节点的协同下,(　　　)网络能够实现自组织组网和自愈功能,提供高可靠的通信能力。

A. Z-Wave　　　　B. 蓝牙　　　　C. ZigBee　　　　D. RFID

4. ZigBee 技术在物理层和 MAC 层直接采用了 IEEE(　　　)标准。

A. 802.16　　　　B. 802.15.4　　　　C. 802.15.1　　　　D. 802.11

5. 以下不属于 Z-Wave 网络节点类型的是(　　　)。

A. 从节点　　　　B. 协调器　　　　C. 路由从节点　　　　D. 控制节点

6. 一个 Z-Wave 网络能够支持多达(　　　)个传感器节点的组网,多个 Z-Wave 网络还可以连接在一起,用于更大规模的部署。

A. 256   B. 232   C. 65 000   D. 254

7. 与 GSM 相比,在 GPRS 新增的主要设备中,主要负责在 GPRS 网络与外部非 GPRS 网络之间进行数据交换的设备是(   )。

A. SGSN   B. GGSN   C. PCU   D. BSS

8. 与 GSM 相比,在 GPRS 新增的主要设备中,主要负责传输 GPRS 网络内数据分组的设备是(   )。

A. SGSN   B. GGSN   C. PCU   D. BSS

9. ITU 针对 5G 网络新增的关键能力指标不包括(   )。

A. 用户体验速率   B. 连接数密度   C. 流量密度   D. 移动性

E. 能源效率

10. 衡量无线通信网络的传统指标不包括(   )。

A. 峰值速率   B. 端到端时延   C. 流量密度   D. 移动性

E. 频谱效率

11. 毫米波是波长为(   )的电磁波,是新无线通信频段的可行选择。在被提出应用于 5G 之前,毫米波主要用于卫星和雷达系统。

A. 1 ~ 10 mm   B. 1 ~ 100 mm   C. 1 mm ~ 1 cm   D. 10 ~ 100 mm

12. 在 5G 网络中应用大规模 MIMO 技术,如果安装天线数目过多会导致信号交叉,从而为网络带来更多干扰,(   )技术能够在一定程度上克服这种干扰。

A. 波束成形   B. 同时同频全双工 C. 毫米波   D. 微蜂窝

二、多项选择题

1. 以下属于短/中距离通信技术的有(   )。

A. Z-Wave   B. ZigBee   C. NB-IoT   D. 蓝牙

E. RFID

2. 以下属于 4G 所采用的关键技术的是(   )。

A. 正交频分复用   B. 毫米波   C. NB-IoT   D. 智能天线

E. 微蜂窝

3. 以下有关红外通信的表述中正确的是(   )。

A. 红外通信的误码率和保密性不如蓝牙

B. 红外通信比较适用于点对点的近距离直线传输

C. 红外通信的传输定向性强,收发两端必须对准才能通信

D. 红外通信对墙壁或障碍物不敏感

4. ZigBee 网络中,通常以电源供电的网络角色为(   )。

A. ZC   B. ZED   C. ZR   D. 控制节点

5. 5G 所采用的关键无线技术包括(   )。

A. 毫米波   B. 大规模 MIMO   C. 微蜂窝

D. 网络信息切片   E. 高级调制编码

6. 5G 所采用的关键网络技术包括(   )。

A. 网络功能重构   B. 波束成形   C. 微蜂窝

D. 网络信息切片   E. 移动边缘高新计算

7. 低功耗广域网(LPWAN)的典型网络技术包括(　　)。

A. LoRa　　　　　　　B. Sigfox　　　　　　C. GPRS　　　　　　D. LTE-M

E. NB-IoT

三、判断题

1. 蓝牙技术只能支持点对点设备通信,用于实现短距离的音频流无线传输以及数据无线传输,从而支持无线音箱/耳机以及移动打印等应用。　　　　　　(　　)

2. 蓝牙技术不支持创建可靠的、大规模的设备网络。　　　　　　(　　)

3. 经典蓝牙不但能支持设备通信,还能应用于高精度室内定位。　　(　　)

4. 经典蓝牙支持多种通信拓扑,包括点对点通信、广播通信,以及网状网通信。
　　　　　　　　　　　　　　　　　　　　　　　　　　　　　　(　　)

5. 蓝牙4.0与蓝牙3.0版本相比最大的不同就是低功耗。　　　　(　　)

6. Z-Wave采用ISM频段,要注意控制好发送功率,避免ZigBee、蓝牙等工作在2.4 GHz ISM频段的信号的干扰。　　　　　　　　　　　　　　　(　　)

7. Z-Wave在技术指标、标准化工作、市场开拓及消费群体的培育上相比ZigBee而言尚存在差距。　　　　　　　　　　　　　　　　　　　　　　　(　　)

8. 在有障碍物或对移动性要求比较高的环境中,红外通信技术比蓝牙技术更为合适。　　　　　　　　　　　　　　　　　　　　　　　　　　　　　(　　)

9. 在采用红外遥控方式时,可能会干扰其他电器的正常工作以及影响邻近的无线电设备。　　　　　　　　　　　　　　　　　　　　　　　　　　　　(　　)

10. 与蓝牙相比,红外通信传输的数据更容易被截获,安全性更低。　(　　)

11. 微蜂窝基站的部署密度很高,这使得在乡村地区建设5G网络比在城市建设更加困难。　　　　　　　　　　　　　　　　　　　　　　　　　　　　(　　)

12. 5G网络采用大规模MIMO技术扩充网络容量,因此安装天线数目越多越好。
　　　　　　　　　　　　　　　　　　　　　　　　　　　　　　(　　)

四、填空题

1. 蓝牙有两种无线电制式以供选择:_____和_____。

2. 低功耗蓝牙支持多种通信拓扑,包括_____、_____,以及_____。

3. GSM系统主要由_____、_____、_____和_____四部分组成。

4. 与GSM相比,GPRS新增的主要设备包括_____、_____以及_____。

5. 所谓流量密度就是单位面积区域内的总流量数,该指标用于衡量网络在一定区域内的_____。

6. 从理论上说,全双工技术能将无线网络的频谱效率_____。

五、简答题

1. ZigBee网络中存在哪些网络角色? 分别有什么作用?

2. 相对于旧版本,蓝牙5.0有什么特色?

3. Z-Wave能避开那些工作在2.4 GHz附近的无线技术的干扰吗? 为什么?

4. 大规模MIMO技术能够帮助扩充网络容量,那么,安装天线数目是否越多越好? 为什么?

第 **4** 章

物联网行业实训仿真系统

☑ **知识目标**
- 了解实训仿真系统及其与物联网行业实训平台的关系
- 熟悉实训仿真系统的界面布局及基本操作
- 了解电压输出型传感器、电流输出型传感器、空气质量传感器
- 理解传感器数据的转换方法
- 了解 RS-232 接口、RS-422 接口，熟悉 RS-485 接口及 485 =232 转换器
- 熟悉人体红外感应模块、ZigBee 智能节点盒、ZigBee 协调器、单联继电器及其使用
- 理解感知层数据的采集和传输过程

☑ **能力目标**
- 能够完成实训仿真系统的环境准备和软件安装
- 能够完成空气质量监测系统的构建和仿真
- 能够完成气象数据监测系统的构建和仿真
- 能够完成 ZigBee 智能人体监测系统的构建和仿真
- 能够基于仿真案例分析感知层数据的采集、有线传输及无线传输过程
- 能够完成从采集数据到实际环境数据的计算转换

☑ **素养目标**
- 培养从整体到局部、从概括到细节的认知习惯
- 培养积极思考与勤于实践并重的意识
- 培养独立学习与沟通协作的能力

通过前面章节的学习,读者应对物联网的概念、架构,以及与全感知和可靠传输有关的关键技术有了一定的知识储备。本章主要介绍物联网行业实训仿真系统(以下简称实训仿真系统)。这是一套能帮助物联网从业者体验真实物联网应用系统的构建、安装与维护的虚拟实训仿真平台。首先,4.1~4.3节将概述该实训仿真系统,包括其与物联网行业实训平台的关系、其基本功能以及工作模式,并介绍该实训仿真系统的环境准备、软件安装,以及功能界面布局;接下来,4.4和4.5节将依次介绍如何依托实训仿真系统实现包括设备操作、连线操作、供电功能、工作台操作、模拟实验操作等在内的基本操作,并通过三个与感知或通信功能有关的典型案例帮助读者巩固实训仿真系统的操作技能;最后,4.6节将补充介绍有关系统硬件设备的安装与调试知识,以及软硬件虚实联动的概念。通过对本章的学习,读者能够为后续行业案例仿真实操训练奠定必需的软硬件知识及操作技能基础。

4.1 实训仿真系统概述

物联网行业实训仿真系统是一款能够体验物联网系统安装与维护的虚拟实训仿真平台软件。该实训仿真系统支持高真实度的硬件设备与实验过程,能模拟与实际情况高度贴合的安装维护操作,并覆盖现阶段物联网行业解决方案中常用的真实硬件设备。该实训仿真系统所提供的实验环境可以实现物联网基础与应用的仿真实训教学,帮助使用者通过基于行业应用案例的实际操作练习切实掌握物联网系统基础知识、硬件设备扩展知识,熟悉各行业典型物联网应用及解决方案,并初步锻炼创新的行业物联网系统设计、开发和运维能力。

4.1.1 物联网行业实训平台

图4-1所示为NLE物联网行业实训平台架构。这是一个软硬件结合的平台,包括NLECloud物联网云平台、实训仿真系统(软件)以及实训套件(硬件)三部分。在三者的协同配合下,可以实现物联网基础原理学习、物联网基础操作实训、行业物联网系统设计与仿真,还可以实现基于物联网云平台的案例开发和调试。

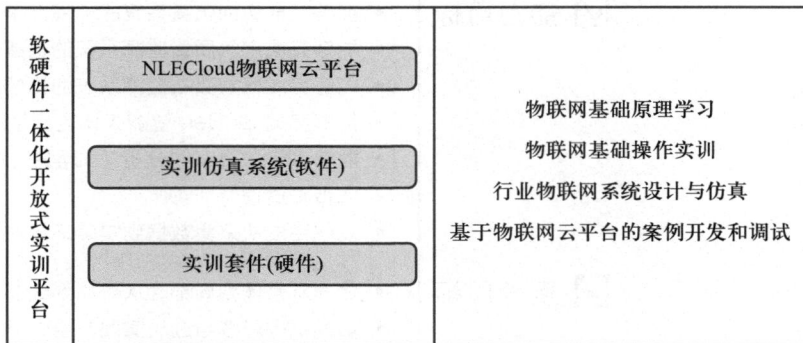

图4-1　NLE物联网行业实训平台架构

如图4-2所示,实训仿真系统包括图形化组态应用和硬件数据源仿真两大模块,可以在脱离实训套件的情况下独立支撑实验及实训。其中,图形化组态应用模块为底层硬件开发者提供图形化界面的系统定制工具,无须编程,只通过拖曳连接即可快速完成一个具体物联网应用系统的构建。硬件数据源仿真模块则为上层软件开发者提供虚拟的硬件数据,通过选择不同的硬件组件单元并合理设置数据属性,即可按照所设定的逻辑为上层应用提供仿真数据支撑。通过实训仿真系统,可以直观地观察和体会物联网系统底层的基础工作原理、数据传输流程等。

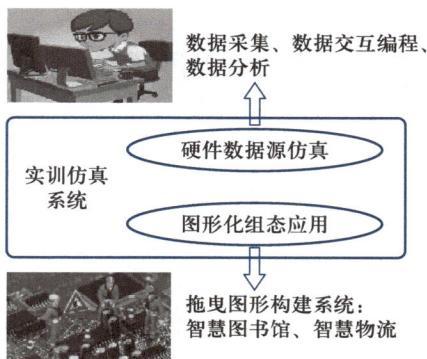

图4-2　图形化组态应用与
硬件数据源仿真

实训仿真系统也可以与实训套件配合使用,通过软硬件的配合实现真实物联网应用系统的设计、构建、流程运行和效果展示。

4.1.2　实训仿真系统的功能

一、实训仿真系统在实训教学中的作用

实训仿真系统在实训教学中的作用可以概要地归纳为三个方面。

1. 认知型实训功能

实训仿真系统配备了各种常见的典型物联网设备,如传感器、执行器、网关、电源、RFID 射频设备、终端、其他外设等。用户可以在未接触到设备硬件的情况下,依托实训仿真系统认识、了解和熟悉常用物联网设备的基本功能和特点,并为后续在行业应用案例实操中进一步掌握如何使用这些物联网设备打好认知基础。

2. 仿真型实训功能

实训仿真系统支持虚拟物联网设备选择、工位布置、虚拟连线、特定行业场景条件下的物联网系统构建和运行仿真。这是进行软硬件(实训仿真系统+实训套件)联合调试前的一种先行仿真实训,可为在实训及技能竞赛中构建和运维一个完整的、有实物设备参与的真实物联网系统打好基础,减少或者避免在真实设备上进行操作时,因对设备功能缺乏了解及对设备操作不够熟悉而对设备造成不必要的损耗和损坏。

3. 拓展型实训功能

实训仿真系统与实训套件以及物联网云平台(有关物联网云平台的知识,将在第5章专门介绍)互相配合,就构成完整的物联网行业实训平台,能提供虚实结合的物联网基础与应用实训,培养和加强行业实操能力。实训仿真系统的功能见表4-1。

二、实训仿真系统的四种工作模式

实训仿真系统支持能够灵活部署的实训硬件平台以及典型的物联网感知层设备。通过网关、移动工控终端(手机、平板计算机、PC 等)和物联网云平台之间的灵活配搭和组合,可以在云平台接入、网关直连、平板计算机直连以及 PC 直连四种不同工作模

表 4-1　实训仿真系统的功能

序号	功能名称	功能说明	功能项目
1	仿真硬件	仿真工位	以画布+部件面板的形式存在,存放和布局虚拟套件
		仿真套件	根据要模拟的真实硬件的类型和参数设定来提供对应的数据传输接口和电源接口,以用于虚拟线路连接。虚拟数据传输接口能模拟相应硬件接口的行为,可与安装在计算机上的实训应用程序通信
2	仿真环境	仿真连接线	根据仿真套件模拟的硬件类型提供电源、串口、以太网等所需的虚拟连接线
3	仿真实训	实训仿真模拟实验	按照与实物操作相同的跟踪流程,检测连接状态和操作结果,引导操作者按步骤完成模拟实训
		联动验证	在系统运行过程中检验所构建物联网系统的运行情况是否正常,发现和定位在系统连线和参数设置时可能存在的问题

式下实现数据的采集、流转以及处理的实验实操。

　　这些工作模式的区别在于与仿真系统进行数据交互的主体不同。在本书提供的纯虚拟仿真案例中,云平台通过无线连接的方式与仿真系统进行数据交互,网关通过有线连接的方式与仿真系统进行数据交互。这样的技术技能训练能够帮助读者自然实现从物联网理论学习到实际动手操作物联网系统的过渡,切实培养和提高读者在物联网应用系统构建、安装与运营维护方面的实践动手能力。

4.2　环境准备和软件安装

　　实训仿真系统所需要的硬件环境及软件环境如表 4-2 所示。在安装实训仿真系统软件之前,需准备好满足表 4-2 所列硬件环境的计算机,并先在计算机上安装 Microsoft .NET Framework 软件。

表 4-2　实训仿真系统所需要的硬件环境及软件环境

硬件环境	处理器	1 GHz 以上
	RAM	512 MB 以上
	磁盘空间	32 位系统:4.5 GB 以上 64 位系统:4.5 GB 以上
软件环境	操作系统	Windows 7/8/10
	操作平台环境	Microsoft .NET Framework 4.5 及以上版本

工程师提示

在日常办公或者学习过程中,通常会使用大量的软件,这些软件都是基于各种编程环境来实现的,有的是基于 Java 的窗口软件,有的是基于.Net 的窗口软件。如果没有安装相应的环境,软件将会无法正常运行。本书介绍的实训仿真平台就是基于.Net 环境开发的一款软件。.Net 是微软的操作平台,它允许人们在其上构建各种应用,使人们尽可能通过简单的方式,多样化地、最大限度地从网站获取信息,解决网站之间的协同工作,并打破计算机、设备、网站、各大机构和工业界间的障碍。它就像软件的地基,起着至关重要的依托作用。

双击.NET 安装包 dotnetfx45_full_x86_x64.exe 解压安装文件(见图 4-3 和图 4-4),依照安装向导的指示即可完成 Microsoft .NET Framework 软件环境的搭建(见图 4-5 和图 4-6)。

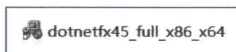

图 4-3　.NET 安装包
dotnetfx45_full_x86_x64.exe

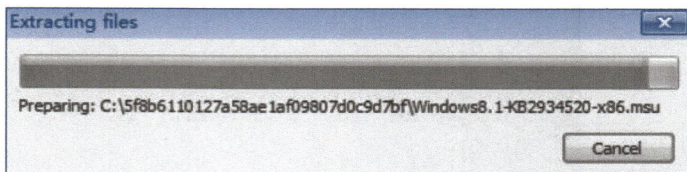

图 4-4　等待安装

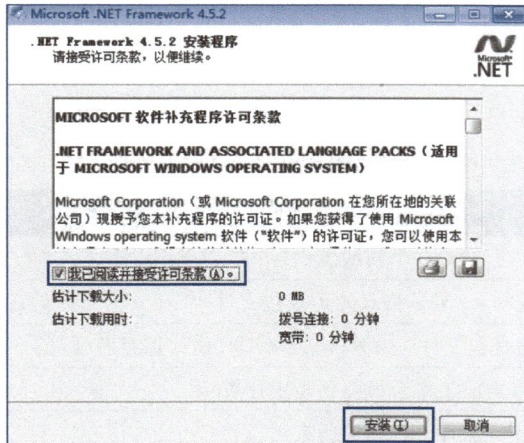

图 4-5　接受许可条款

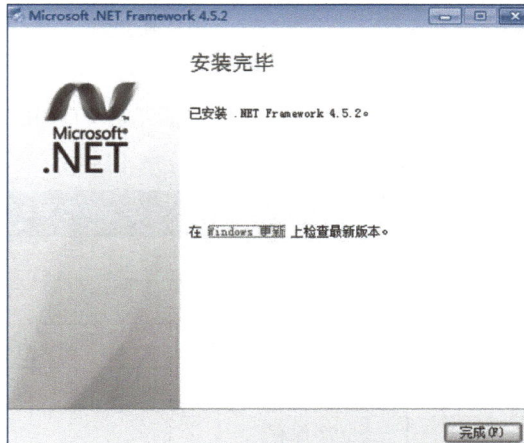

图 4-6　安装完毕

接下来即可安装实训仿真系统软件。双击安装包"物联网行业实训仿真 v_3.0.2.msi"(可扫描本章末尾的二维码下载该软件的试用版),依照安装向导的指示完成实训仿真系统的安装,可以将其安装在计算机的系统盘或其他盘。安装完成后,桌面生成的软件图标如图 4-7 所示。

图 4-7　物联网行业实训
仿真系统桌面图标

4.3   实训仿真系统界面

双击图 4-7 所示图标,打开实训仿真系统软件,其主界面如图 4-8 所示。可以看到,实训仿真系统软件的主界面分为工具栏、设备区、设计区三个板块。

图 4-8   实训仿真系统软件主界面

4.3.1   工具栏

工具栏中各功能组件的作用见表 4-3。

表 4-3   工具栏中各功能组件的作用

功能组件	作用
新建	新建一个新的工作台
打开	载入 *.N2V 格式的仿真包文件
保存	将当前工作台以仿真包文件(*.N2V)或者图片格式保存至硬盘
另存为	将当前工作台另存到指定位置
全部保存	逐一保存已打开的所有工作台
撤销	撤销对当前工作台的操作记录
恢复	恢复当前工作台被撤销的操作记录
对齐	设置对齐效果,包括左对齐、右对齐等
排序	设置设备叠层顺序

4.3.2   设备区

设备区中包含常见的物联网硬件设备,如各种类型的传感器及执行器、各种传感数据采集模块、RFID,以及其他物联网系统常见的硬件设备,设备树如图 4-9 所示。

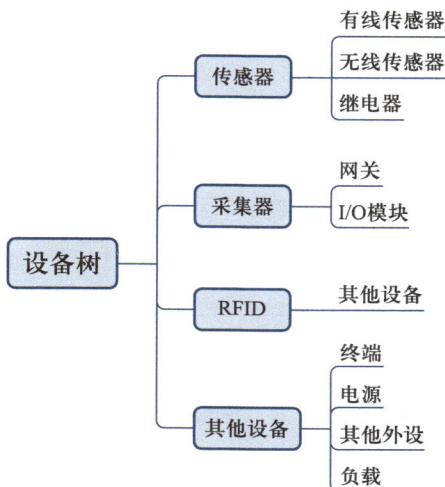

图 4-9 设备树

如图 4-10 所示,依次选择每个设备大类,可以弹出更细致的设备分类,再选择各设备类型,会弹出对应的硬件设备。可以单击设备图标并将其拖动到设计区,自由摆放设备位置,接着可以根据既定的系统设计进行设备连线与仿真验证。

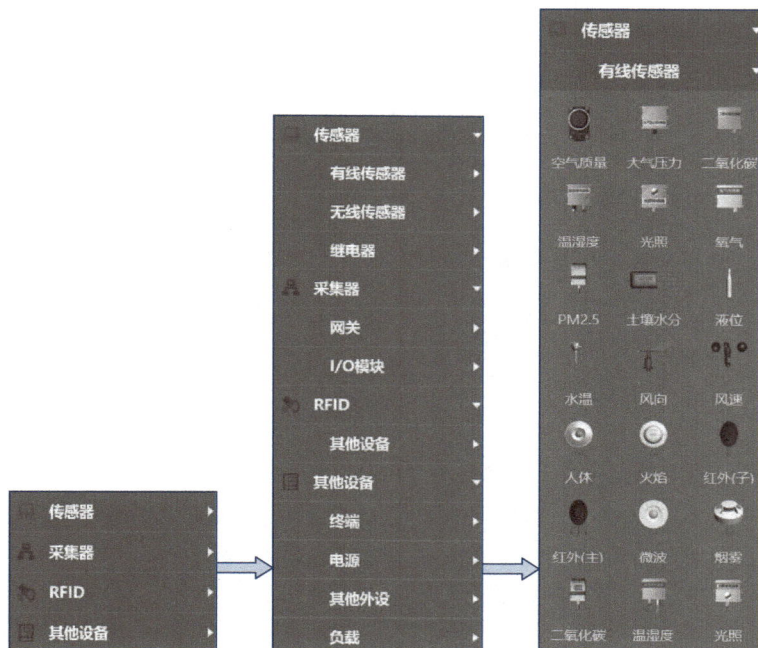

图 4-10 设备选择举例

4.3.3 设计区

如图 4-11 所示,设计区分为工作台主功能操作区、连线图操作区、仿真设计区、比例尺、工作台标签栏五个部分。

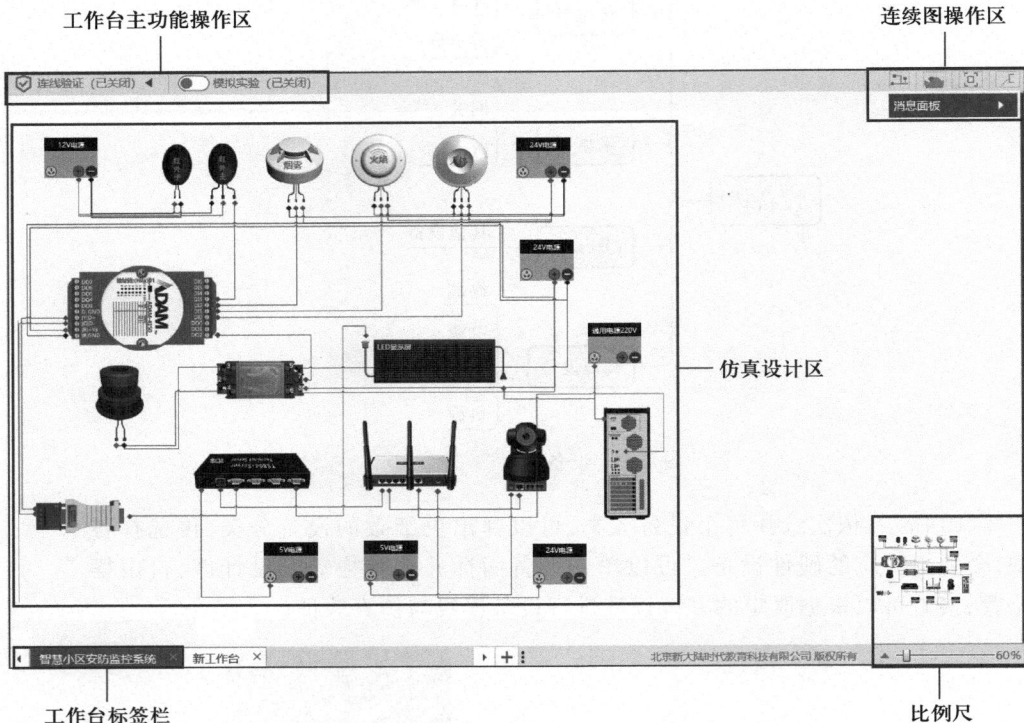

图 4-11　设计区

一、工作台主功能操作区

（1）连线验证：单击"连线验证"，可开启/关闭实时连线验证功能，如图 4-12 所示。

图 4-12　连线验证

（2）连线上报：单击◀按钮，弹出图 4-13 所示的菜单，可进行连线上报设置及执行连线上报。

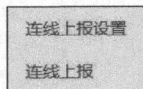

图 4-13　连线设置

（3）连线上报设置：单击图 4-13 中的"连线上报设置"，弹出"系统设置"对话框，如图 4-14 所示，包括上传数据、物理连接、连线设置、文件关联以及授权验证等方面的参数设定。其中，上传数据的设置界面主要用于设置授权服务器的地址，数据类型默认为 VerifyData，单击"保存地址"按钮即可。

图 4-14　"系统设置"对话框

（4）模拟实验：可开启/关闭模拟实验功能，如图 4-15 所示。

图 4-15　开启/关闭模拟实验

二、连线图操作区

（1）连线图导入：单击 按钮，可将自定义的参考连线图导入仿真设计区进行查看和删除，如图 4-16 所示。

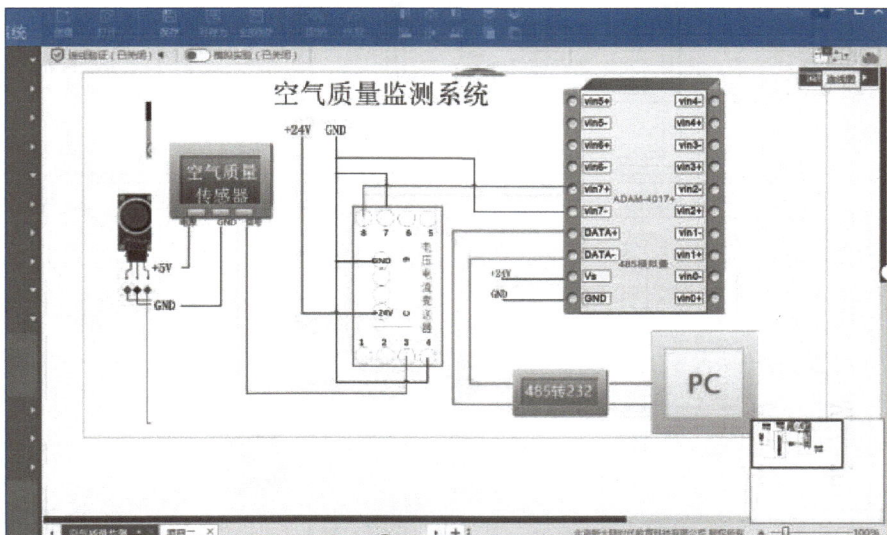

图 4-16　导入参考连线图

（2）设置背景图：单击 ![按钮] 按钮，可在弹出的对话框中选择图片（支持 jpg 及 png 格式），将当前工作台的背景设置为相应的图片，如图 4-17 所示，也可以查看并删除当前背景图。

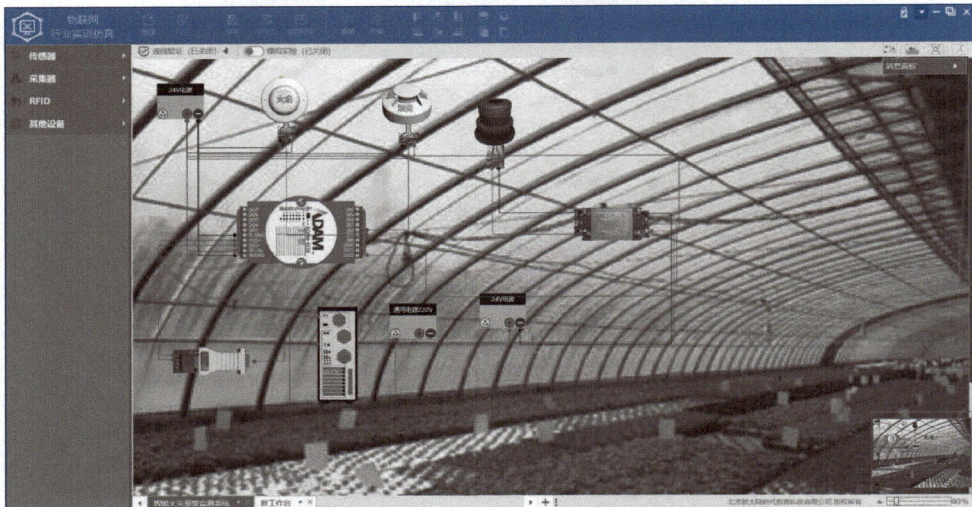

图 4-17　插入背景图

三、仿真设计区

仿真设计区（见图 4-18）的常用操作包括：拖动设备、设备连线、设备右键操作（见图 4-19）及连线右键操作（见图 4-20）。

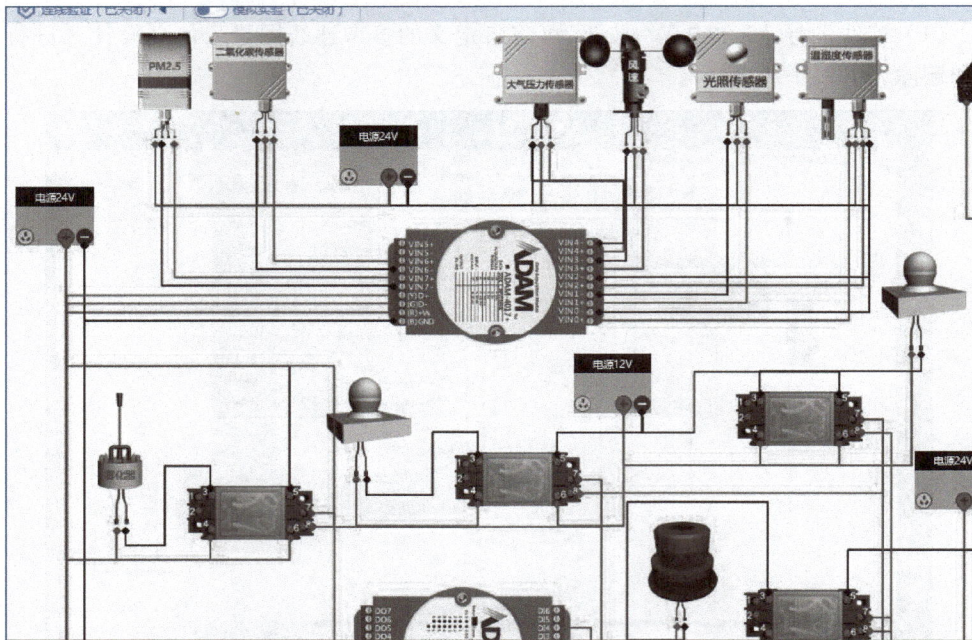

图 4-18　仿真设计区

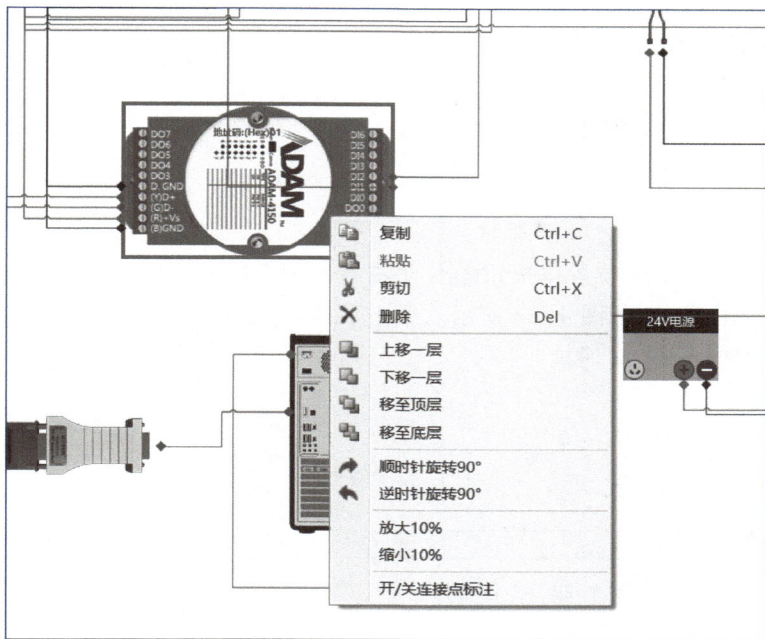

图 4-19 设备右键操作

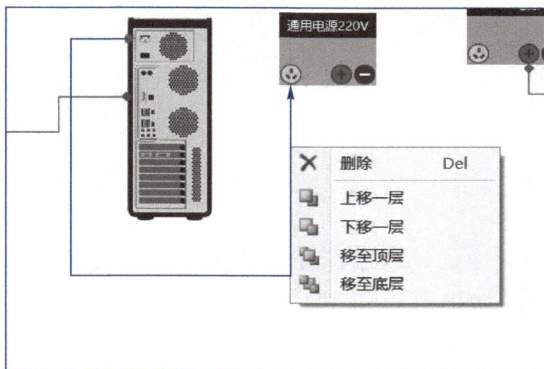

图 4-20 连线右键操作

四、比例尺

通过拖动比例尺上的滑块,可以调整工作台缩放比例,如图 4-21 所示。

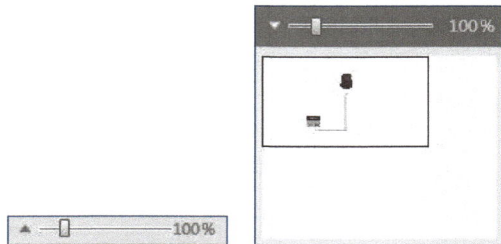

图 4-21 比例尺调节

五、工作台标签栏

工作台标签栏(见图 4-22)位于整个设计区的左下方,左右箭头按钮 ◀ ▶ 用于滚动标签栏,分离器按钮：用于调整标签栏长度。

4.3.4　其他

实训仿真系统的下拉菜单按钮 ▼ 位于主界面右上角最小化按钮的左侧,单击该按钮即可弹出下拉菜单,如图 4-23 所示。单击下拉菜单中的"系统设置",也会弹出"系统设置"对话框(见图 4-14)。

图 4-22　工作台标签栏

图 4-23　下拉菜单

4.4　实训仿真系统操作

4.4.1　设备操作

一、设备拖放

操作:单击设备列表中的设备图标并将其拖动到设计区,当提示为 ✔ 时,释放鼠标左键,即可放入设备,如提示为 ✖ ,则不可放入,如图 4-24 所示。

二、设备拖动

操作:单击设计区中的设备并按下鼠标左键不放,当鼠标指针变为 ✥ 时,拖动鼠标,设备即可跟随移动。

(a) 可放入　(b) 不可放入

图 4-24　设备拖放

三、设备编辑

操作:右击设计区中的设备,会弹出设备编辑菜单,选择菜单中的命令或者按照菜单中的提示按对应的组合键(如按 Ctrl+C 组合键可执行复制命令,按 Ctrl+V 组合键可执行粘贴命令)进行操作,如图 4-25 所示。

特别说明:可以在设计区中选中多个设备后进行设备编辑,则编辑操作会实施于所有选中的设备。

四、设备多选

操作：单击设计区的空白区域并拖动鼠标，会出现一个虚线框，该虚线框会随着鼠标的拖动放大/缩小，完全被虚线框包围的设备会被选中，如图 4-26 所示。也可以在按住 Ctrl/Shift 键的同时单击设备，以切换设备的选中状态，被选中的设备周围会出现粉色方框，如图 4-27 所示。

五、设备对齐

操作：选中设计区中的多个（至少两个）设备，单击工具栏中的对齐按钮，如图 4-28 所示。

特别说明：设备对齐的基准为第一个选中的设备。

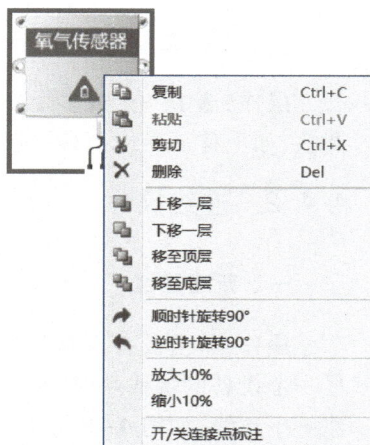

复制	Ctrl+C
粘贴	Ctrl+V
剪切	Ctrl+X
删除	Del
上移一层	
下移一层	
移至顶层	
移至底层	
顺时针旋转90°	
逆时针旋转90°	
放大10%	
缩小10%	
开/关连接点标注	

图 4-25 设备编辑菜单

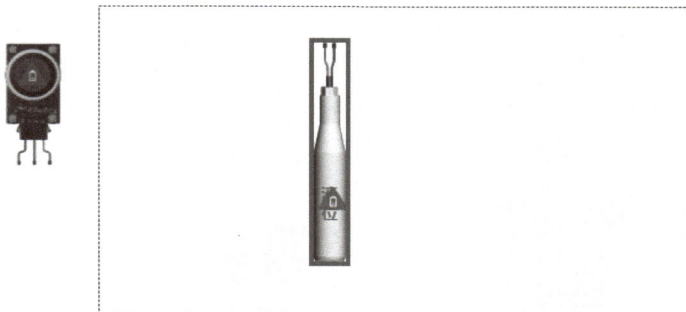

图 4-26 通过拖动鼠标选中设备

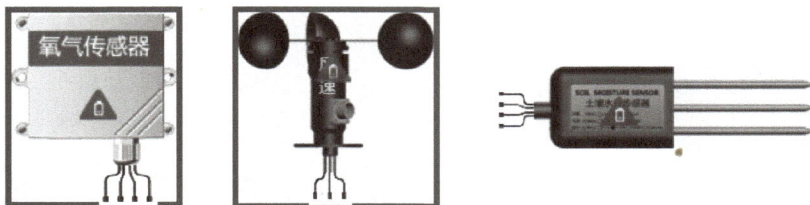

图片
被选中的设备周围出现粉色方框

图 4-27 通过按键+单击选中设备

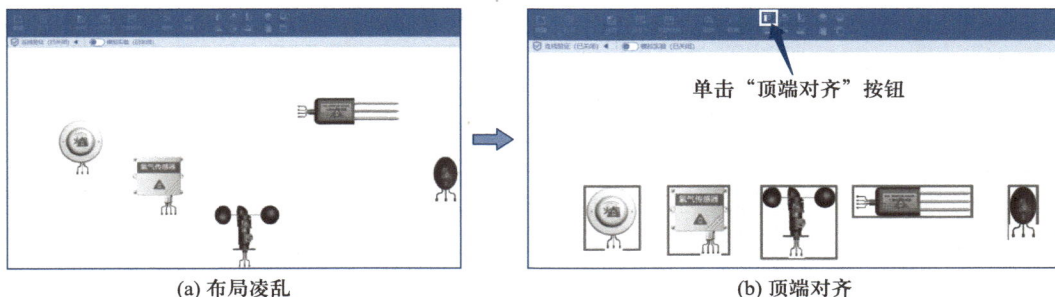

(a) 布局凌乱

单击"顶端对齐"按钮

(b) 顶端对齐

图 4-28 设备对齐

六、设备图层排序

操作:选中一个或多个设备,单击工具栏中的排序按钮,可对不同设备的图层进行调整,如上移一层或下移一层。

4.4.2　连线操作

一、新建连线

操作:单击设备的接线端口,将其拖动到另一个设备的接线端口,释放鼠标左键即可新建一条连线,如图 4-29 所示。

特别说明:若在系统设置的连线设置中将连线方式选择为"单击"(见图 4-30),则无须用拖曳鼠标的方式实现连线。

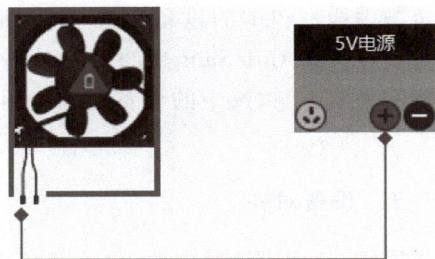

图 4-29　新建连线

二、连线编辑

操作:选中连线即进入编辑状态,如图 4-31 所示。在编辑状态下,连线显示为红色,并显示在设计区所有连线的顶层,连线两端会显示两个滑块。拖动滑块可以修改连线,选中连线并右击,则会弹出连线编辑菜单。

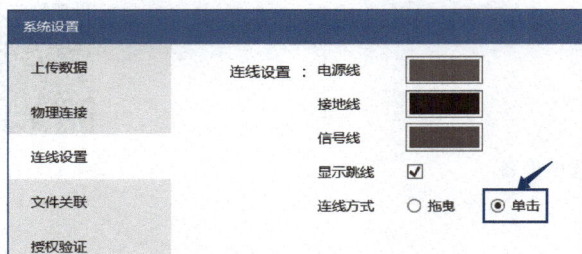

图 4-30　连线方式的设置

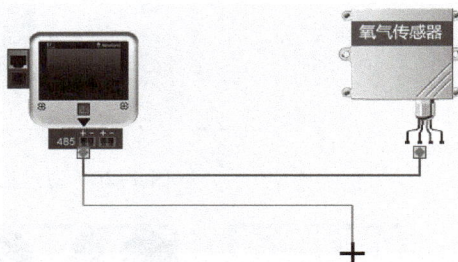

图 4-31　连线编辑

图片
连线编辑

三、连线验证

操作:连线验证功能属于开关型功能,支持实时验证和按需验证两种方式。连线验证包括两方面的验证,一是连线的验证,二是设备供电状态的验证,如图 4-32 所示。

4.4.3　供电功能

一、供电状态

对不需要供电的设备(如转接头、RFID 卡等)来说,不需要连接电源,供电状态默

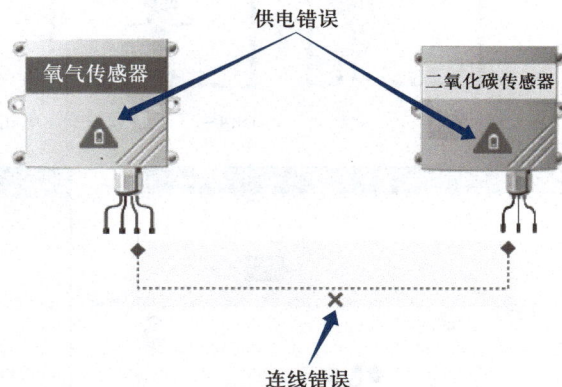

图 4-32　连线及设备供电状态的验证

认为正常。

对需要供电的设备来说,供电状态分为三种:未供电、供电异常、供电正常。

(1)未供电:设备未接电源,提示图标为 ⚠,如图 4-33 所示。

(2)供电异常:设备已接电源,但电源电压不符合额定工作电压要求,提示图标为 ⚠,如图 4-34 所示。

(3)供电正常:设备已接电源,且电源电压符合额定工作电压要求,无提示图标,如图 4-35 所示。

图 4-33　未供电

图 4-34　供电异常

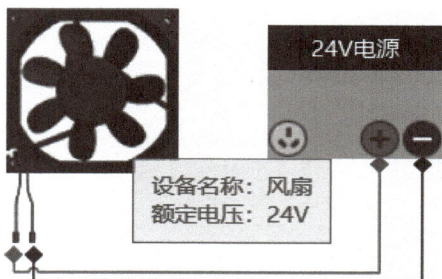

图 4-35　供电正常

二、供电类型

设备供电类型分为红黑线供电和适配器供电。

(1)红黑线供电:有线端引出或者有接线端子的设备大部分都需要红黑线供电,如风扇、警示灯、二氧化碳传感器、火焰传感器等。

(2)适配器供电:采用专用的双孔型或三孔型供电孔,如生活中常见的计算机主机供电口、电饭煲供电口。本实训仿真系统所提供的适配器可以适用于包括 PC、摄像头等在内的不同类型的负载。

三、连线状态

连线状态分为三种:正常、错误、异常。

(1)正常:连线状态正常的情况下,连线显示为实线(电源正极为红色实线、负极为黑色实线,数据线为蓝色实线)。

(2)错误:连线状态错误的情况下,连线显示为虚实线,且中间有红色叉号。

(3)异常:连线状态异常的情况下,连线显示为黄色实线。连线状态异常意味着连线本身正确,但不符合一些额外要求。例如,违反 ADAM-4017+ 的 VIN 口数据回路规则(ADAM-4017+ 自身可建立数据环回)、数据传输线的 D+(发送线)和 D-(接收线)接反、电源选择错误、继电器输入端和控制端接线混乱等。

4.4.4　工作台操作

一、新建工作台

操作：单击"新建"按钮，即可新建一个空白工作台；或者单击"打开"按钮，将仿真包文件（文件后缀名为 N2V）导入新的工作台，如图 4-36 所示。

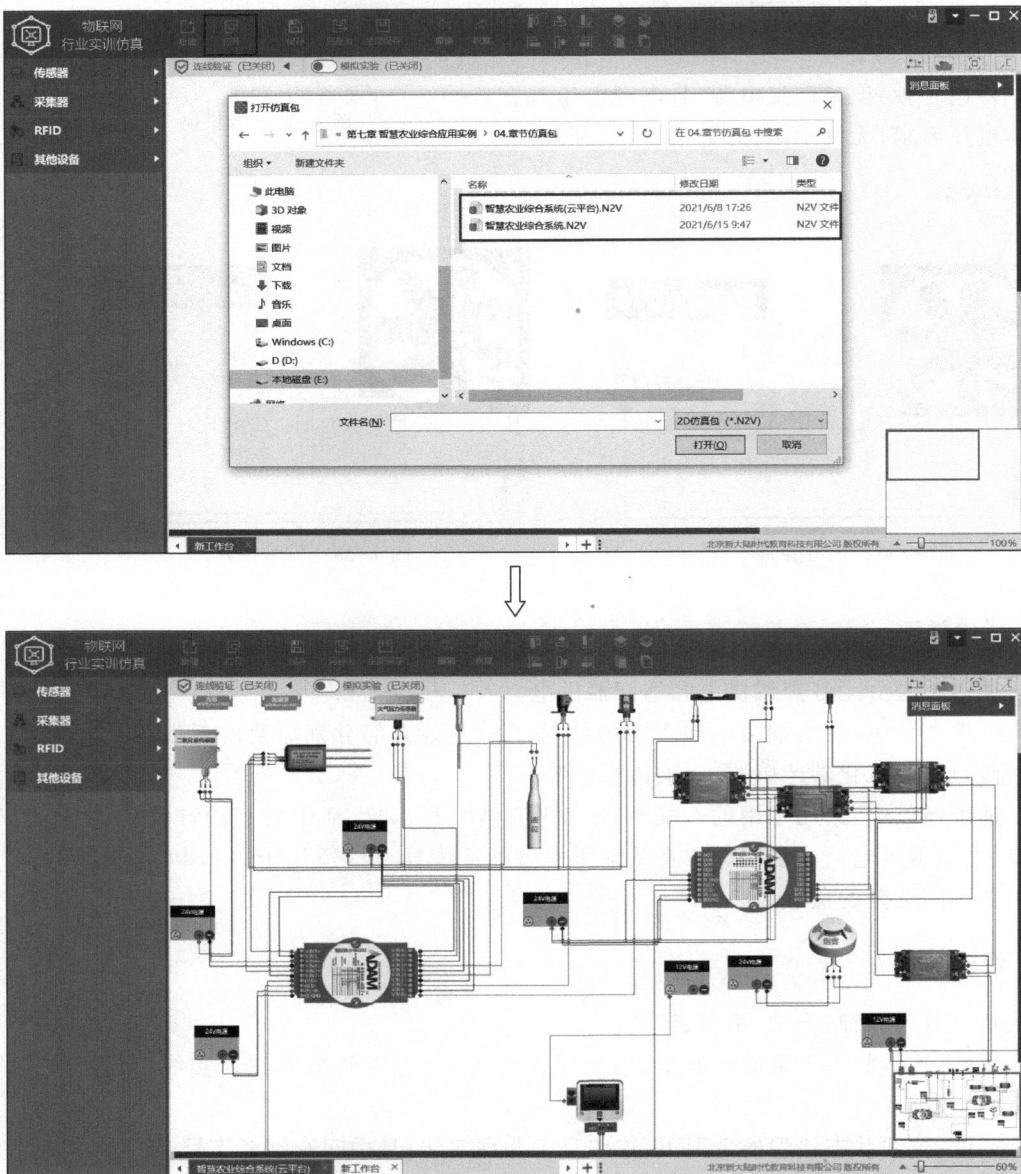

图 4-36　打开仿真包文件

特别说明：新建空白工作台的初始名称默认为"新工作台"，从仿真包文件创建的新工作台的名称由仿真包文件中保存的数据决定。

二、重命名工作台

操作：在工作台标签栏中找到工作台所对应的标签，双击标签名称即可进入工作台名称的编辑模式，进行工作台重命名，如图 4-37 所示。

三、关闭工作台

操作：单击工作台标签栏中当前工作台标签右侧的关闭按钮 ╳，可以关闭当前工作台。

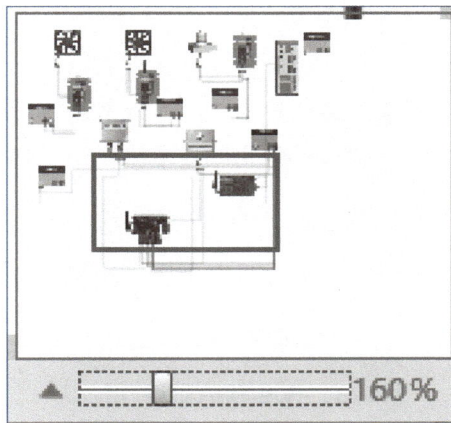

图 4-37 重命名工作台

特别说明：实训仿真系统开启后，应至少打开一个工作台。当关闭最后一个工作台时，系统会自动新建一个空白工作台。

四、标签栏调整

操作：当打开的工作台过多时，部分工作台标签会被隐藏，这时可以通过分离器按钮调整标签栏长度，如图 4-38 所示，或者单击 ▶ 按钮向右滑动查找所需的工作台。

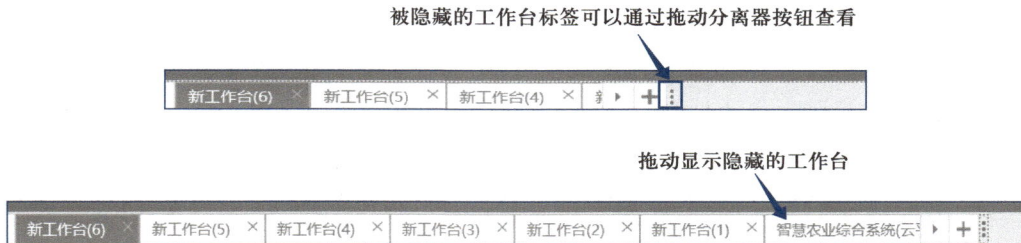

图 4-38 调整标签栏长度

五、缩放比例调整

操作：拖动比例尺滑块或者在按住 Ctrl 键的同时滚动鼠标滚轮，可以快速调整工作台缩放比例。

特别说明：每个工作台的比例尺相互独立，调整比例尺时只影响当前工作台。

六、视角快速切换

操作：伸展状态（比例尺参数>100%）下，拖动工作台缩略图中的红色矩形框可以快速切换视角，如图 4-39 所示。

图 4-39 视角快速切换

4.4.5 模拟实验操作

一、设备属性设置

操作：部分传感器设备开放属性设置，双击设备可以打开属性设置对话框，单击

图片
视角快速切换

"保存"按钮可更新属性值,直接退出对话框或单击"取消"按钮则不保存更改。通过属性设置,可以模拟生成传感器数据,如图 4-40 所示。

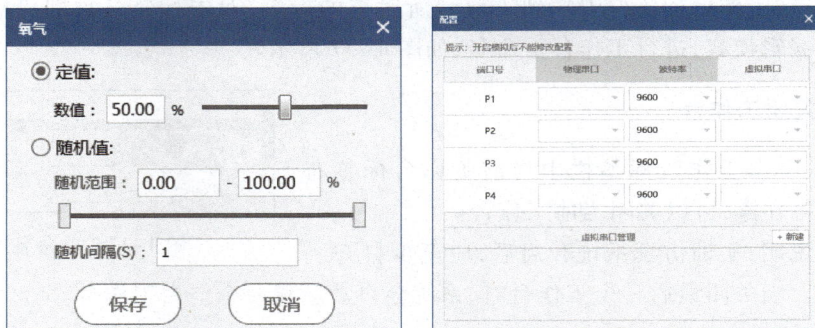

图 4-40   设备属性设置

二、模拟实验开启/关闭

操作:在工作台主功能操作区中,显示 ⬤ 模拟实验(已开启),表示模拟实验功能开启,显示 ⬤ 模拟实验(已关闭),表示模拟实验功能关闭,可通过单击进行切换。

特别说明:当要进行模拟实验时,实训仿真系统会检测连线验证是否开启。如果没有开启,则会自动开启连线验证。当连线验证顺利通过时,才可以进行模拟实验,否则会弹出错误提示框,如图 4-41 所示。

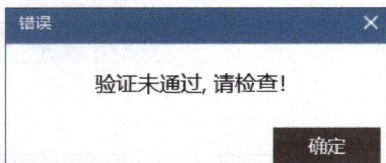

图 4-41   模拟实验错误提示框

4.5   案例实操

上面已对实训仿真系统的功能概况、环境准备和软件安装、界面布局及基本操作有了较系统的介绍。本节将通过三个典型的物联网案例来巩固实训仿真系统的操作,并通过操作实践理解物联网感知层的传感器使用,以及数据的有线传输和无线传输。

4.5.1   传感器的使用

下面通过一个空气质量监测系统的案例来介绍感知层的传感数据采集过程。

一、基础知识

1. 传感器的组成
传感器一般由敏感元件、转换元件和转换电路三部分组成,如图 4-42 所示。

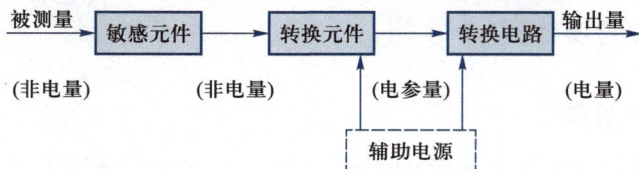

图 4-42   传感器的组成

（1）敏感元件：敏感元件是传感器中能直接感受被测量的部分，并输出与被测量成确定关系的物理量。

（2）转换元件：传感器的敏感元件输出的物理量是非电量（如位移），转换元件将该非电量转换为电信号，便于传输和测量。例如，应变式压力传感器中的电阻应变片可以将应变转换成电阻的变化。

（3）转换电路：转换电路将电参量转换成便于测量的电压、电流、频率等电量信号。转换电路有交直流电桥、放大器、振荡器和电荷放大器等。

2. 电压输出型传感器和电流输出型传感器

电压输出型传感器和电流输出型传感器都属于模拟传感器，能将所感知或采集的非电信号（如压力、温度、流量等）转换成单片机可以处理的电模拟信号，如压力传感器、温度传感器、流量传感器等。

电压输出型传感器能将测量信号转换为电压输出，这是模拟信号，再通过模数转换电路转换为数字信号，就能供单片机读取或用于控制单片机。电压输出型传感器的使用限制有两个：其一，不太适合远距离信号传输的场合，输出的 0～5 V 或 0～10 V 的电压信号不能远传，远传后线路压降大，导致较大的线路损耗，精确度大大降低；其二，抗干扰能力极差，有时输出的直流电压上还会叠加交流成分，使单片机产生误判，控制出现错误，严重时甚至导致设备损毁。

和电压输出型传感器相比，电流输出型传感器的抗干扰能力更好，传播距离更远。

企 业 经 验

早期的变送器多为电压输出型，由运算放大器直接输出 0～5 V 或 0～10 V 的电压信号。变送器从传感器发展而来，凡能输出标准信号的传感器就称为变送器。标准信号是物理量的形式和数值范围都符合国际标准的信号。例如，电压信号的标准为 1～5 V、0～10 V、-10～10 V，首选为 1～5 V、0～10 V；电流信号的标准为 0～10 mA、0～20 mA、4～20 mA，首选为 4～20 mA。

电压输出型传感器和电流输出型传感器的工作原理如图 4-43 和图 4-44 所示。图中的传感头和变送器合称为传感器。和电压输出型传感器相比，电流输出型传感器在变送器内部多了电压-电流转换装置，在接收终端相应多了电流-电压转换装置（若接收终端直接采集电流，则不需要电流-电压转换装置）。有了电流-电压转换装置，就可以将电压传输转换为电流传输，从而利用电流传输相对于电压传输的优点。

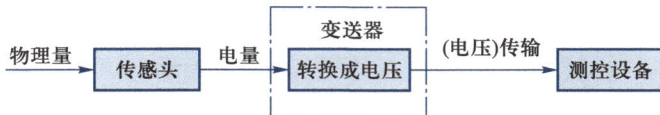

图 4-43 电压输出型传感器的工作原理

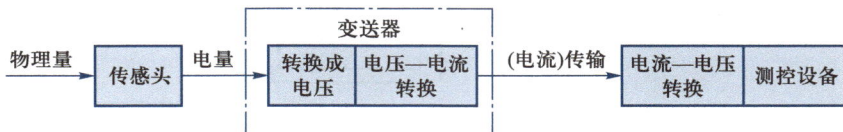

图 4-44 电流输出传感器的工作原理

3. 空气质量传感器

空气质量传感器可以监测空气中的酒精、香烟、氨气、硫化物等污染气体,有较高的灵敏度,响应时间快,工作稳定。当所处环境中存在可检测气体时,空气质量传感器的电导率将随空气中污染气体浓度的增加而增大。空气质量传感器使用简单的电路将电导率的变化转换为与污染气体浓度相对应的输出信号。

以 MQ-135 型空气质量传感器(见图 4-45)为例,这种传感器使用在清洁空气中电导率较低的二氧化锡(SnO_2)作为气敏材料,灵敏度高,可检测多种有害气体,包括氨气、硫化物、苯系蒸汽、烟雾及其他有害气体,是一款适合多种应用的低成本传感

图 4-45　MQ-135 型空气质量传感器

器。MQ-135 可以用在空气质量监测报警、工业有害气体监测报警、空气清新装置、换气扇控制、脱臭器控制等场合。

二、系统搭建

接下来使用实训仿真系统搭建一个简易的空气质量监测系统。通过操作这个感知层应用案例,可以理解传感器的使用以及传感数据采集和传输的基本过程。

步骤一:根据空气质量监测系统的架构设计在仿真设计区准备好设备。

根据架构设计(见图 4-46),将空气质量监测系统所需的设备从主界面左侧的设备区拖入右侧的仿真设计区,操作路径分别为:传感器→有线传感器→空气质量传感

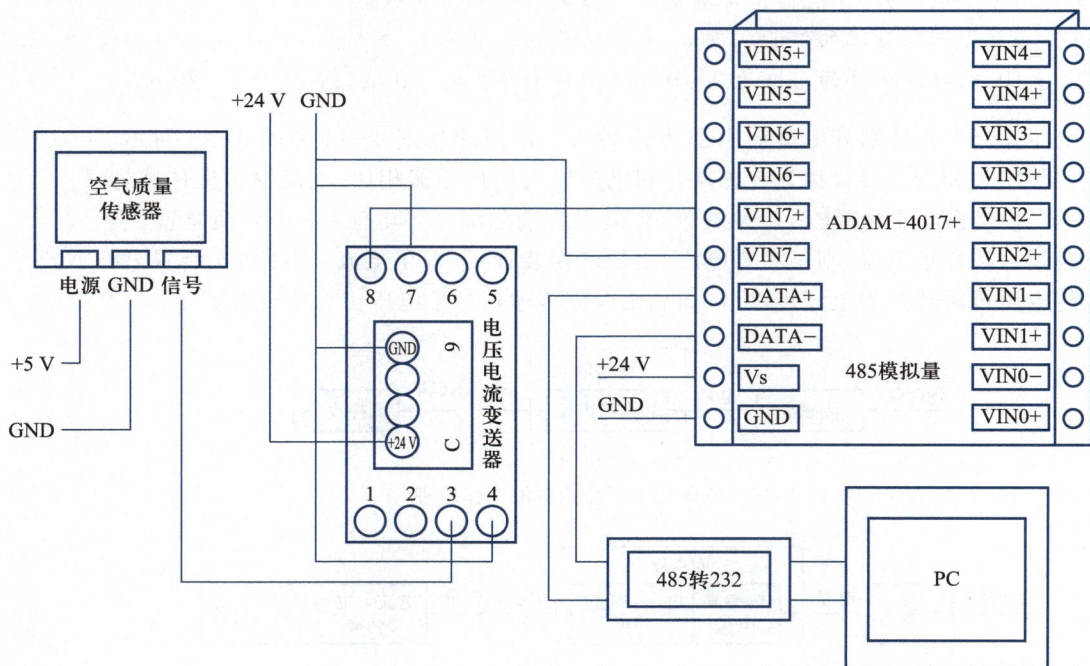

图 4-46　空气质量监测系统架构设计

器、采集器→I/O 模块→4017、其他设备→其他外设→电压电流变送器、其他设备→其
他外设→485 = 232 转换器(即图中的"485 转 232")、其他设备→终端→PC、其他设
备→电源→5 V 电源、其他设备→电源→24 V 电源、其他设备→电源→通用电源 220 V,
如图 4-47 所示。将鼠标指针置于设备图标上,会自动显示设备所需匹配的电源参数。

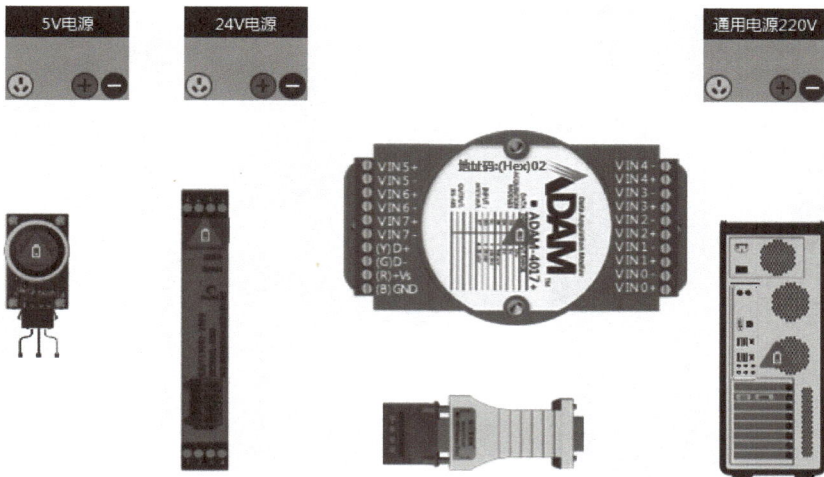

图 4-47　空气质量监测系统设备选择

步骤二:完成设备连线和连线验证。

将仿真设计区的所有设备进行连线。先将鼠标放在各接线引脚或端口,就能查看
对应的引脚/端口说明,如图 4-48 所示,然后拖动鼠标绘制线路。注意:如果模拟量采
集器 ADAM-4017+的 VIN7-端口连接了某个 24 V 电源,则电压电流变送器的正负极
也要连接同一个 24 V 电源。连线完毕后,单击"连线验证"按钮,若有误,会弹出错误
提示信息。

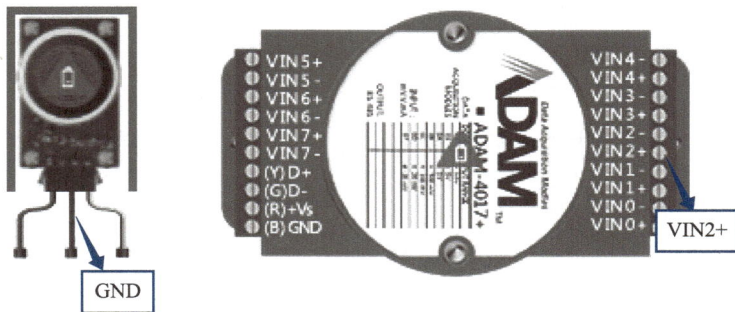

图 4-48　设备接线引脚/端口说明

步骤三:进行空气质量监测系统的仿真模拟实验。

连线验证成功后,开启模拟实验功能,此时空气质量传感器的数据显示为蓝色字
样,如图 4-49 所示。

本实验中,空气质量传感器需用 5 V 电源供电,采集的空气指标量通过传感器的
信号引脚输出,输出的电压值经过电压电流变送器传送到模拟量采集器 ADAM-4017+

的 VIN7+端口，ADAM-4017+对数据进行处理后经过（Y）D+与（G）D-端口将数据通过485＝232 转换器发送到 PC 主机串口。

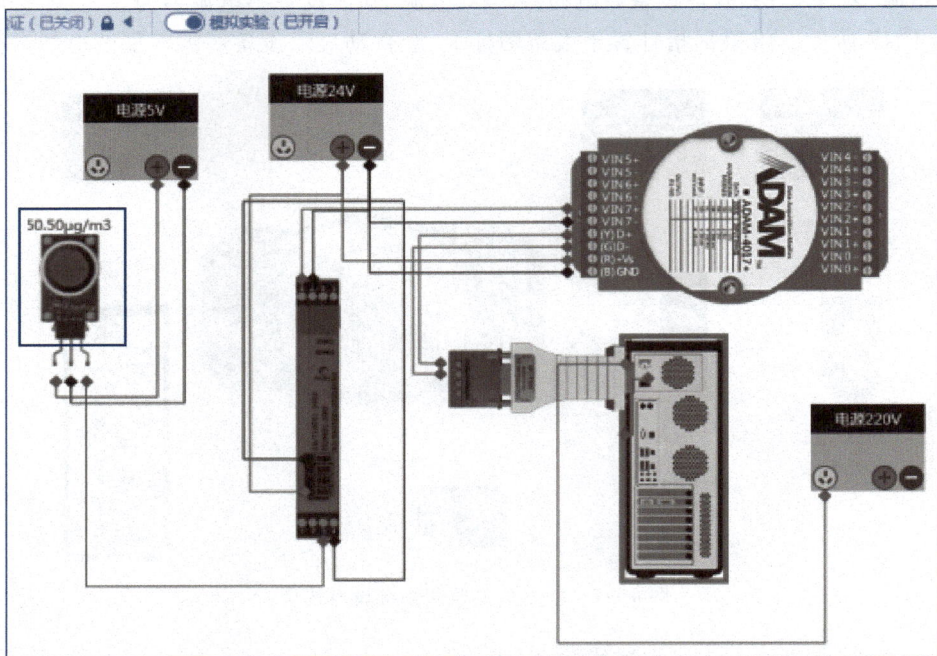

图片
空气质量监测
系统数据仿真

图 4-49　空气质量监测系统数据仿真

三、案例总结

有关传感器的选择和使用，需要注意以下几点。

第一，针对不同的应用场景，选择的传感器是有差异的，在一些特殊的环境下，需要材质和寿命更可靠的传感器。例如，在矿井下需要超高灵敏度的瓦斯传感器，在严寒地区的井盖下需要耐低温的液位传感器，在发动机内部则需要耐高温的温度传感器等。

第二，传感器内部的电子电路需要稳定供电。当供电不稳定或未供电时，尽管传感器内部可能会有自带的"充电"电容可让其继续工作一阵，但数据会变得极不稳定甚至错乱。

第三，传感器采集的数据通常先经过变送器或者其他电压-电流转换设备，再被采集设备采集，最终送往计算机。在本案例中，模拟量采集器 ADAM-4017+对传感器发送的电压或电流值进行计算，得到用户容易理解的值，再将该值传送到 PC 主机，实现传感数据的采集、传送和显示。

工程师提示

传感器数据的转换：从采集数据到实际环境数据

传感器的输出类型有电压型和电流型，对应的输出信号范围有 0～5 V、0～10 V、4～20 mA、

0~20 mA。那么,采集数据如何转换成实际环境值呢?下面以温度传感器为例进行说明。

1. 电压型输出信号转换计算

某电压输出型温度传感器的量程为-40~+80 ℃,输出信号范围为0~10 V。当输出信号为5 V时,计算当前温度。此温度量程的跨度为120 ℃,用10 V电压信号来表达,则有120 ℃/10 V=12 ℃/V,即电压变化1 V代表温度变化12 ℃。测量值为5 V,有5 V-0 V=5 V,5 V×12 ℃/V=60 ℃,60 ℃+(-40)℃=20 ℃,因此当前温度为20 ℃。

2. 电流型输出信号转换计算

某电流输出型温度传感器的量程为-40~+80 ℃,输出信号范围为4~20 mA。当输出信号为12 mA时,计算当前温度。此温度量程的跨度为120 ℃,用16 mA电流信号来表达,则有120 ℃/16 mA=7.5 ℃/mA,即电流变化1 mA代表温度变化7.5 ℃。测量值为12 mA,有12 mA-4 mA=8 mA,8 mA×7.5 ℃/mA=60 ℃。60 ℃+(-40)℃=20 ℃,因此当前温度为20 ℃。

对于输出信号范围为0~20 mA的传感器,在电路设计上只需选择合适的降压电阻,通过A/D转换器直接将电阻上的电压转换为数字信号即可,电路调试及数据处理都比较简单。对于输出信号范围为4~20 mA的传感器,电路调试及数据处理上都比较烦琐,但这种传感器能够在传感器线路不通的情况下,通过是否能检测到正常范围内的电流来判断电路是否出现故障,因此使用更为普遍。

4.5.2　数据的有线传输

有线通信是物联网系统中部分设备的常用传输方式,这涉及一些常用设备,包括485转232设备(485=232转换器)、模拟量采集器ADAM-4017+、PC等。下面通过一个气象数据监测系统的案例来巩固实训仿真系统的操作,并理解物联网系统中的有线传输。

一、基础知识

众所周知,计算机之间或计算机与终端之间的数据传送可以采用串行通信和并行通信两种方式。其中,串行通信方式具有使用线路少、成本低等优势,特别是在远程传输时,能较好避免多条线路特性的不一致,因而被广泛采用。串行通信要求通信双方采用一个标准接口,使不同的设备可以方便地连接起来。RS-232、RS-422以及RS-485都是串行通信的标准接口,其中,RS-232和RS-485是最常用的。

1. RS-232 接口

图4-50所示为PC主机及电视机背部常见到的RS-232接口。RS-232接口应用于数据传输速率在0~19 200 bit/s范围内的通信,可以灵活适应包括50 bit/s、75 bit/s、110 bit/s、150 bit/s、300 bit/s、600 bit/s、1 200 bit/s、2 400 bit/s、4 800 bit/s、9 600 bit/s以及19 200 bit/s在内的多种标准传输速率。对于慢速外设,可以选择较低的传输速率;反之,可以选择较高的传输速率。

2. RS-422、RS-485 接口以及三种串口的特性对比

针对RS-232串口标准的局限性,人们又提出RS-422和RS-485接口标准。这三种串行通信接口在工作方式、节点数、最大传输电缆长度、最大传输速率、连接方式以及电气特性等方面的比较见表4-4。

拓展微课
串行通信与并行通信

拓展微课
RS-485 总线通信

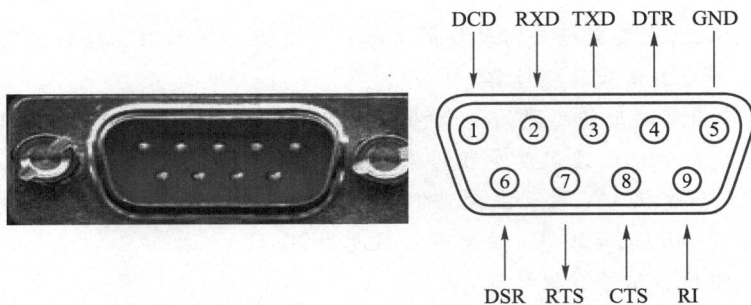

图 4-50 生活中的 RS-232 接口

表 4-4 **RS-232、RS-422 和 RS-485 的比较**

标准		RS-232	RS-422	RS-485
工作方式		单端(非平衡)	差分(平衡)	差分(平衡)
节点数		1发1收(点对点)	1发10收	1发32收
最大传输电缆长度/m		约15	约1 219	约1 219
最大传输速率/(bit/s)		20k	10M	10M
连接方式		点对点 (全双工)	一点对多点 (四线制,全双工)	多点对多点 (两线制,半双工)
电气特性	逻辑1	−15 ~ −3 V	两线间电压差为+2 ~ +6 V	两线间电压差为+2 ~ +6 V
	逻辑0	+3 ~ +15 V	两线间电压差为−6 ~ −2 V	两线间电压差为−6 ~ −2 V

3. 485＝232 转换器

485＝232 转换器兼容 RS-232 和 RS-485 标准,其主要功能是将非平衡单端的 RS-232 信号转换为平衡差分的 RS-485 信号,能将 RS-232 通信距离延长至 1.2 km,支持 300 bit/s ~ 115.2 kbit/s 的传输速率。现实中的 485＝232 转换器如图 4-51 所示,由转换头和接线柱两部分组成。

拓展微课

以二氧化碳变送器(485 型)的安装为例理解 485＝232 转换器的使用

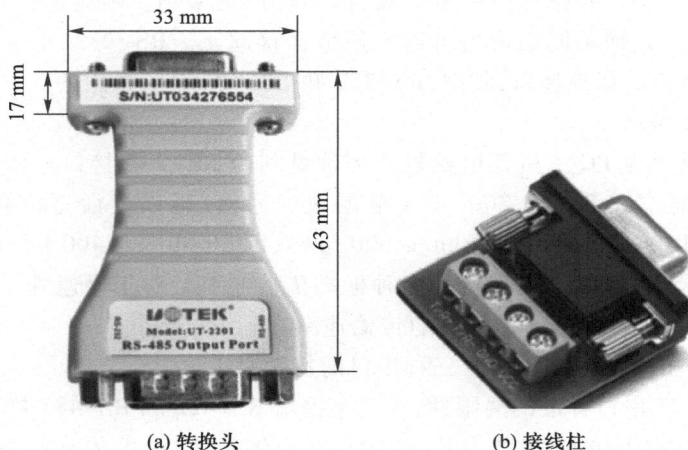

(a) 转换头　　　　(b) 接线柱

图 4-51　485＝232 转换器

485＝232 转换器的特点包括：①双向传输,通信距离可达 1.2 km;②无须外接电源,采用串口"电荷泵"驱动方案;③内部带有零时延自动首发转换功能;④I/O 电路自动控制数据流方向。

工程师提示

在工业级场景中,通常将 RS-232 或 RS-485 称为总线,也叫总线控制。在一个 RS-485 总线上,可以挂载多个 485 设备(子设备),如考勤机、刷卡机、门禁机等,它们统一由一个 485 设备(主设备)进行协调和管理,这些子设备都可以向主设备发送数据。一个 RS-485 总线的通信线通常由一根 485+线和一根 485-线构成,在总线的末端(最后一个 485 设备所在的位置)会并联一个 120 Ω 的终端电阻,起到稳定电路的作用。如图 4-52 所示,RS-485 总线上的主设备是集成了 485 芯片的 485 转换器,总线上的每个子设备上也集成了这个芯片,这使得 RS-485 总线上挂载的多台设备能基于 RS-485 的电气特性进行有条不紊的工作。

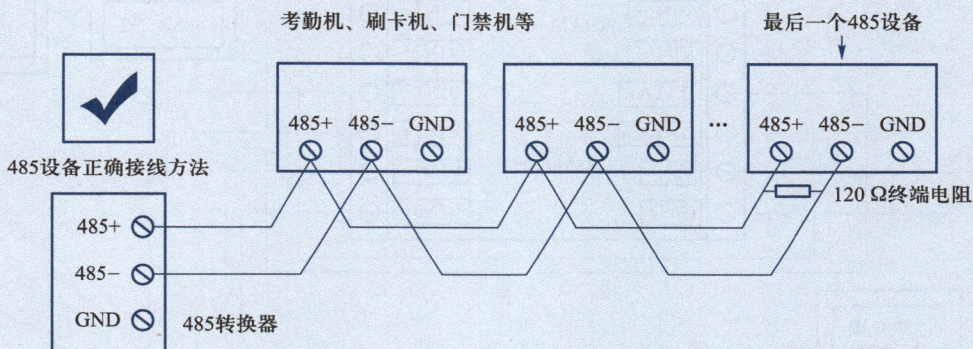

图 4-52　RS-485 接线图

二、系统搭建

接下来搭建一个简易的气象数据监测系统。本案例用到的主要设备(不含电源、PC)及端口分配见表 4-5 及表 4-6。

表 4-5　主 要 设 备

序号	设备	数量
1	模拟量采集器(ADAM-4017+)	1
2	风速传感器	1
3	二氧化碳传感器	1
4	大气压力传感器	1
5	485＝232 转换器	1

本气象数据监测系统主要采集大棚周边的风速、二氧化碳浓度、大气压力等实时数据,根据数据采取有效的措施改善农作物的生长环境。气象数据监测系统的参考连线如图 4-53 所示。

表 4-6   端 口 分 配

序号	传感器名称	供电电压	模拟量采集器
1	二氧化碳传感器	红色线 DC +24 V	信号线 VIN0+
2	风速传感器	红色线 DC +24 V	信号线 VIN1+
3	大气压力传感器	红色线 DC +24 V	信号线 VIN4+

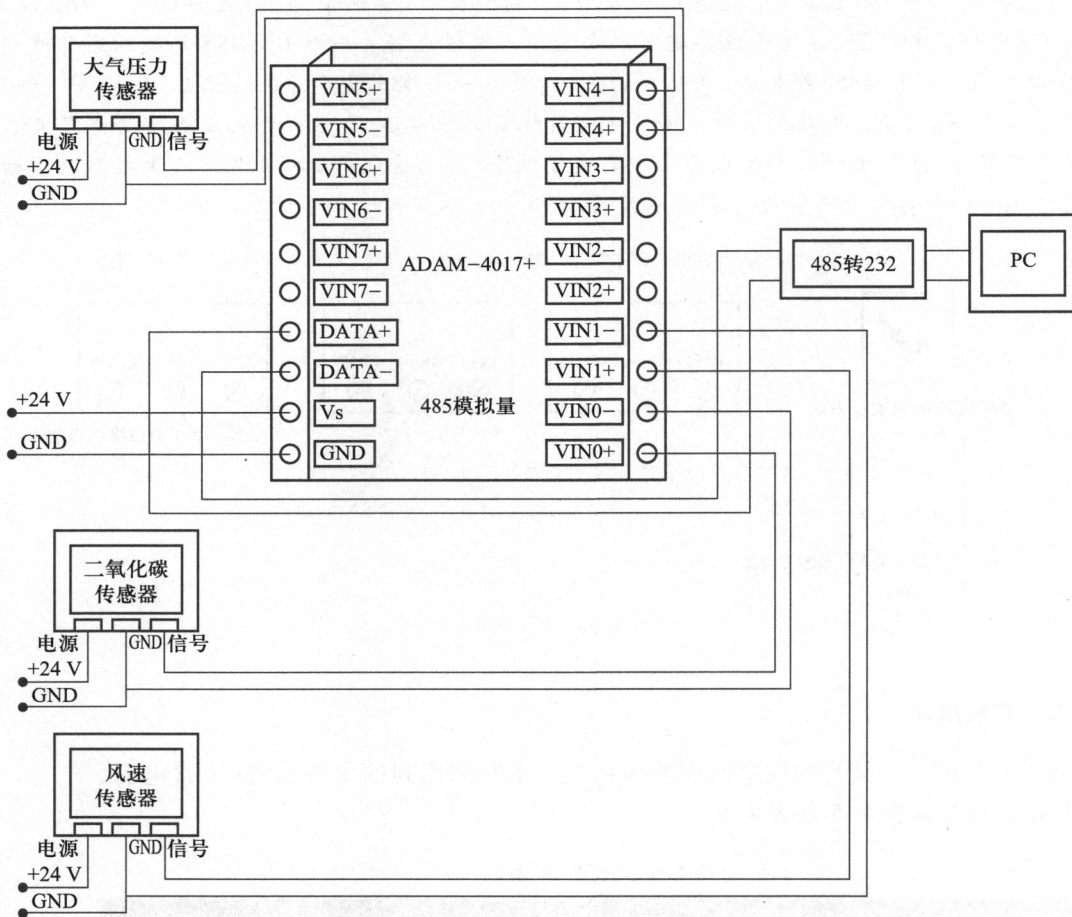

图 4-53   气象数据监测系统参考连线

步骤一:在仿真设计区准备好气象数据监测系统需要的设备。

将主界面左侧设备区的设备拖入右侧的仿真设计区,操作路径分别为:传感器→有线传感器→二氧化碳传感器、传感器→有线传感器→风速传感器、传感器→有线传感器→大气压力传感器、采集器→I/O 模块→4017、其他设备→其他外设→485=232 转换器、其他设备→终端→PC、其他设备→电源→24 V 电源、其他设备→电源→通用电源 220 V。

步骤二:参考图 4-53 完成设备连线。

注意要根据设备的额定电压选取适当的电源。本系统中,大气压力传感器、风速传感器、二氧化碳传感器以及数据采集器 ADAM-4017+共用 24 V 电源。

步骤三：进行气象数据监测系统的仿真模拟实验。

开启模拟实验功能，可看到 ADAM-4017+对大气压力、风速、二氧化碳浓度等传感数据进行采集后，经过(Y)D+与(G)D-端口将数据通过 485＝232 转换器发送到 PC 主机串口，如图 4-54 所示。

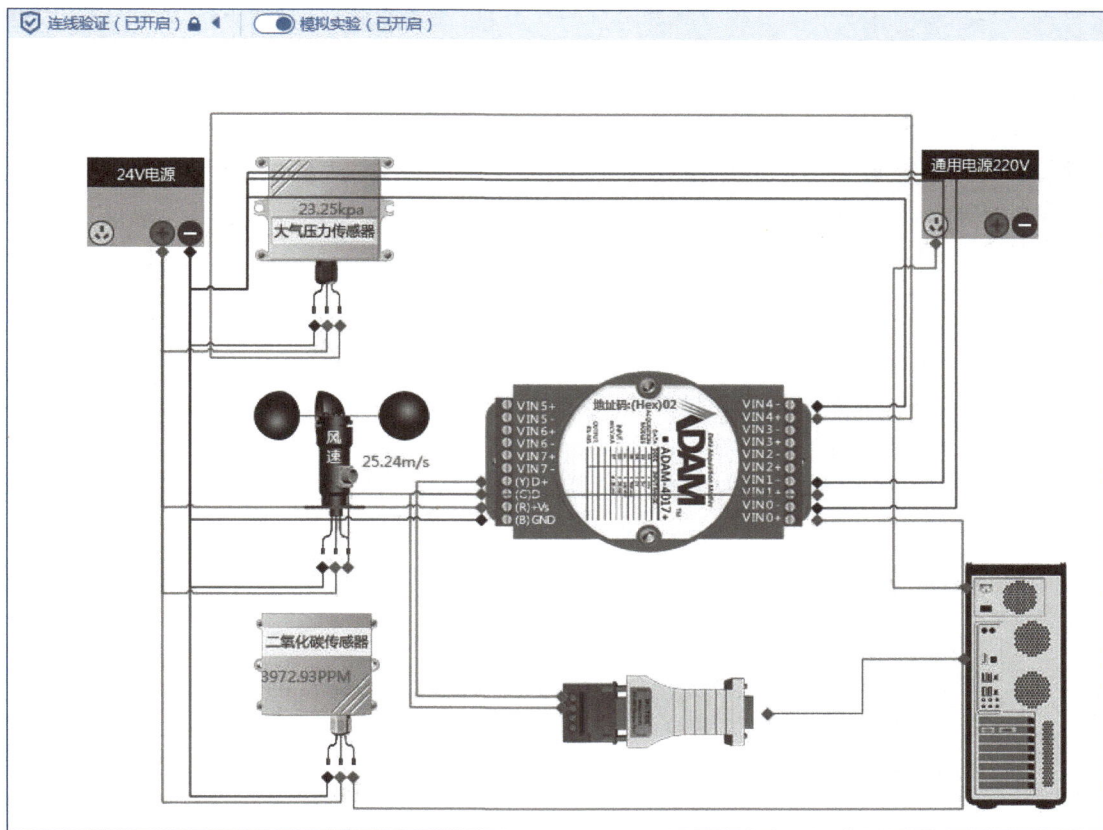

图 4-54　气象数据监测系统的仿真模拟实验

三、案例总结

在本案例中，应当注意以下几点。

第一，每个传感器都需要供电，可以采取单独供电的形式，也可以统一用一个 24 V 电源并联供电。

第二，ADAM-4017+采集每个传感器的数据后经过自身处理和运算得到的数值，需要以电平信号的形式通过(Y)D+与(G)D-端口发出，所输出的电平信号是 485 电平信号，而接收终端 PC 主机的端口是 232 型的，可接收的信号也需为 232 电平信号，要实现 ADAM-4017+与 PC 主机之间的数据互通，就要用 485＝232 转换器将 485 电平信号转换为 232 电平信号。

第三，本案例涉及多种电平信号。传感器采集数据后发出的是根据采集的传感数值变化而变化的模拟量电平信号,ADAM-4017+发出的是 485 电平信号,PC 主机串口接收的是 232 电平信号。

工程师提示

企业级的嵌入式项目通常囊括各种各样的应用场景,包括对 PC 端、手机端、智能设备端、传感器端的支持等。这些终端对于数据的接收有时是苛刻的,或者说,不同终端能支持的通信电平是多种多样的,如 485 电平、232 电平、TTL 电平、CAN 总线电平等。嵌入式工程师需要对这些五花八门的通信电平进行适当的协调处理,常常需要编写大量的适配程序来协调各个终端之间的交流。在一些规模较小的系统中,研发人员会尽可能少地使用多种类的通信电平,一个成型的产品可能仅留有一种信号接口。随着现代通信科技的发展,一种外置接口也可以实现对多种通信协议的支持,例如智能手机中常见的 Type-C 接口便可以适配于各种各样的电子产品。

4.5.3 数据的无线传输

感知层的传感器采集到数据后,需要发送给网关等中继设备,仅依赖有线传输技术完成这样的数据传输过程,在空间部署、成本控制、铺设难度等方面都存在局限,无线传输技术的引入则在一定程度上解决了这些难题。下面通过一个智能人体监测系统的案例来继续学习实训仿真系统的操作,认识新的物联网设备,并理解物联网系统中的无线传输。

一、基础知识

1. 人体红外感应模块(配合 ZigBee 使用)

人体红外感应模块是基于红外线技术的自动控制产品,在各类自动感应电气设备,尤其是以干电池供电的自动控制产品中,都有广泛的应用。图 4-55 所示为某人体红外感应模块的外观。

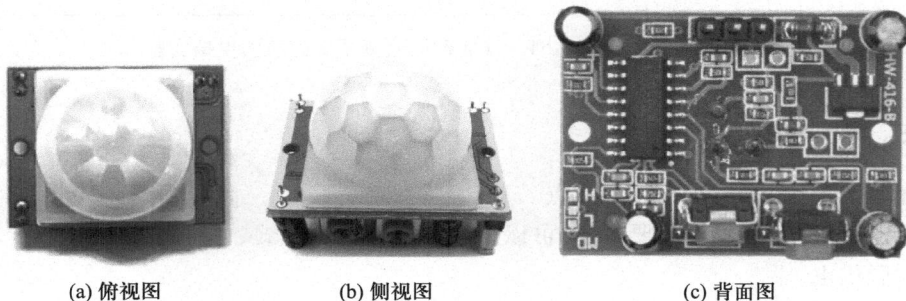

(a) 俯视图   (b) 侧视图   (c) 背面图

图 4-55 某人体红外感应模块外观

图 4-56 所示为人体红外感应模块的原理电路,容易理解,该模块有三根引脚:外接供电电源输入端(V_{cc} 5 V)、接地端(GND)以及输出端(Output)。

以人体红外感应模块 HC-SR501 为例,其具有高灵敏度、高可靠性、超低电压工作模式(节能)、性价比高等优势,支持全自动感应,当人进入其感应范围时,输出高电平,

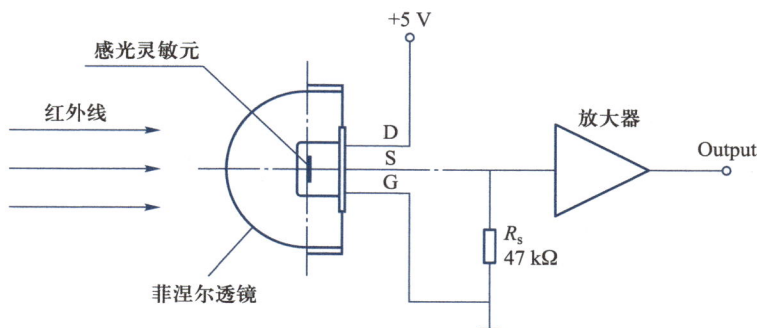

图4-56 人体红外感应模块的原理电路

当人离开其感应范围时,则自动延时关闭高电平,输出低电平。官方参考资料显示,该产品的特性包括:①光敏控制:可设置光敏控制,白天或光线强时不感应。②温度补偿:夏天当环境温度升高至 30 ~ 32 ℃ 时,探测距离稍变短,可以通过温度补偿技术保证测量精度。③工作电压范围宽:默认工作电压为 DC 4.5 ~ 20 V。④输出高电平信号:方便与各类电路实现对接。

HC-SR501 也存在以下缺点:①容易受各种热源、光源干扰;②被动红外穿透力差,人体的红外辐射容易被遮挡,不易被探头接收;③容易受射频辐射的干扰;④环境温度和人体温度接近时,探测灵敏度明显下降,有时会造成短时失灵。

表4-7 给出某人体红外感应模块的产品参数。

表4-7 某人体红外感应模块产品参数

参数	说明
工作电压	DC 5 ~ 20 V
静态功耗	<50 μA
电平输出	高 3.3 V/低 0 V
延迟时间	可制作范围为零点几秒至几十分钟
封锁时间	默认为 2.5 s,可制作范围为零点几秒至几十秒
触发方式	L:不可重复触发;H(默认):可重复触发
感应角度及范围	小于 120°锥角,7 m 以内
工作温度	-15 ~ 70 ℃
PCB 外形尺寸	32 mm×24 mm
感应透镜尺寸	默认直径为 23 mm

工程师提示

在安装人体红外感应模块时,要注意安装细节,规避不必要的误报。理想的安装位置需要结合项目和物联网系统的具体情况斟酌确定,这里仅列举一些常规通用的注意事项:①尽量避免强光干扰,如太阳直射、正对玻璃门窗的强光反射。②尽量避免环境外部的常规干扰,如走动的人群、流动的车辆等。③尽量避免空气流动的干扰,如要避开冷暖空调出风口、易摆动的大型物体、空气对流区域等。④尽量避免温度变化的干扰,如要避开空调、火炉、暖气等会引起温度较大变化的冷热源。⑤人体红外感应模块通常采用双元探头,A 元和 B 元探头分别位于较长方向的两端,安装时应使双元探头的方向与人体活动的普遍方向尽量平行。这是为了保证当人体经过时,可以先后被双元探头所感应,这样,红外光谱到达双元探头的时间及距离就会有较大的差值,这个差值越大,感应就越灵敏。

2. ZigBee 智能节点盒

本书中用到的 ZigBee 节点有两种,如图 4-57 所示。其中,图 4-57(a)所示的黑色底板的 ZigBee 节点需要外接 5 V 电源工作,图 4-57(b)所示的白色底板的 ZigBee 节点则被置于内置有电池电源的蓝色铝合金外壳中。

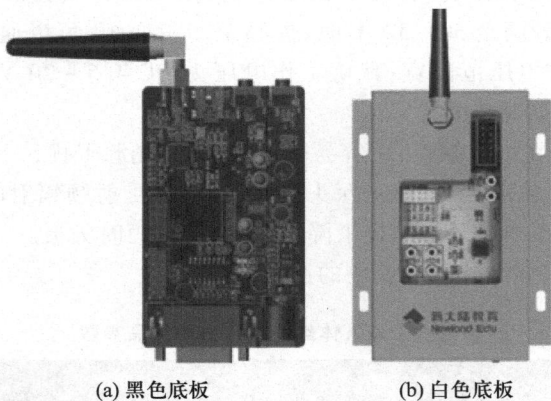

图片
ZigBee 智能节点

(a) 黑色底板　　　　　(b) 白色底板

图 4-57　ZigBee 智能节点

图 4-57(b)所示的内置了白色底板的蓝色盒子常承担 ZigBee 网络中 ZED(ZigBee 终端)的角色,负责采集传感器数据,被称为 ZigBee 智能节点盒(注意要与后面介绍的 ZigBee 协调器进行区分)。例如,人体红外感应模块可以与内置电源的蓝色 ZigBee 智能节点盒共同构成人体红外传感 ZigBee 节点。该智能节点盒可直接通过背面的磁铁吸附在工位上。

ZigBee 智能节点盒利用 ZigBee 网络为用户提供无线数据传输功能,支持提供多路输入/输出,其中,2 路为数字量输入/数字量输出,2 路为模拟量输入/数字量输出,可以广泛应用于家庭/建筑物自动化、工业控制测量和监视、低功耗无线传感器网络等物联网场景的无线数据传输。其无线通信模块采用 TI 的 CC2530 芯片,这是利用 ZigBee 技术组建无线传感器网络时经常会用到的芯片,能以极低的成本建立强大的无线网络节点。ZigBee 智能节点盒提供标准 RS-485 接口,可通过 USB 线连接 PC 进行数据通信。它可外接电源供电,也可用自带电池供电,适应不同环境的供电方式。其产品参数见表 4-8。

图 4-58 中,左边为 RS-485 接口(两线,485+和 485-),中间为 USB 接口(Type-B),右边为开关按钮。在外部电源供电模式下,可以通过 USB 接口连接 5 V/2.1 A 的电源适配器,以通用 220 V 电源供电。在未连接外部连接线时,将开关按钮拨到“ON”位

置,即由内部电池供电。当使用 USB 口连接 PC 端时,如果开关按钮拨到"OFF"位置,则此时绿色灯亮,为通信模式,可进行 ZigBee 设置等;如果开关按钮拨到"ON"位置,则此时红色灯亮,为充电模式,可为内部电池充电。

表 4-8　ZigBee 智能节点盒产品参数

长×宽×高	110.2 mm×84.1 mm×25.25 mm
电池容量	1 000 mA·h
主芯片	CC2530F256,256KB Flash
输入电压	DC 5 V
温度范围	−10~55 ℃
串行速率	9 600 bit/s、19 200 bit/s、38 400 bit/s、115 200 bit/s
无线频率	2.4 GHz
无线协议	ZigBee2007/PRO
传输距离	80 m
发送电流	34 mA(最大)
接收电流	25 mA(最大)
接收灵敏度	−96 dBm

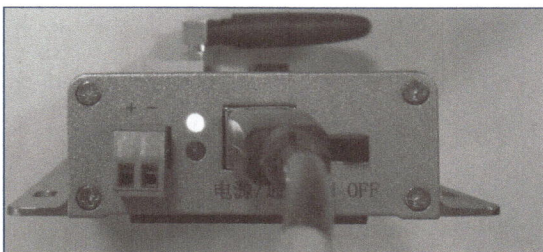

图 4-58　ZigBee 智能节点盒背部

图片
ZigBee 智能节点盒
背部

3. ZigBee 协调器

图 4-57(a)所示的黑色底板的 ZigBee 节点需要外接 5 V 电源,承担 ZC(ZigBee 协调器)或 ZR(ZigBee 路由器)的角色,用于汇聚来自多个传感器的数据。黑色底板上还配有 RS-232 串口,相比蓝色的 ZigBee 智能节点盒,能更灵活地对接有线设备,以更方便多样的方式传输数据,从而支持其作为 Zig-Bee 协调器(见图 4-59)的功能。

接通 ZigBee 协调器的电源适配器,可以通过观察 ZigBee 协调器上贴片 LED 的发光情况来判断 ZigBee 协调器功能是否正常。在 ZigBee 协调器正常工作的情况下,电源指示灯 D9 应为常亮,D3、D4 指示灯闪烁表示正在组网,说明 ZigBee 协调

图 4-59　ZigBee 协调器

器能正常工作。

4. 单联继电器

单联继电器(见图 4-60)的主要作用是控制继电器所连接的负载(如用于控制灯泡和风扇的启停)。在黑色底板的 ZigBee 节点的配合下,单联继电器可以实现无线控制,如图 4-61 所示。在单联继电器的背面,IN 代表输入端,连接电源正极;NO 代表输出端,连接负载正极;COM 连接电源负极和负载负极。这样即可将单联继电器与黑色底板的 ZigBee 节点组装在一起。

图 4-60　单联继电器　　　　图 4-61　单联继电器借助 ZigBee 模块实现无线控制

二、系统搭建

接下来基于实训仿真系统搭建一个基于 ZigBee 的智能人体监测系统并进行仿真实验。

本智能人体监测系统的主要功能是监测室内环境是否有人经过,当监测到有人经过时,自动开启照明灯,无人时,关闭照明灯,系统架构设计如图 4-62 所示。

步骤一:根据智能人体监测系统的架构设计在仿真设计区准备好设备。

将主界面左侧设备区的设备拖入右侧的仿真设计区,操作路径分别为:传感器→无线传感器→人体传感器(蓝色底板、黑色底板皆可),传感器→继电器→单联继电器

（默认为黑色底板），采集器→I/O 模块→协调器（默认为黑色底板），其他设备→终端→PC，其他设备→负载→灯泡，以及各设备对应电源（5 V 电源、12 V 电源、220 V 通用电源），如图 4-63 所示。

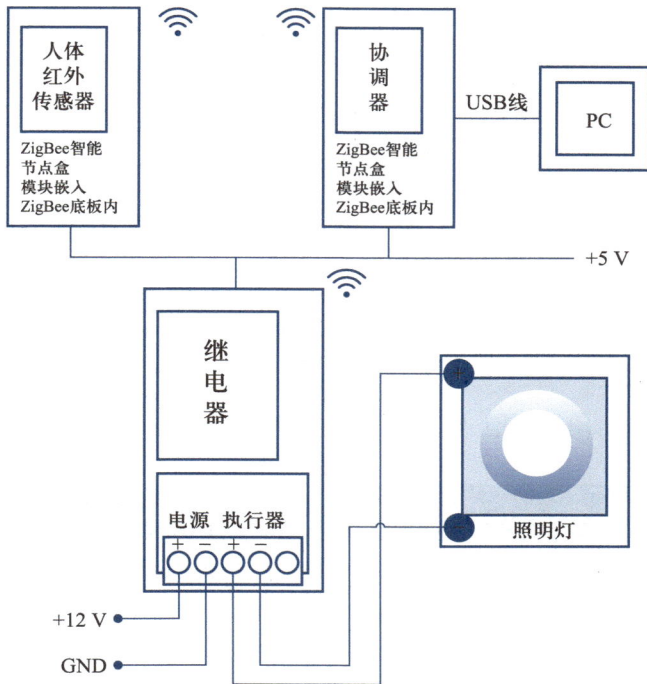

图 4-62 智能人体监测系统架构设计

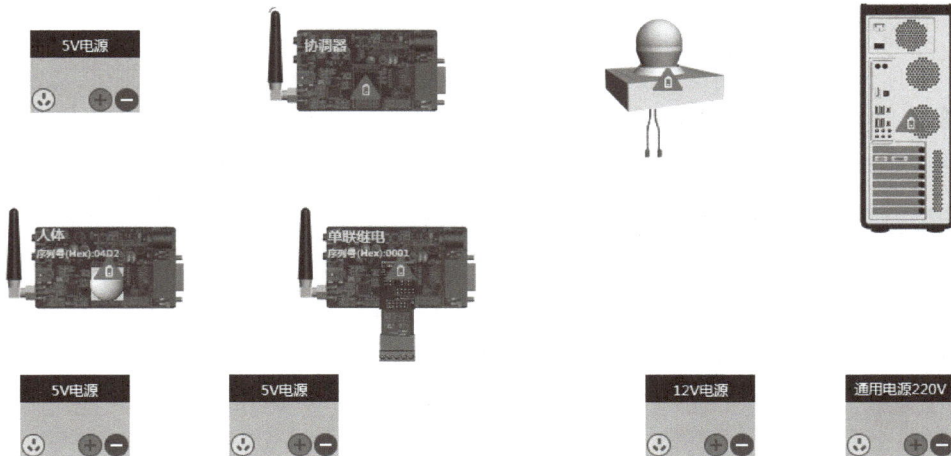

图 4-63 智能人体监测系统设备选择

步骤二：完成设备连线。

依照架构设计（见图 4-62）将设备进行连线，注意电源根据设备而定，如图 4-64 所示。

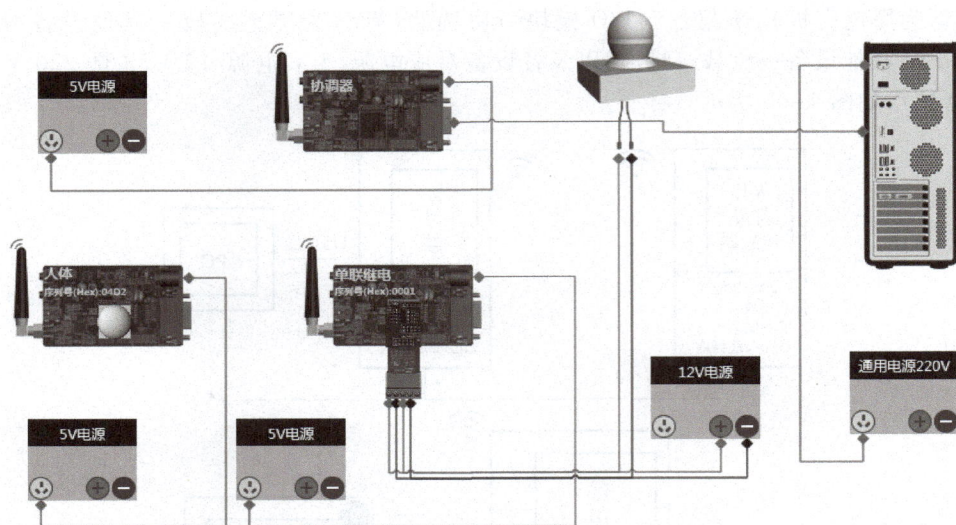

图 4-64 智能人体监测系统设备连线

工程师提示

　　在步骤一和步骤二中,如果只引入了一个 5 V 电源,令人体传感器、协调器、单联继电器均共享这一个 5 V 电源,虽然从仿真实验的角度看不出问题,但请不要这样做。在涉及硬件实操的认证考试和比赛中,那些使用正负端口供电的设备常可以相互共享一个电源并联供电,但是 ZigBee 板(人体传感器、协调器、单联继电器)和 PC 等设备都需要连接三孔插座供电,三孔中的地线起强电保护作用,建议各自使用独立电源。在仿真系统里也要坚持这么做,以培养良好的用电习惯。

　　步骤三:设置有关设备的 ZigBee 通信相关参数。

　　人体传感器和协调器需要在相同的 Channel 和 PAN ID 下方可互相通信,双击人体传感器、协调器以及单联继电器的底板,为其设置相同的 Channel 和 PAN ID,如图 4-65 所示。

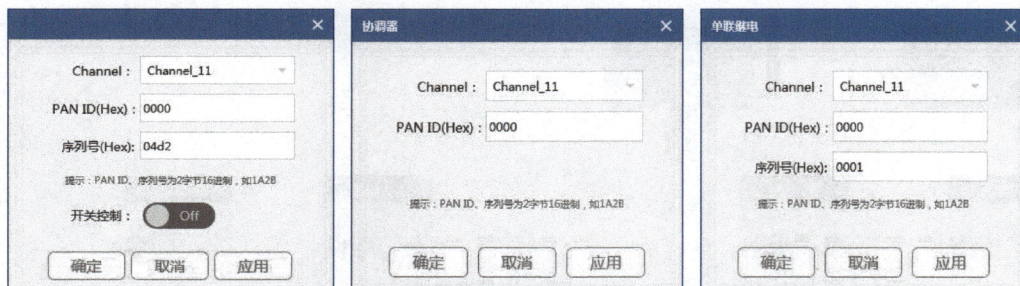

图 4-65 为人体传感器、协调器、单联继电器设置相同的 Channel 和 PAN ID

　　步骤四:实现有关设备之间基于 ZigBee 的无线传输。

　　此时,设备显示无线信号 📶,人体传感器开始自行搜索同信道的协调器,基于

ZigBee 与协调器之间进行无线信息传输,协调器则通过有线(RS-232 串口)通信将信息传输给 PC。如图 4-66 所示。

图 4-66 人体传感器与协调器之间实现 ZigBee 无线传输

步骤五:完成虚拟串口配置。

接下来配置虚拟串口。双击 PC,在弹出的对话框中设置"虚拟串口",可以选择"COM200""COM201"或"COM202",这里设为"COM201",如图 4-67 所示。

图 4-67 在实训仿真系统中进行虚拟串口配置

再打开与本案例配套的虚拟串口工具(即上位机软件)"Zigbee 智能人体检测系统"(可扫描本章末尾的二维码下载软件包),将"串口号"也设置为"COM201",以与实训仿真系统中的设置保持一致,如图 4-68 所示。

步骤六:进行智能人体监测系统的仿真模拟实验。

将人体传感器的"开关控制"设置为"On",即假设当前环境有人,开启模拟实验功能,此时人体传感器显示"有人"字样;反之,则显示"无人"字样,如图 4-69 所示。

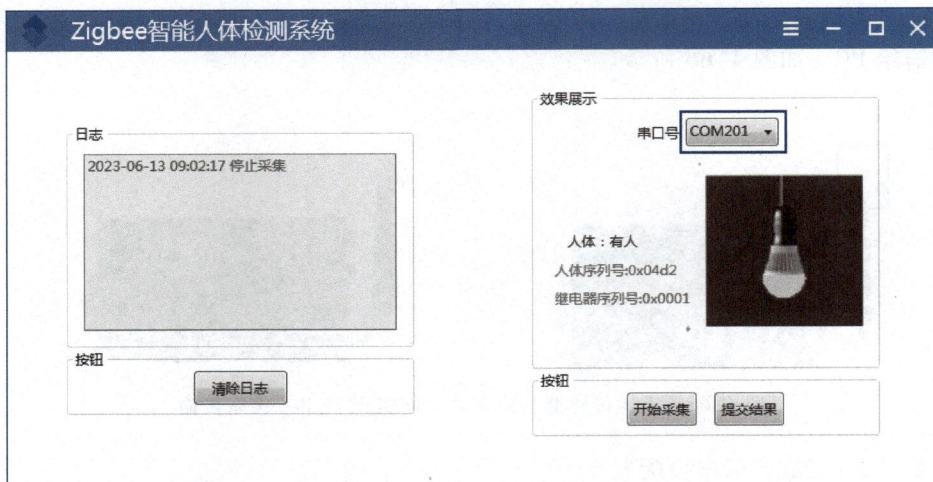

图 4-68　在上位机软件中设置正确的串口号

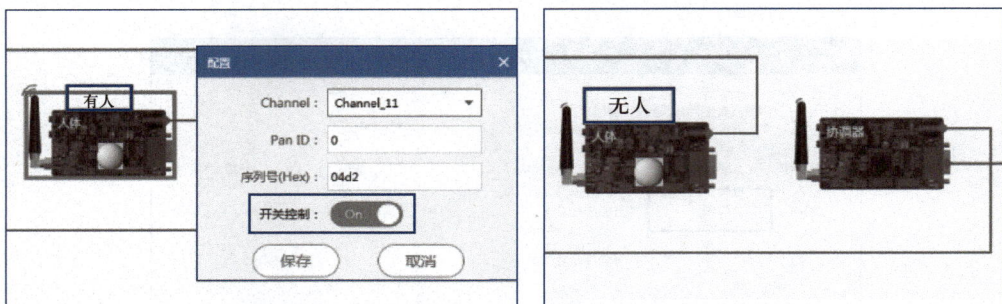

图 4-69　人体传感器的"开关控制"设置

在开启模拟实验功能的前提下,单击本案例配套上位机软件中的"开始采集"按钮,可以浏览实时系统日志,并同步观察上位机软件界面及实训仿真系统中的灯泡随"有人"或"无人"亮起或熄灭的情况,如图 4-70 和图 4-71 所示。

三、案例总结

在本案例中,应当注意以下几点。

第一,三个 ZigBee 节点(人体传感器、协调器、单联继电器)都使用相同的 Channel 和 PAN ID,才能保证三个节点都进入同一个通信网络,可以互相发送和接收数据,这是 ZigBee 无线通信最为关键的一点。无论是仿真实验还是嵌入式软件编程,注意都要将需要互相传输数据的 ZigBee 节点的 Channel 和 PAN ID 设置得准确且一致,否则节点之间不会收到数据。此外,还要注意为各设备节点设置不同的序列号,否则系统就无法区分不同的节点。

第二,通过双击人体传感器打开参数设置界面后,可通过将"开关控制"参数设置为"On"或"Off"来模拟现实中的红外感应,该人体传感器节点会将感应到的数据通过 ZigBee 无线网络发送到协调器,协调器再通过 RS-232 串口将数据发送给 PC。

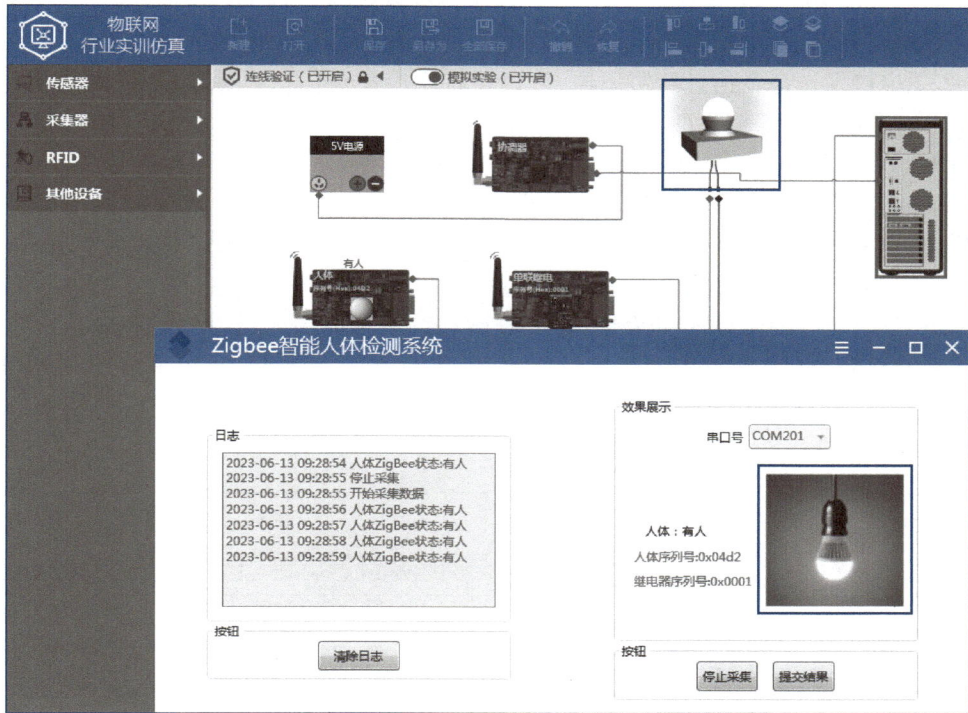

图 4-70 "有人"的情况下开灯

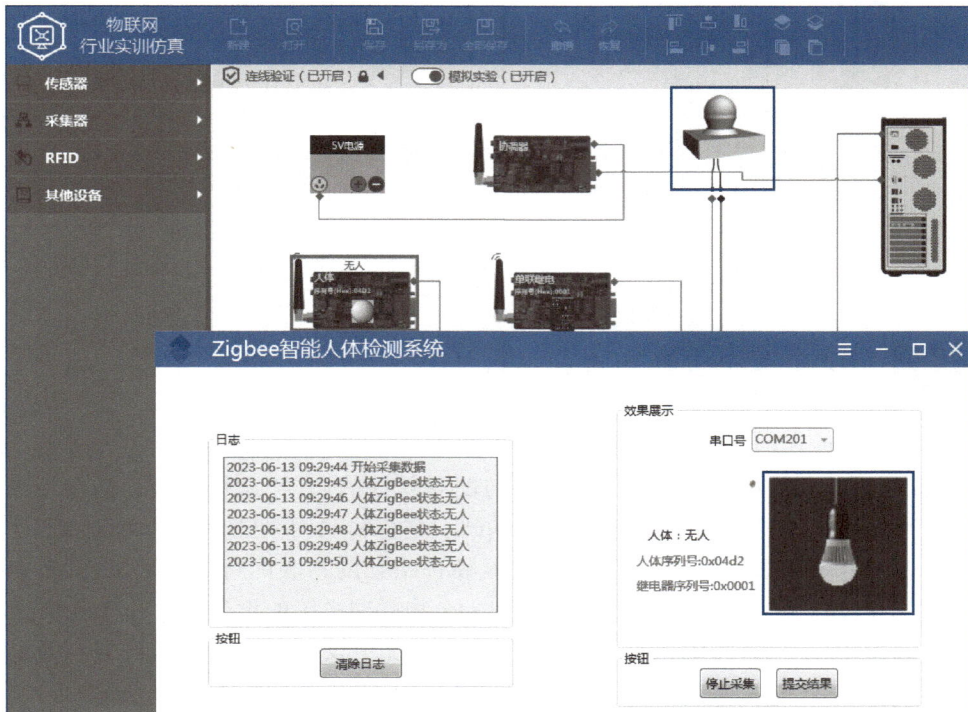

图 4-71 "无人"的情况下关灯

第三,PC 接收到数据后会进行判断,这个判断既可以通过 PC 自动实现,也可以由人进行主观判别,并决定是否实施相应策略。如果决定实施既定策略,则由 PC 通过 RS-232 串口发送命令信息给协调器,协调器将相应命令信息通过 ZigBee 无线网络发送给带有单联继电器模块的 ZigBee 节点,通过控制单联继电器进而控制 LED 闪烁,完成报警。

第四,三个 ZigBee 节点(人体传感器、协调器、单联继电器)组成了简易的星状拓扑结构,这种 ZigBee 网络结构是最为常见的,即一个协调器节点加一系列终端节点,终端节点有的负责采集数据,有的负责控制设备。

第五,在实际的 ZigBee 开发中,需要查阅和调用相关用户手册(如 TI 公司发布的有关 CC253X 片上系统解决方案的用户指南)进行开发。图 4-72 所示为开发 ZigBee 所用的 CC2530 单片机架构及其寄存器编程表,需要基于表格中的配置说明实现各种复杂的驱动功能。

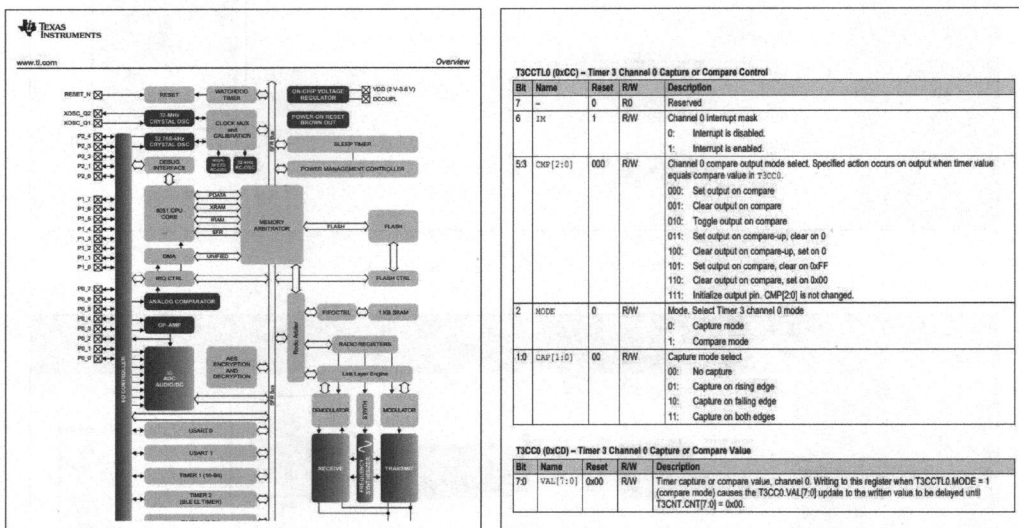

图 4-72　CC2530 单片机架构及其寄存器编程表

4.6　软硬件虚实联动实现设计构建与功能验证

通过本章前面的学习,读者应该对实训仿真系统的功能及使用有了基本了解。完整、系统的物联网行业实训需要仿真软件与配套硬件的协同,这样的实训能够帮助读者更透彻地理解物联网系统的概念,在此基础上施行物联网系统设计和验证物联网系统功能,即"软硬件虚实联动"。基于支持软硬件结合的物联网行业实训平台,可以遵循如下步骤,以软硬件虚实联动的方式实现一个物联网系统的设计构建和功能验证。

第一步,通过纯软件仿真实训,掌握物联网系统中设备的具体参数设置与系统连接方法,确立系统的设计思路并构建系统方案。

第二步,基于既定的系统拓扑图,确认设备安装位置,进行设备安装前检测,然后进行安装和布线,完成真实物联网系统的构建。

第三步,在实训仿真系统和配套物联网硬件设备(实训套件)的协同下,实现真实物联网系统的运行,采集真实的传感器实时数据并控制真实的执行器。

软硬件虚实联动是物联网行业实训的突出特色。例如,当实际温湿度传感器采集到实时数据时,对应实训仿真系统中的虚拟温湿度传感器也同步显示该数据。又如,当打开某真实物联网系统的硬件补光灯时,对应实训仿真系统中的虚拟补光灯也同时打开。

如图 4-73 所示,实训仿真系统中虚拟传感器的值显示为粉红色,即代表软硬件虚实联动已成功。

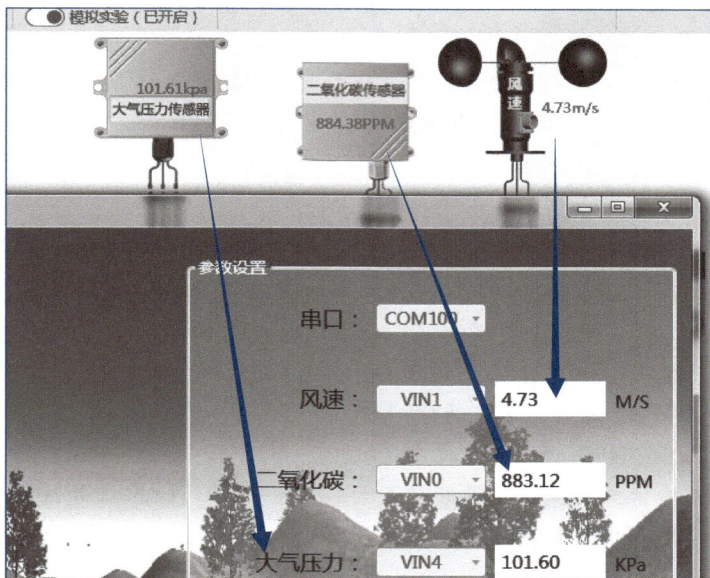

图 4-73　软硬件虚实联动

图片
软硬件虚实联动

习　题

资料下载
物联网行业实训仿真系统软件

一、单项选择题

1. 下面不属于实训仿真系统特点的是(　　)。

　A. 虚实结合　　　　　B. 时空不受限　　　　C. 创新形态　　　　D. 不易维护

2. 实训仿真系统不能实现的功能是(　　)功能。

　A. 认知型实训　　　　B. 仿真型实训　　　　C. 真实项目实训　　D. 拓展型实训

3. 在实训仿真系统中,新建工作台时打开的仿真包文件格式为(　　)。

　A. *.N2V　　　　　　B. *.FLV　　　　　　C. *.ioc　　　　　　D. *.uvprojx

4. 实训仿真系统的(　　)包含常见的物联网硬件设备。

　A. 设计区　　　　　　B. 设备区　　　　　　C. 工具栏　　　　　D. 菜单栏

5. 在实训仿真系统设计区的连线图操作区中,不能实现的功能是(　　)。

资料下载
第 4 章仿真工程文件

A. 添加/删除自定义的参考连线图　　　B. 设置背景图

C. 查看消息面板　　　　　　　　　D. 对仿真设备做连线验证

6. 在实训仿真系统中完成设备多选操作的快捷方式为（　　　）。

A. 在按住 Ctrl/Shift 键的同时单击　　　B. 在按住 Ctrl/Shift 键的同时右击

C. 在按住 Alt 键的同时单击　　　　　　D. 在按住 Alt 键的同时右击

7. 在实训仿真系统中，完成设备对齐操作时，以下描述中错误的是（　　　）。

A. 需要选中设计区中的至少两个设备

B. 需要选中设计区中的至少三个设备

C. 对齐的基准为第一个选中的设备

D. 可以实现多个设备的对齐

8. 下列设备中不需要适配器供电的是（　　　）。

A. 手机电源　　　B. PC 电源　　　C. 传感器节点　　　D. 摄像头电源

9. 下列图标中表示设备未接电源的是（　　　）。

A. ✖　　　　　B. ➕　　　　　C. 🔋　　　　　D. ⚠

10. 在连线状态异常的情况下，连线显示为（　　　）。

A. 实线　　　　　B. 虚实线　　　　C. 红色实线　　　D. 黄色实线

11. 如果数据传输线的 D+（发送线）和 D-（接收线）接反了，连线显示为（　　　）。

A. 实线　　　　　B. 虚实线　　　　C. 红色实线　　　D. 黄色实线

12. 某电压输出型温度传感器的量程为 -40 ~ +80 ℃，输出信号范围为 0 ~ 10 V，当输出信号为 8 V 时，当前温度值为（　　　）。

A. 96 ℃　　　　B. 56 ℃　　　　C. -32 ℃　　　　D. 72 ℃

13. 某电流输出型温度传感器的量程为 -40 ~ +80 ℃，输出信号范围为 4 ~ 20 mA，当输出信号为 10 mA 时，当前温度值为（　　　）。

A. 45 ℃　　　　B. -30 ℃　　　　C. 70 ℃　　　　D. 5 ℃

14. RS-485 总线的通信线通常由一根 485+ 线和一根 485- 线构成，在总线的末端会并联一个（　　　）的电阻，起到稳定电路的作用。

A. 60 Ω　　　　B. 80 Ω　　　　C. 100 Ω　　　　D. 120 Ω

二、多项选择题

1. 实训仿真系统的工作模式包括（　　　）。

A. 云平台接入　　B. 网关直连　　C. 平板计算机直连　D. PC 直连

2. 不同终端能支持的通信电平是多种多样的，例如（　　　）。

A. 485 电平　　　B. 232 电平　　　C. TTL 电平　　　D. CAN 总线电平

3. 人体红外感应模块有三根引脚，分别是（　　　）。

A. V_{CC} 5 V　　B. V_{CC} 12 V　　C. GND　　　D. Output

4. 人体红外感应模块 HC-SR501 的缺点包括（　　　）。

A. 容易受各种热源、光源干扰

B. 被动红外穿透力差，人体的红外辐射容易被遮挡，不易被探头接收

C. 容易受射频辐射的干扰

D. 环境温度和人体温度接近时，探测灵敏度明显下降，有时会造成短时失灵

三、判断题

1. 电压输出型传感器和电流输出型传感器都属于数字传感器。　　　（　　）

2. 和电流输出型传感器相比,电压输出型传感器的抗干扰能力更好,传播距离更远。　　　（　　）

3. ADAM−4017+发出的是 232 电平信号,PC 主机串口接收的是 485 电平信号。

（　　）

4. 安装人体红外感应模块时,应使双元探头的方向与人体活动的普遍方向尽量垂直。　　　（　　）

5. 安装人体红外感应模块时,要尽量避免环境外部的常规干扰,如走动的人群、流动的车辆等。　　　（　　）

6. 人体红外感应模块可以安装在正对玻璃门窗的太阳直射处。　　　（　　）

7. 在室内,人体红外感应模块可以正对中央空调出风口安装。　　　（　　）

8. 蓝色的 ZigBee 智能节点盒(内有白色底板的 ZigBee 节点)配有 RS−232 串口,相比黑色底板的 ZigBee 节点,能更灵活地对接有线设备,常作为 ZigBee 协调器使用。

（　　）

9. 为保证多个节点都进入同一个 ZigBee 通信网络互相发送和接收数据,要将它们的 PAN ID 设为相同,Channel 设为互不冲突。　　　（　　）

10. 在实训仿真系统中,设备编辑操作只能对单个设备进行。　　　（　　）

11. 实训仿真系统中的连线验证功能属于开关型功能,既可以实时验证,也可以按需验证。　　　（　　）

12. 实训仿真系统用到的设备供电类型分为红黑线供电和适配器供电。　　　（　　）

13. 每个工作台都有专属的比例尺,对比例尺的调整只会影响当前工作台。

（　　）

14. 当要进行模拟实验时,实训仿真系统会检测连线验证是否开启。如果没有开启,则会自动开启连线验证。　　　（　　）

物联网云平台

☑ **知识目标**
- 了解国内外知名物联网云平台
- 了解 NLECloud 物联网云平台的架构与功能
- 熟悉 NLECloud 物联网云平台的操作方法
- 熟悉 NLECloud 物联网云平台的项目建立和设备配置过程

☑ **能力目标**
- 能够在仿真系统侧完成简易智能换气扇系统的构建
- 能够在云平台侧完成简易智能换气扇系统的项目建立和设备配置
- 能够实现实训仿真系统与 NLECloud 物联网云平台的协同工作，包括设备下发、数据采集、设备控制、策略生成和策略执行等

☑ **素养目标**
- 培养从整体到局部、从概括到细节的认知习惯
- 培养积极思考与勤于实践并重的意识
- 培养独立学习与沟通协作的能力

5.1　什么是物联网云平台

物联网云平台是一个既包含物联网技术,又包含云技术的互联网平台,是为物联网"量身定制"的云平台。在"万物互联"的理想状态下,物联网云平台能将各类物品都连接上互联网,使人和物、物和物可以通过网络实现数据互通与交流协作。

物联网云平台是存放物联网数据的"家",每时每刻都会有来自不同地区、不同职责的物联网设备将它们收集到的数据存放到这个"家","家"中有相应的管理者对这些数据进行统一分析与处理。和传统互联网平台的不同之处在于,根据应用场景的不同,由设备收集并传输至物联网云平台的数据量差别很大。如图 5-1 所示,在一些应用场景(如智能水电气表等)中,设备只在每天某个固定时间向云平台汇报情况,上传的数据量仅为几十字节至上千字节;在另一些应用场景(如应急调度下的实时视频监控)中,设备传输给平台的数据量较大,传输速率高达百兆比特每秒,且从不间断。

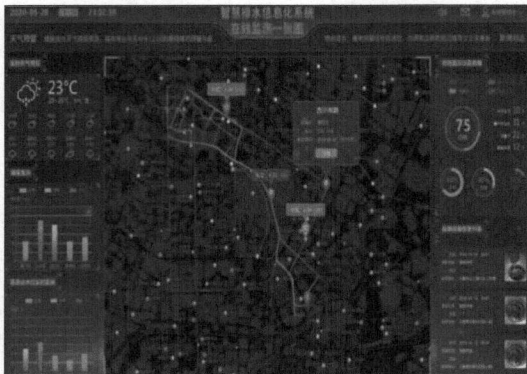

(a) 水务信息平台　　　　　　　　　　　　(b) 实时视频监控平台

图 5-1　水务信息平台和实时视频监控平台

在物联网云平台的帮助下,用户及运维管理人员可以通过手机、平板计算机、PC等信息终端,实时掌握传感设备数据,及时获取报警、预警信息,并可以手动或自动地调整控制设备,实现更方便、简洁、高效、智慧的管理。

随着物联网技术的兴起和成熟,掌握了物联网相关关键技术的各类公司都蜂拥而入,主要包括通信运营商、通信设备商、互联网厂商、工业方案提供商等,物联网持续出现井喷式的发展热潮,相关企业和技术团队都研发出了自有物联网云平台。依托各自积累的技术特色和技术优势,各云平台提供的基础功能侧重点有所不同:有的侧重感知层硬件设备与云平台之间的接入能力,注重设备接入的稳定性和可靠性;有的侧重应用层数据的分析与处理,注重数据挖掘与智能控制技术的应用。

5.1.1　国内知名物联网云平台

目前,国内知名的物联网云平台包括中国移动的 OneNET 云平台、中国电信的

CTWing 云平台、阿里云物联网平台、华为的 OceanConnect 云平台、新大陆的 NLECloud 物联网云平台。

微课
各大物联网云平台
及其对比

1. 中国移动的 OneNET 云平台

中国移动的 OneNET 云平台(见图 5-2)定位为 PaaS(platform as a service,平台即服务),即在物联网应用和真实设备之间搭建高效、稳定、安全的应用平台。OneNET 向下面向感知层设备,能适配多元化的网络环境和传输协议,提供各类硬件终端的快速接入方案和设备管理服务。OneNET 向上面向应用层,能提供丰富的 API(应用程序接口)和数据分发能力,以满足不同行业应用系统的开发需求,使那些需要以物联网技术赋能的行业企业可以更专注于自身行业应用的开发而不是设备接入层的环境搭建,从而缩短物联网系统的开发周期,节约企业的研发、运营和维护成本。

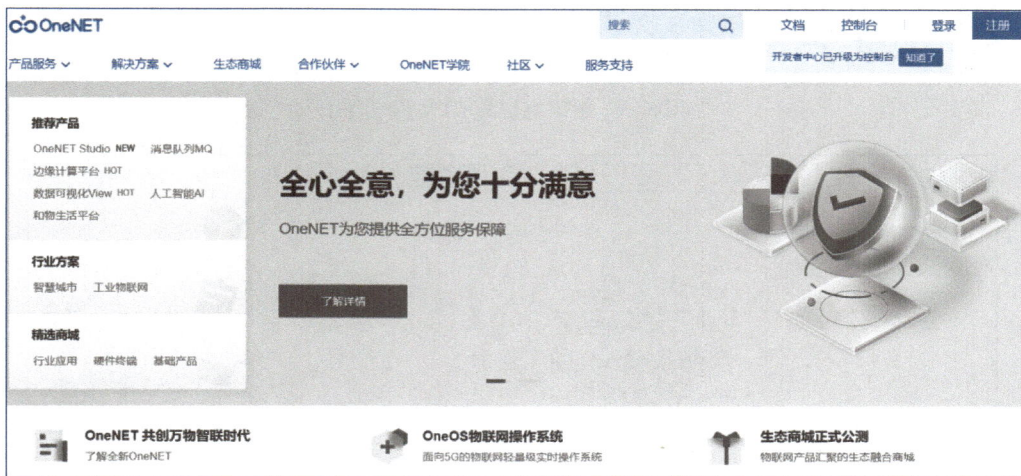

图 5-2 中国移动的 OneNET 云平台

2. 中国电信的 CTWing 云平台

中国电信的 CTWing 云平台(见图 5-3)是中国电信倾力打造的智能终端汇聚、应用开发运行服务和轻量级应用提供的物联网平台,旨在降低物联网应用开发的准入门槛,降低智能硬件的接入门槛,提供端到端的解决方案,服务于终端开发商、个人极客开发者、能力提供商、应用开发商以及集团内部各生态圈。在这里,能力提供商是一个较新的概念,指专门提供各类能力的大平台、大企业,可以提供云能力、物联能力、网商能力等。

3. 阿里云物联网平台

阿里云物联网平台(见图 5-4)为设备提供安全可靠的连接通信能力,向下连接海量设备,支撑设备数据采集上云;向上提供云端 API,服务端通过调用云端 API 将指令下发至设备端,实现远程控制。

4. 华为的 OceanConnect 平台

华为的 OceanConnect 平台(见图 5-5)提供海量设备连接上云、设备和云端双向消息通信、批量设备管理、远程控制和监控、OTA(空中下载)升级、设备联动规则等能力,并可将设备数据灵活流转到华为云其他服务。

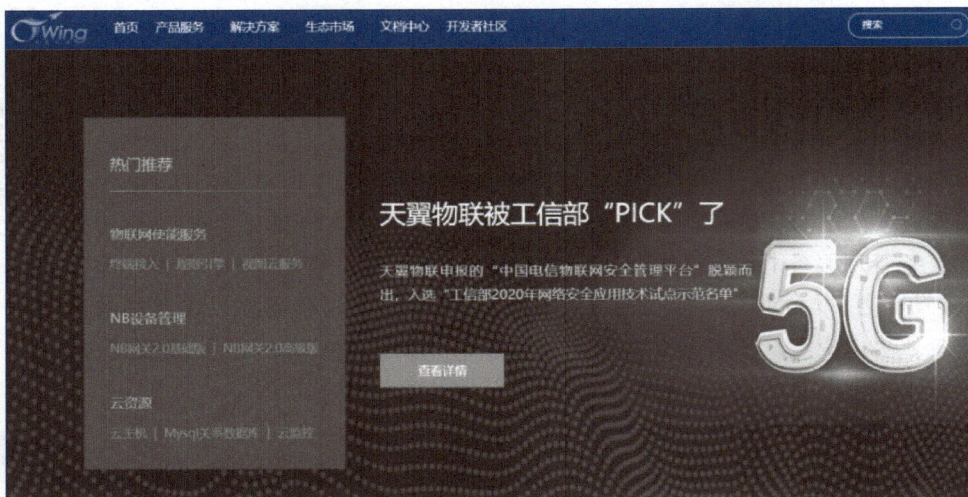

图 5-3　中国电信的 CTWing 云平台

图 5-4　阿里云物联网平台

图 5-5　华为的 OceanConnect 平台

5. 新大陆的 NLECloud 物联网云平台

新大陆的 NLECloud 物联网云平台（见图 5-6）是一个以物联网设备为核心、基于物联网技术和产业特点打造的开放物联网云平台，能服务于学校、企业及个人。NLECloud 物联网云平台支持设备在线采集、远程控制、无线传输、数据分析、预警信息发布、决策支持、一体化控制等功能，能全面覆盖智慧溯源、智慧商超、智慧物流、智能家居、智慧医疗、智慧农业、智慧交通等多元化垂直行业应用场景。

图 5-6　新大陆的 NLECloud 物联网云平台

NLECloud 物联网云平台可以服务于企业和个人。诸多传统行业的企业依托 NLECloud 物联网云平台实现更智慧高效的管理，实现物联网技术为行业赋能。

NLEcloud 物联网云平台也是能够服务学校物联网教育与科研的开放式教学平台，可以支持针对物联网关键技术和典型应用的基础知识学习、动手实验、软件仿真实训，以及软硬件一体化综合实训。在相关 CASE-DESIGNER（情景建模）、API、SDK（软件开发工具包）的配合下，教师和学生能以实验、实训、项目设计、比赛、毕业设计等形式依托 NLECloud 物联网云平台实现针对物联网关键技术与典型行业应用的沉浸式学习。目前，国内大型物联网竞赛及物联网职业技能认证考试都采用新大陆的 NLECloud 物联网云平台接入方案。

NLECloud 物联网云平台的技术特色包括组态快速设计器、虚拟设备、大数据分析、多协议全设备接入、移动云、连接管理、设备管理、运营监控、案例分享、开发调试等。

5.1.2　国外知名物联网云平台

目前，国外知名的物联网云平台包括亚马逊公司的 AWS 平台、微软公司的 Azure 平台、谷歌公司的 Google Cloud 平台。

1. 亚马逊公司的 AWS 平台

亚马逊公司的 AWS 平台(见图 5-7)将数据的管理及分析功能集成在易于使用的服务中,提供适用于边缘到云端的广泛而深入的物联网服务,这些服务专为繁杂的物联网数据而设计。AWS 提供适用于所有安全层的服务,包括预防性安全机制(如对设备数据的加密和访问控制)、持续监控和审核安全配置等。它将人工智能(AI)技术和物联网技术更好地结合在一起,使物联网设备更加智能化。

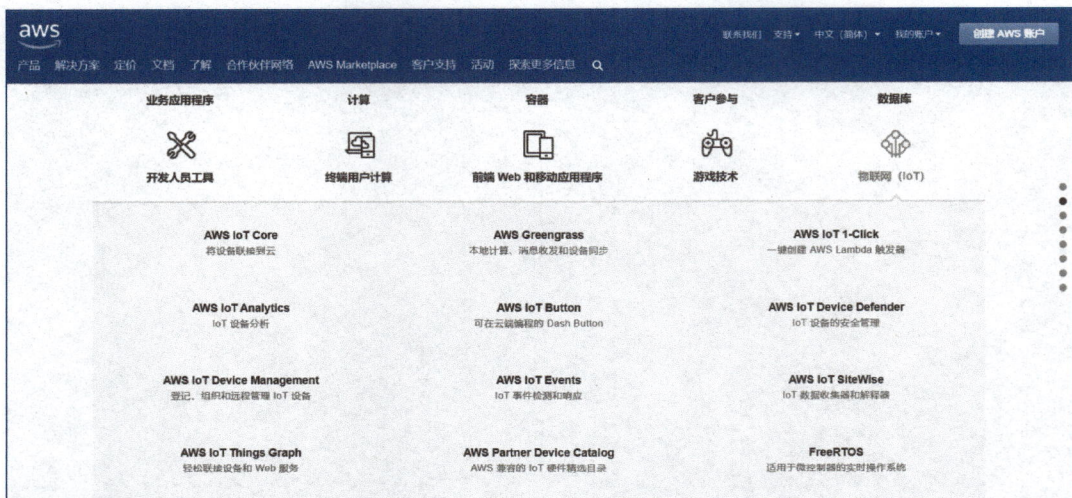

图 5-7　亚马逊公司的 AWS 平台

AWS 的优势包括:庞大且不断增长的可用服务、能支持全球数据中心的广泛网络、丰富的企业级云服务运营经验、大规模用户和资源管理的能力。

2. 微软公司的 Azure 平台

和 AWS 类似,微软公司的 Azure 平台(见图 5-8)可以提供跨边缘和云端的物联网服务,其所提供的服务按功能可以分为三方面:第一,连接、监视和控制数十亿项物联网资产;第二,提供适用于装置和设备的安全性和操作系统;第三,帮助企业构建、部署和管理物联网应用程序的数据和分析。在这三方面服务的协同工作下,Azure 可以在很多行业帮助实现物联网技术赋能,这些行业包括但不限于制造、能源、医疗保健、零售以及运输物流。

在依托 Azure 平台进行应用开发的过程中,可以使用简单的工具、模板及开放源代码。Azure 支持数据的实时保护,确保数据的安全性;支持较长时间脱机状态下的可靠运行;提供数据服务及人工智能服务,方便开发者构建智能型应用;支持较大规模部署。

Azure 的微软基因使得它能与企业所部署的 Windows 操作系统和其他微软软件紧密集成,现有的微软客户天然地存在成为 Azure 用户的先发基础。对于微软用户来说,Azure 最大的吸引力在于,所有现有的.Net 代码都可以在 Azure 上运行,服务器环境将连接到 Azure,用户迁移本地应用程序非常容易。但是,如果用户想要 Linux、DevOps 或裸机,Azure 就不是理想的选择。

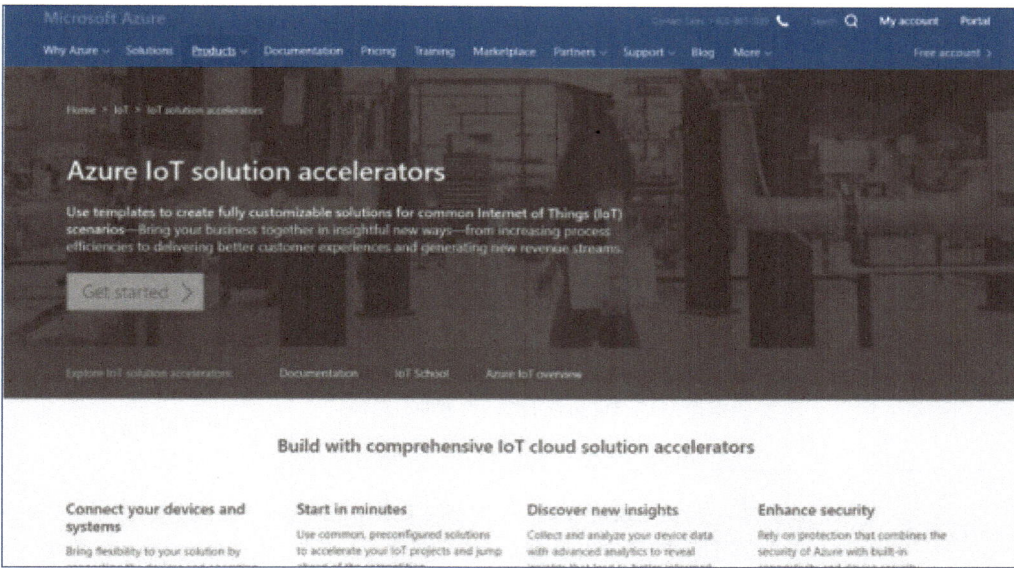

图 5-8 微软公司的 Azure 平台

3. 谷歌公司的 Google Cloud 平台

谷歌公司的 Google Cloud 平台(见图 5-9)可以将谷歌云的数据处理和机器学习功能扩展到数十亿边缘设备,如风力涡轮机、石油钻井平台或机器人手臂,以便它们响应从传感器接收到的数据,在本地实时的基础上做出决策。

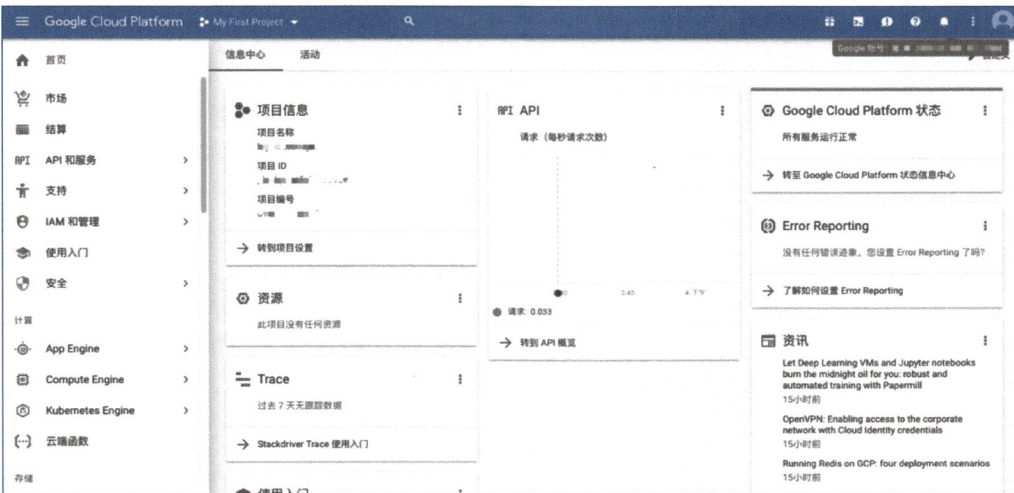

图 5-9 谷歌公司的 Google Cloud 平台

和 AWS 以及 Azure 相比,Google Cloud 更专注于大数据、数据分析和机器学习等复杂计算的产品和服务,更加强调为开发者提供便于应用开发的开源服务。如今,Google Cloud 还在迅速扩展中,但目前所能提供的服务和功能没有 AWS 和 Azure 多,数据中心也没有 AWS 和 Azure 广泛。

5.1.3　各大物联网云平台的对比

国内外各大物联网云平台在主要特点及优势技术、主要受众对象及产品等方面的对比见表 5-1。

表 5-1　国内外各大物联网云平台的对比

物联网云平台名称	推出企业	主要特点及优势技术	主要受众对象及产品
OneNET	中国移动	在线创建应用，论坛氛围较好，OneOS 操作系统、5G 边缘计算、大数据	智慧城市、智慧物流、智能远传抄表、大数据及人工智能应用产品
CTWing	中国电信	提供终端开发套件、独立的天翼 OS 操作系统、国密安全能力	智慧城市、工业、农业、交通物流、5G 无人机等
阿里云	阿里巴巴	边缘计算、AliOS Things 操作系统、设备身份认证	全域旅游、非现场执法、玩具行业、社区治理、智慧建筑
OceanConnect	华为	开放 API、系列化 Agent、华为 LiteOS 操作系统	车联网、智慧城市、智能抄表、智能停车、智慧家庭等
NLECloud	新大陆	API、SDK 资源包丰富，MD5 签名验证，可拖曳式应用开发，操作界面友好，适合初学者快速便捷开发	智慧城市、智慧工业、物联网教育、物联网科研、物联网竞赛
AWS	亚马逊	超大数量设备接入、亚马逊 AWS 系列产品生态服务（AWS Lambda、Amazon Kinesis、Amazon S3、Amazon DynamoDB、Amazon CloudWatch 等）	电子商务、广告营销、汽车、能源、政府
Azure	微软	微软托管云服务、设备连接数量庞大、Azure RTOS 操作系统、边缘服务	制造、能源、医疗保健业、零售、物流和运输
Google Cloud	谷歌	可伸缩的全托管式云服务、机器学习功能、用于边缘/本地计算的集成式软件堆栈，配合 Debian 操作系统（Debian 是适合服务器的 Linux 操作系统）无缝对接	地图及定位服务、机器学习应用产品、人工智能应用产品、零售、智慧城市

5.2　NLECloud 物联网云平台

NLECloud 物联网云平台是基于智能传感器、无线传输技术、大规模数据处理与远程控制等物联网核心技术,同时结合互联网、无线通信、云计算、大数据技术开发的一套物联网云服务平台,能提供设备在线采集、远程控制、无线传输、数据分析、预警信息发布、决策支持、一体化控制等功能。

同时,NLECloud 物联网云平台也是一个针对物联网教育和科研的开放的物联网云服务教学平台,为中等职业学校、高等职业院校和本科院校的物联网相关专业提供物联网实训教学环境。该平台可用于物联网的技术讲解、动手实验和综合实训,也可应用于物联网典型应用展示、操作实训和技术开发实训等。NLECloud 物联网云平台结合相关的 CASE-DESIGNER(情景建模,包含典型的物联网场景,如智慧农业、智慧工业、智慧物流等)、API、SDK、传感器、执行器等,能为实验、实训、项目设计、比赛、毕业设计等提供一套完整的软硬件环境,支持沉浸式的物联网关键技术学习,进而深入了解物联网行业典型应用。

物联网的学习与研究需要一个开放、灵活、高效的云平台。NLECloud 物联网云平台可以支持包括智慧溯源、智慧商超、智慧物流、智能家居、智慧医疗、智慧农业、智慧交通等在内的十多项主流行业应用场景。目前,NLECloud 物联网云平台为超过五十万台设备提供稳定的连接,日均设备活跃超过六十万台,日均在线时长超过 300 小时,如图 5-10 所示。

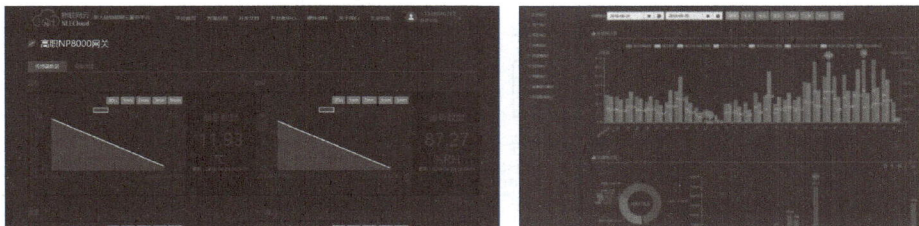

图 5-10　NLECloud 物联网云平台数据分析

5.2.1　NLECloud 物联网云平台架构

NLECloud 物联网云平台使用浏览器/服务器(browser/server)及客户端/服务器(client/server)双重方式来处理各个模块之间的数据传输。系统主体结构包括设备域、网关域、平台域、用户域,如图 5-11 所示。

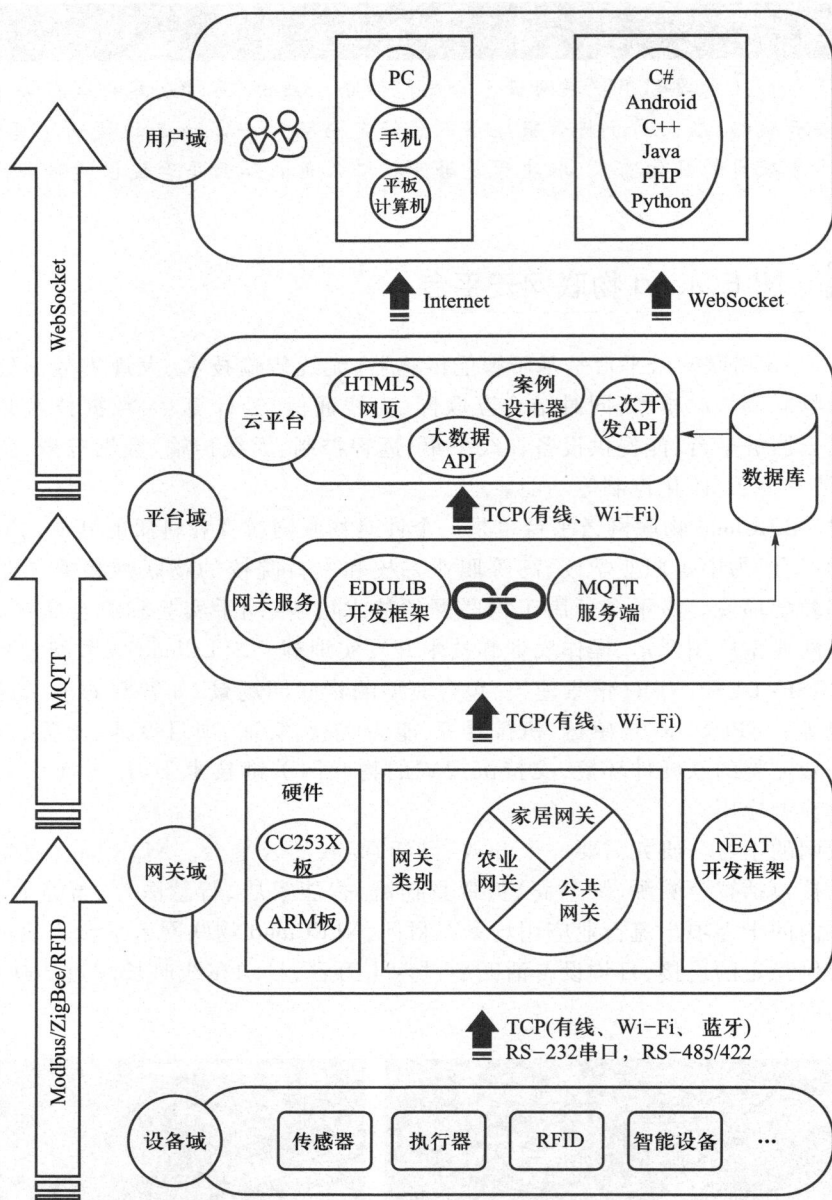

图 5-11　NLECloud 物联网云平台主体结构

（1）设备域包括传感器、执行器、RFID、摄像头、LED 等物联网设备硬件。

（2）网关域集成解析多种物联网协议的智能网关，能支持数据采集、数据传输、设备控制等功能。

（3）平台域负责数据的分布式存储和计算分析。平台域支持多种协议，支持多网关接入，可提供便捷的、按需的网络访问，从而进入可配置的计算资源共享池。平台域支持用户自由灵活创建物联网应用，提供丰富的 API 以供个性化应用开发。平台域支持用户以 H5 组态式快速创建跨平台应用。

> **工程师提示**
>
> 　　H5 组态式快速创建跨平台应用指的是,利用 HTML5 技术,采用组件拖曳以及一定的代码逻辑,使用类似"搭积木"的方式完成一个可视化的交互功能平台或应用。

（4）用户域负责在线发布浏览应用,支持通过 API、SDK 自定义开发应用。

> **工程师提示**
>
> **API 和 SDK**
>
> 　　API 调用及 SDK 开发属于基于 Java 或 Python 等高级语言的应用层开发,不是物联网专业专有的技术。
>
> 　　API(application programming interface)是一种应用程序接口。开发人员仅需调用某个方法或功能的接口就可以操作该方法或功能,而无须了解其内部的源码或内部工作机制等细节。在企业级别的产品开发中,会大量用到 API 调用。
>
> 　　SDK(software development kit)是软件开发工具包的意思。同 API 一样,企业开发中也大量使用 SDK,一般包含特定的软件包、软件框架、硬件说明、操作系统等集合。举一个典型的例子:如果某软件工程师研发的一款打车软件 App 想使用地图资源,那么就可以去百度公司的"百度开放平台"网站下载"百度地图 SDK"软件包,利用这个软件包,软件工程师就可以将人们熟知的百度地图的功能集成在自己的 App 内。

5.2.2　NLECloud 物联网云平台功能

　　NLECloud 物联网云平台"开发者中心"页面会显示当前账号所创建的项目列表,如图 5-12 所示页面中显示了两个项目。每个项目包含五大功能模块,分别为:项目概览、设备管理、逻辑控制、应用管理、调试工具。

图 5-12　"开发者中心"页面

一、项目概览

　　单击某个项目的名称链接,默认进入"项目概览"页面,如图 5-13 所示。
若项目中创建了设备、传感器、应用、策略,则在该页面中会显示相关的统计信息。

如图 5-13 所示页面中显示了"项目总览""设备统计""传感器统计""传感数据统计""应用统计""策略统计"等信息。单击各个控件可进入相应页面,以"设备统计"页面和"传感器统计"页面为例,如图 5-14 所示。

图 5-13 "项目概览"页面

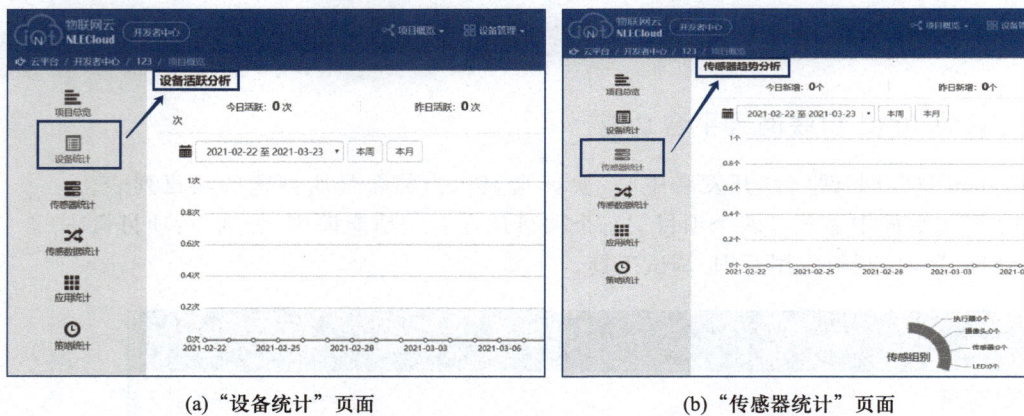

(a)"设备统计"页面

(b)"传感器统计"页面

图 5-14 "设备统计"和"传感器统计"页面

二、设备管理

1. 设备管理

在"项目概览"页面中单击右上方菜单栏中的"设备管理",可进入"设备管理"页面,如图 5-15 所示。

图 5-15 所示项目中仅有一个名为"智慧水表"的设备,如需要新增其他设备,可单击左上角的"添加设备"按钮,并在弹出的对话框中设置设备名称、通信协议、设备标识、数据保密性以及数据上报状态,填写完成后单击"确定添加设备"按钮,如图 5-16 所示。

图 5-15　"设备管理"页面

图 5-16　添加设备

在"设备管理"页面选取并单击某个设备(如图 5-15 中的"智慧水表"),可进入相应的"设备传感器"页面,在该页面中可观察设备的具体信息,可以对传感器、执行器等进行添加、删除、编辑等操作,如图 5-17 所示。

图 5-17　"设备传感器"页面

若想对设备信息进行修改，可单击"编辑设备"按钮，进入"编辑设备"页面，对当前设备进行编辑操作，如图 5-18 所示。注意，如果当前设备处于在线状态，则不能对设备进行编辑操作，需要将设备下线后才能进行编辑或者删除操作。

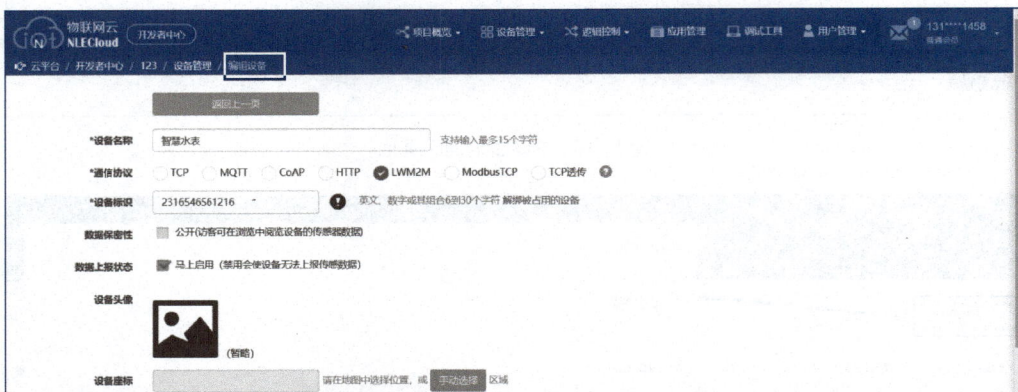

图 5-18 "编辑设备"页面

2. 传感器管理

在"设备管理"页面单击相应设备右侧的"传感器管理"按钮，如图 5-19 所示，也可以进入"设备传感器"页面，查看传感器、执行器及其他配置信息，如图 5-20 所示。

图 5-19 "传感器管理"按钮

图 5-20 传感器和执行器

图 5-20 中已经添加了两个传感器，如果还想添加新的传感器，可以单击"传感器"栏中的 ⊕ 按钮，会弹出"添加传感器"对话框，如图 5-21 所示。

图 5-21 "添加传感器"对话框

根据项目具体需求和具体应用场景,可以选择与 NLECloud 物联网云平台配套的传感器、Modbus 型传感器、模拟量传感器、数字量传感器等,也可以在 NLECloud 物联网云平台上自定义一个传感器,在"添加传感器"对话框中依次输入传感名称、标识名、传输类型、数据类型、设备单位等信息,即可添加新的传感器。

物联网行业实训套件中包含一组能够支持传感网开发的传感器与执行器设备。NLECloud 物联网云平台支持的传感器及执行器见表 5-2。

表 5-2　NLECloud 物联网云平台支持的传感器与执行器

设备类型	设备名称
传感器	位移传感器、热电偶传感器、超声波传感器、温度传感器、湿度传感器、光照传感器、红外传感器、称重传感器、气体传感器
执行器	风扇、灯光、舵机

例如,可以自定义添加一个温度传感器,"标识名"为"Temperature2021","传输类型"为"只上报","数据类型"为"浮点型","设备单位"为"℃",如图 5-22 所示。

添加成功后,可以观察到"传感器"栏中出现了新设置的温度传感器,如图 5-23 所示。

传感器的数据量通常较为庞大,有时一天就会上报数百条数据。如果想查看传感器的历史数据,可以依次单击 NLECloud 物联网云平台右上方菜单栏中的"设备管理"→"历史传感数据",如图 5-24 所示,进入"历史传感数据"页面,查看当前项目某设备下的传感器数据,可以通过对"开始时间""结束时间""选择设备"以及"选择传感器"等条件的设定来快速查询满足相应条件的传感器的历史传感数据,如图 5-25 所示。

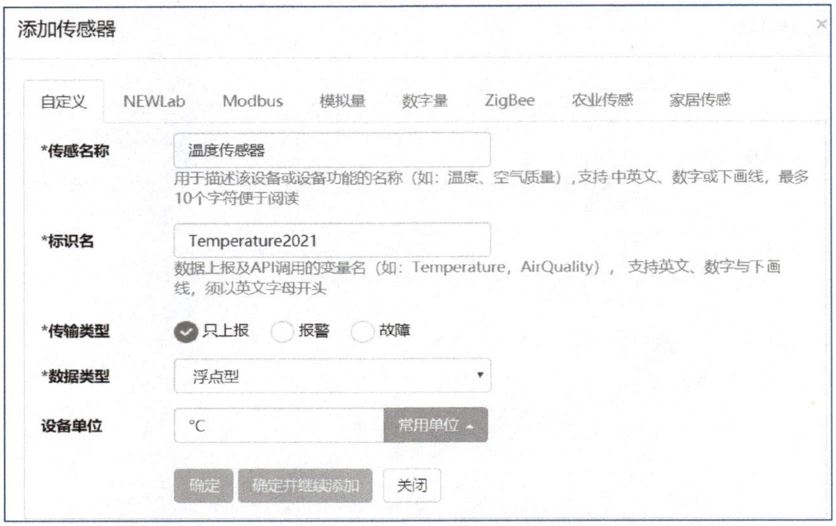

图 5-22 添加自定义的温度传感器

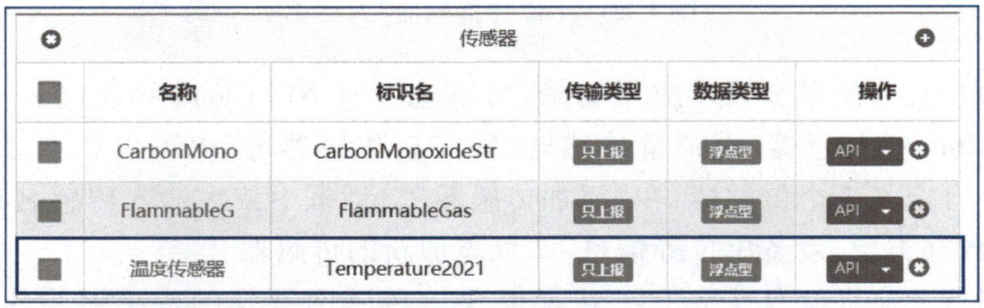

图 5-23 温度传感器添加成功

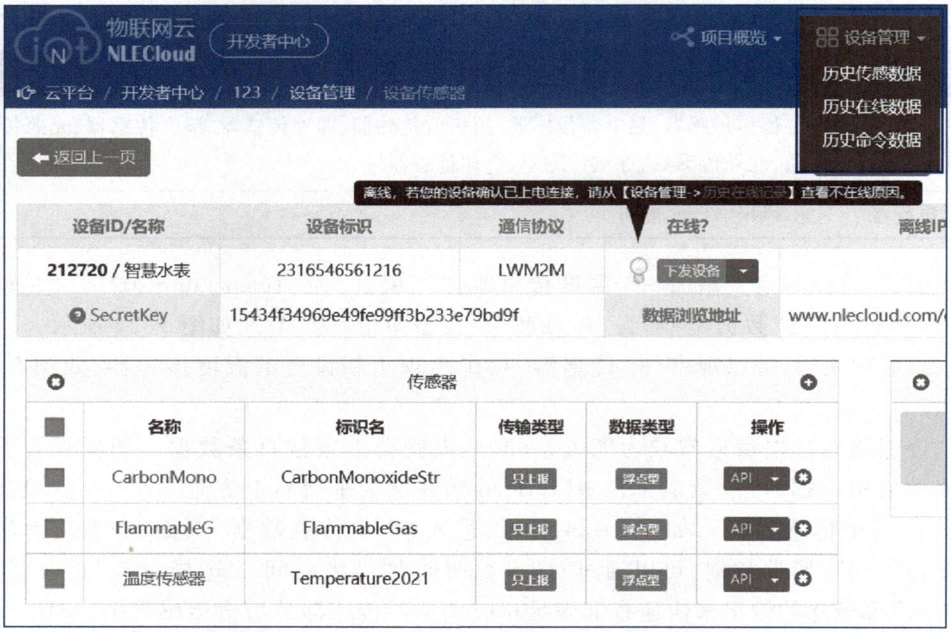

图 5-24 查看历史传感数据

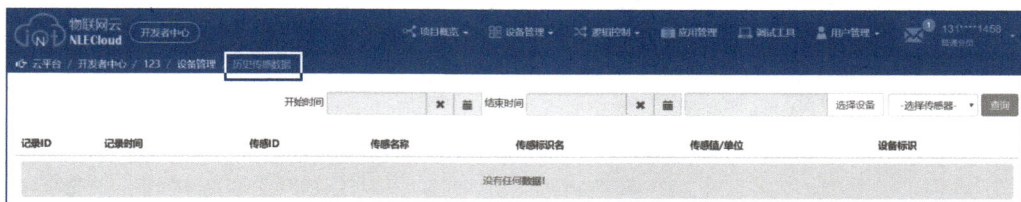

图 5-25　"历史传感数据"页面

3. 执行器管理

执行器的添加过程和传感器类似,单击"执行器"栏中的 ⊕ 按钮,会弹出"添加执行器"对话框,如图 5-26 所示。

图 5-26　"添加执行器"对话框

如图 5-27 所示,以一个自定义的执行器为例:"传感名称"为"风扇","标识名"为"Fan","传输类型"为"上报和下发","数据类型"为"枚举型","操作类型"为"开关型"。

添加成功后,"执行器"栏中出现新添加的风扇执行器及其对应参数,如图 5-28 所示。

同传感器类似,执行器一天可能会执行很多次命令。如果想查看执行器的历史数据,可以依次单击 NLECloud 物联网云平台右上方菜单栏中的"设备管理"→"历史命令数据",进入"历史命令数据"页面,可以通过设置开始时间和结束时间,并筛选状态来快速查询满足相应条件的执行器的历史命令数据,如图 5-29 所示。

三、逻辑控制

所谓逻辑控制,是指当环境在特定的时间满足特定的条件时,执行器会自动执行特定的动作,实现智能化控制。按照项目案例的要求编辑策略,就可以构建自定义的某种控制策略,该策略规定当传感器采集数值满足特定的条件时,相应的执行器将执行特定动作,从而构成策略管理。"策略管理"页面如图 5-30 所示。

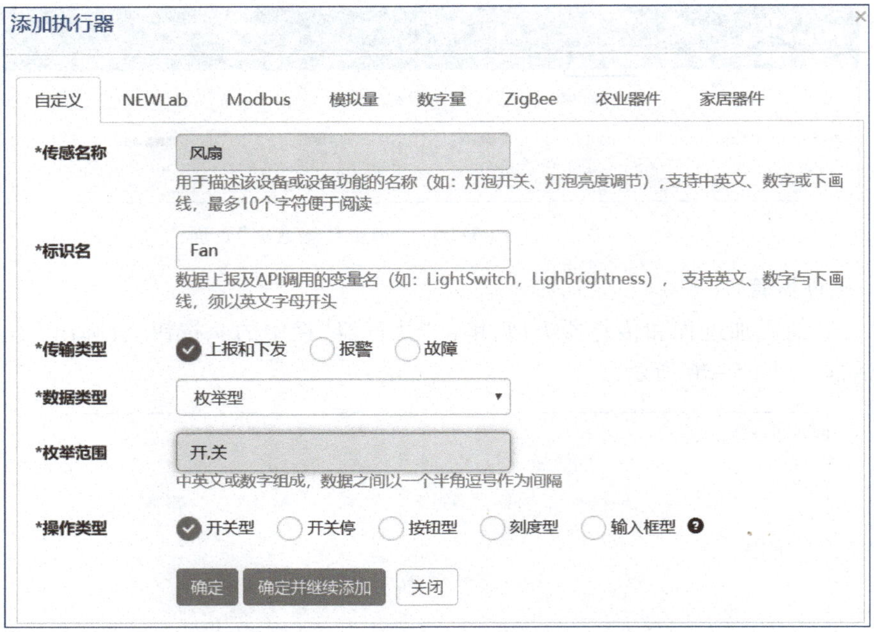

图 5-27 添加自定义的执行器

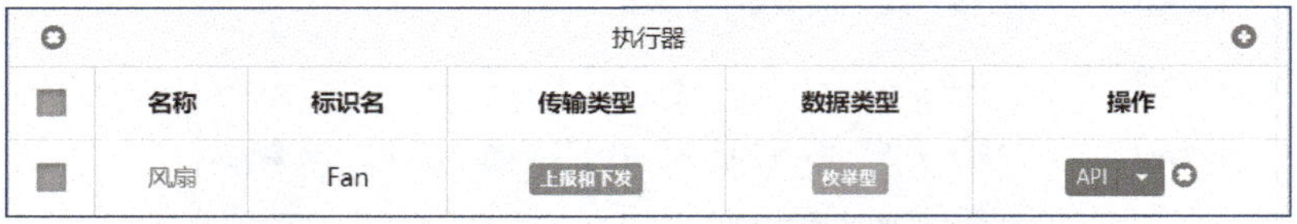

图 5-28 风扇执行器添加成功

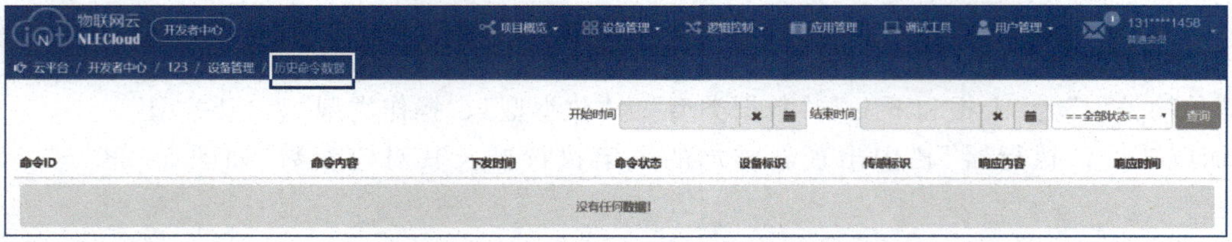

图 5-29 “历史命令数据”页面

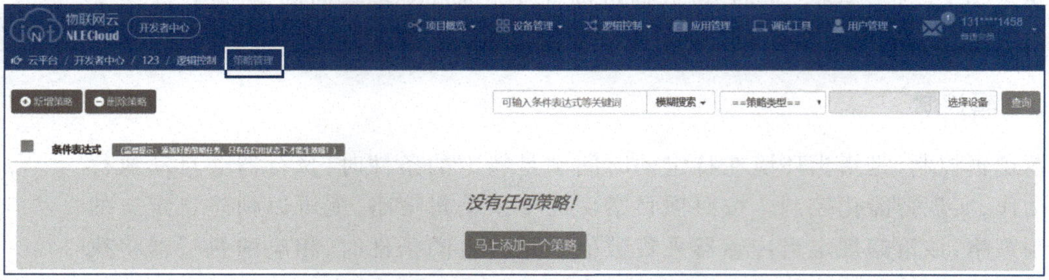

图 5-30 “策略管理”页面

（1）新增策略：在图 5-30 所示页面中单击"新增策略"按钮，进入"新增策略"页面，如图 5-31 所示。在页面中选择设备，将"策略类型"设置为"设备控制"，添加条件表达式（可以添加多个）及策略动作，并设置"定时执行"参数，单击"确定"按钮，即可新增策略。按照所添加策略的参数设置，当所选择的传感器设备满足相应的条件表达式时，执行器会执行相应的动作。注意，"定时执行"若精确到分钟，则在该分钟内都会触发策略监控；若精确到天，则在该天内都会触发策略监控。新增策略后，就会生成策略信息记录，如图 5-32 所示。

图 5-31　"新增策略"页面

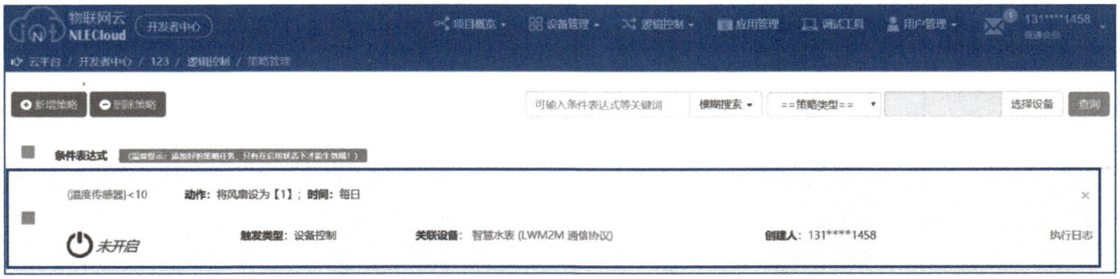

图 5-32　新增一条策略

（2）查看策略执行记录：策略启用后，只有当满足策略中设置的条件时，相应的执行器才会被开启。可以单击"逻辑控制"→"策略执行记录"，查看策略的执行记录。选中一条策略，单击最右侧的"执行日志"，可以看到该条策略的所有执行记录。

（3）策略查询：可以通过输入策略名称、选择策略类型或设备，来查询需要的策略信息。策略查询支持模糊搜索及精确搜索。

（4）策略编辑：选择已经存在的策略，单击策略名称，可以进入策略编辑页面。

（5）策略删除：在复选框选中要删除的策略，单击"删除策略"按钮，可以进行策略的删除操作。删除操作可以单条或批量进行。

四、应用管理

在"项目概览"页面右上方菜单栏中单击"应用管理"，进入"应用管理"页面，单击"新增应用"或"马上添加一个应用"，进入"新增应用"页面，选择所属项目，填写应用名称、应用标识，设置应用模板、分享设置、应用徽标等，单击"确定"按钮，即可创建应用，如图 5-33 和图 5-34 所示。

图 5-33　"新增应用"页面

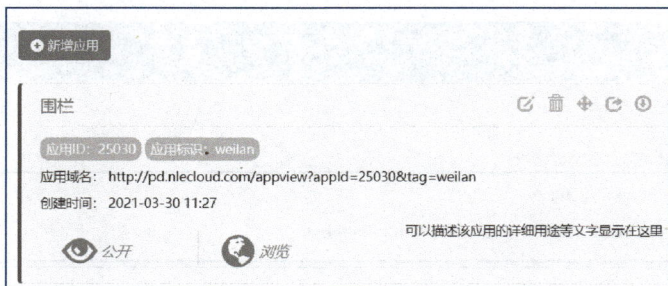

图 5-34　应用创建成功

新的应用创建成功后，可以直接发布该应用，发布后即可浏览。可以在项目的"应用管理"页面中单击对应应用的 ✥ 按钮进入云平台应用设计器，如图 5-35 和图 5-36 所示。

可以看到，云平台应用设计器左侧放置了三个开发选项，分别为模块、页面及 HTML，对应不同的操作面板，如图 5-37 所示。"模块"面板中包含了设备对应的传感

图 5-35　云平台应用设计按钮

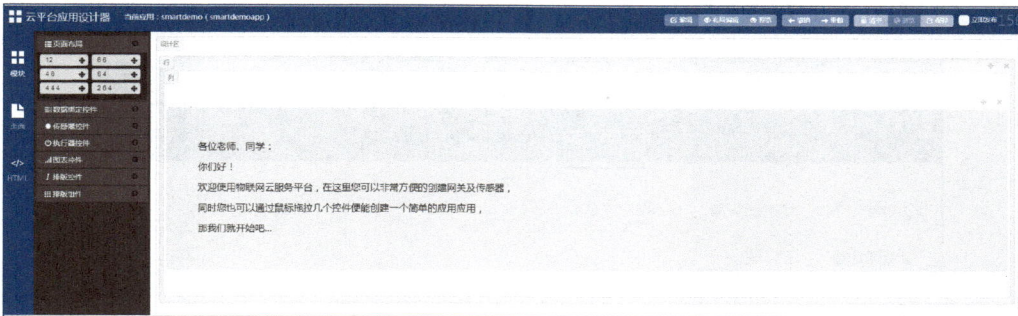

图 5-36　云平台应用设计器

(a)"模块"面板　　　　(b)"页面"面板　　　　(c)"HTML"面板

图 5-37　云平台应用设计器开发操作面板

器、执行器,以及数据、排版、图表等控件元素。"页面"面板为设计器提供页面背景色和背景图的设置,以及可选的页面显示和对齐方式。"HTML"面板中会自动生成应用页面的 HTML 代码,为开发人员提供快速构建应用的途径。

云平台应用设计器是 NLECloud 物联网云平台中帮助用户快速开发应用的工具,用于实现设备数据可视化,不属于系统仿真的核心内容,本书不做深入讲解,感兴趣的读者可以查阅相关操作说明文档了解有关元素面板、控件编辑以及工具栏的使用细节,并动手实验以探索如何使用云平台应用设计器进行应用设计。

五、调试工具

在"项目概览"页面右上方菜单栏中单击"调试工具",进入"调试工具"页面,如图 5-38 所示。

图 5-38　"调试工具"页面

对于从事服务器开发及网页开发的人员来说,常需要进行 API 调用、数据模拟器使用,以及 Lua 调试,这时就会用到"调试工具"页面。有兴趣的读者可参考 NLECloud 物联网平台中的应用开发文档或通过平台客服联系获取相关开发资料以进一步了解和学习。应用开发 SDK 及 API 相关资源如图 5-39 所示。

应用开发SDK				
类别	语言	版本	最后更新时间	下载地址
API SDK	Javascript	v1.2	2018.9.20	下载地址1 下载地址2
	PHP	v1.2	2018.9.20	下载地址1 下载地址2
	Android	v1.3	2019.6.17	下载地址1 下载地址2
	C#	v1.4	2019.6.17	下载地址1 下载地址2
	Java	v1.1	2018.9.21	下载地址1 下载地址2
DEMO	C#调用SDK DEMO	v1.4	2019.6.17	下载地址1 下载地址2
	Android用SDK DEMO	v1.3	2019.6.17	下载地址1 下载地址2

应用开发API

文档名称	文档格式	版本	最后更新时间	下载地址
应用开发API接口文档	docx	v1.0	2020.10.15	下载地址

图 5-39　应用开发 SDK 及 API 相关资源

工程师提示

API 调用、数据模拟器、Lua

API 调用是企业软件开发里常见的方法。例如，A 工程师很早就设计好了一个"秒表计时器"，现在 B 工程师想设计一个大型的"比赛计时系统"，为了节省开发时间，B 工程师在秒表计时功能设计上直接调用 A 工程师的方案，将 A 工程师设计的"秒表计时器"的代码模块直接引入自己的工程，并且 B 工程师只需要使用 A 工程师提供的"开始计时""计时时长""计时结束""多人计时"等方法接口即可，而不需要去重新设计这些方法的深层次逻辑，从而节省了 B 工程师的开发时间。同理，B 工程师的系统还会去调用其他工程师已设计好的功能模块 API。

数据模拟器的功能主要是通过虚拟设备模拟真实设备上报传感数据的行为，当工程师的手头暂时没有真实设备时，可以借助数据模拟器来模拟真实设备，以提前验证逻辑是否正确。

Lua 是一种轻量小巧的脚本语言，用标准 C 语言编写并以源代码形式开放，将其嵌入应用程序中，可以为应用程序提供灵活的扩展和定制功能。

5.3　案例实操：简易智能换气扇系统

本节基于一个简易智能换气扇系统的项目来讲解在 NLECloud 物联网云平台创建和实施项目的实操步骤，以帮助读者掌握 NLECloud 物联网云平台的操作使用方法。

5.3.1　项目背景

二氧化碳是一种温室气体，当二氧化碳的浓度达到 0.1%（1 000 PPM，对于气体，PPM 一般指体积浓度，即一百万体积的空气中所含污染物的体积数）时，人们会感到沉闷、心悸，注意力开始不集中。国家标准 GB/T 18883—2022《室内空气质量标准》规定，室内二氧化碳浓度需小于标准值 0.1%。现代家庭中，可安装空气循环系统，通过智能检测方法监控二氧化碳浓度:若二氧化碳浓度超过预设的阈值,则自动打开换气扇,使得空气流通,同时还可以在云平台上看到实时采集的二氧化碳浓度信息和换气扇开关信息。这里,我们将实现这样功能的系统命名为"智能换气扇"。

5.3.2　系统搭建

图 5-40 所示为用实训仿真系统搭建的简易智能换气扇系统。为聚焦于掌握 NLECloud 物联网云平台操作的学习目的,这里暂不对该系统感知层与传输层的搭建过程做介绍,在后续章节中会通过案例详细介绍相关内容。

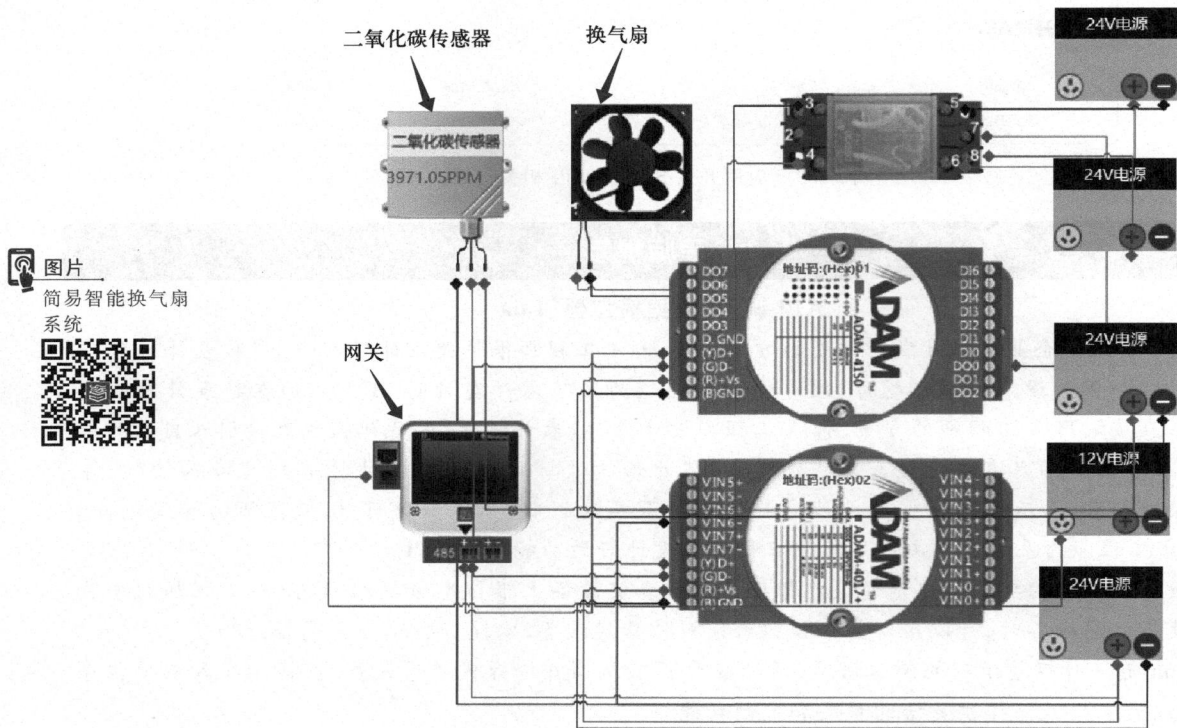

图 5-40　简易智能换气扇系统

在这个简易智能换气扇系统中,有三个核心设备:二氧化碳传感器、换气扇、网关。

(1)二氧化碳传感器。这里的二氧化碳传感器是一个虚拟设备。为模拟真实环境中收集模拟量的二氧化碳传感器,可提前在实训仿真系统中将其采集值参数设置为在某个随机范围内随机变化的数值,这意味着采集值是后台随机生成的数,如图 5-41 所示。从图中看到,该二氧化碳传感器的值被设置为在 0.00 ~ 5 000.00 PPM 之间随机变化的值,每隔 1 s 变化一次。

(2)换气扇。换气扇是由继电器供电、控制器控制的虚拟电动机,仅有开、关两种状态。

(3)网关。网关是联系传感器设备和云平台的桥梁。无论是传感器数据上报云平台,还是云平台控制换气扇,都通过网关这个中间节点实现。在本项目中,在实训仿真系统中配置网关时，要重点留意网关的序列号，这是接下来进行云平台配置时至关重要的一步。如图 5-42 所示，这里配置的网关序列号为 P9202103311，该序列号对不同的项目来说要具有唯一性，不能重复，如有重复，后面在进行云平台配置时会提示序列号已存在。

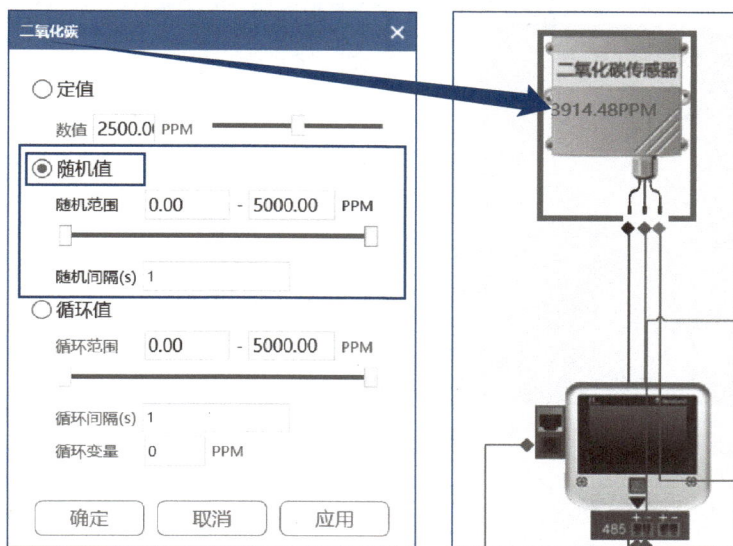

图 5-41　实训仿真系统中二氧化碳传感器的配置

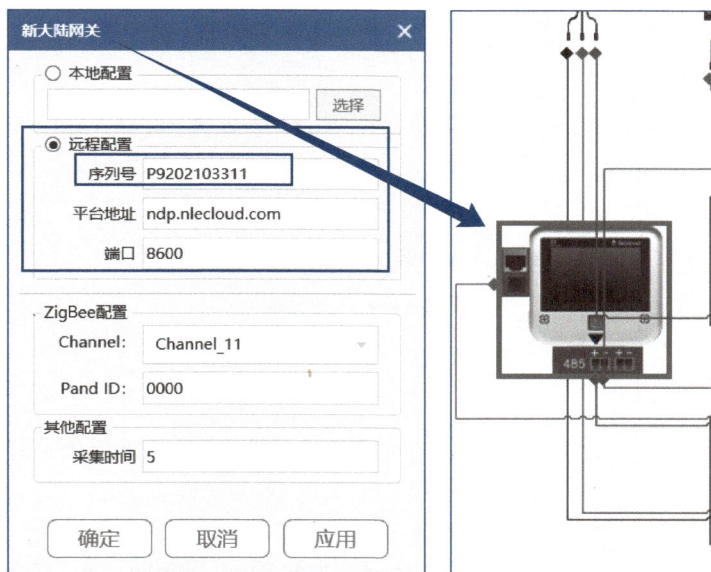

图 5-42　实训仿真系统中网关配置

5.3.3　登入云平台

（1）登录。通过浏览器进入 NLECloud 物联网云平台，单击右上角的"登录"进入登录页面,如图 5-43 所示。

（2）注册。单击右上角的"新用户注册"进入注册页面,选择"学校用户注册"或者"个人注册"皆可,如图 5-44 所示。

图 5-43   登录页面

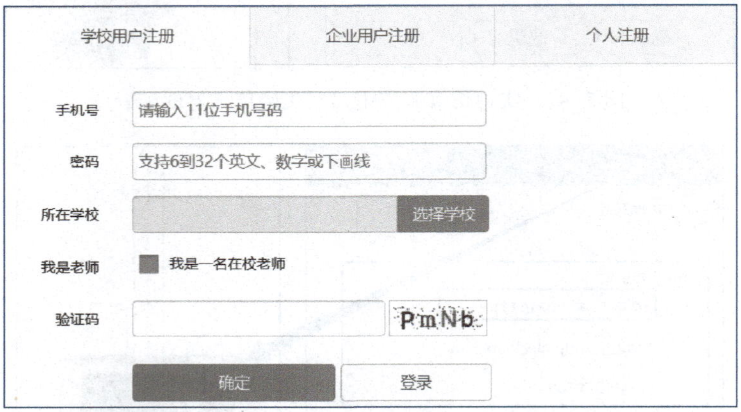

图 5-44   注册页面

5.3.4   新建项目

创建好账号后,登录进入"开发者中心"页面,可以观察到页面中还没有任何项目,如图 5-45 所示。

单击"新增项目"按钮来创建"智能家居产品"项目。如图 5-46 所示,输入"项目名称"为"智能家居产品","行业类别"选择"智能家居","联网方案"选择"WIFI","项目简介"可以不填写,设置完成后单击"确定"按钮。

进入"添加设备"页面,输入"设备名称"为"智能换气扇","通信协议"选择"TCP","设备标识"设置为之前配置网关时的序列号"P9202103311","数据保密性"和"数据上报状态"下的复选框均选中,单击"确定添加设备"按钮,如图 5-47 所示。之后在"设备管理"页面就会出现名为"智能换气扇"的设备,如图 5-48 所示。注意,

图 5-45 "开发者中心"页面

图 5-46 添加"智能家居产品"项目

图 5-47 添加设备

图 5-48   新增的设备

在前述实训仿真系统中搭建简易智能换气扇系统时,是无法识别为网关设置的序列号是否已被登记的。但是,在 NLECloud 物联网云平台中添加设备并填写设备标识时,如果该序列号已经被登记,平台会以红色字样提示:"此设备标识已被登记,请更换后再尝试!"

5.3.5   配置设备

单击设备名称"智能换气扇",进入"设备传感器"页面,如图 5-49 所示。

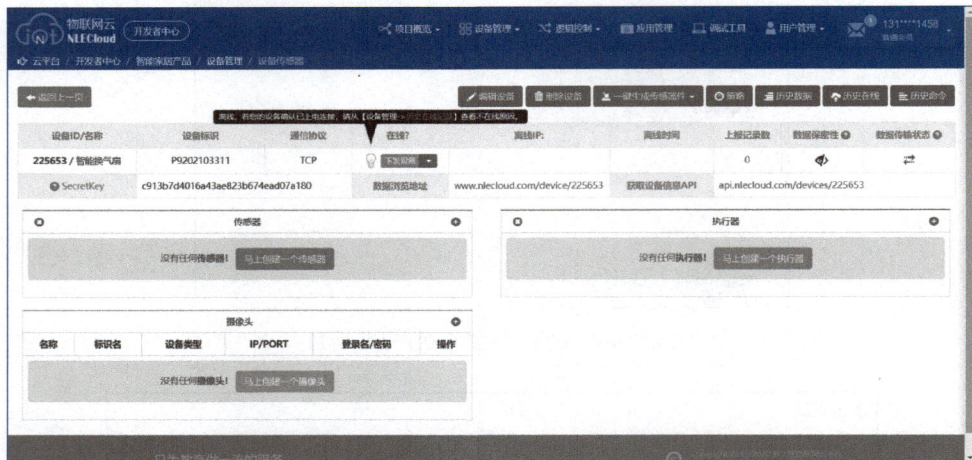

图 5-49   "设备传感器"页面

观察到页面中还没有任何传感器和执行器,此时需要添加 5.3.2 节中提到的二氧化碳传感器和换气扇。

首先添加传感器。单击"马上创建一个传感器"按钮,进入"添加传感器"页面,切换到"模拟量"选项卡,"传感类型"选择"二氧化碳 ppm","设置"传感名称"为"二氧化碳传感器",单击"随机生成"按钮直接生成标识名,"可选通道号"选择"VIN6"(在图 5-40 中,二氧化碳传感器的信号线连接到了采集器的 VIN6 端子),如图 5-50 所示。设置完成后单击"确定"按钮,可以观察到二氧化碳传感器添加成功,如图 5-51 所示。

然后添加执行器。单击"马上创建一个执行器"按钮,进入"添加执行器"页面,切换到"数字量"选项卡,设置"传感名称"为"换气扇","可选通道号"选择"DO0"(在本案例的实训仿真系统中,控制节点的 DO0 是控制换气扇的端子,参见图 5-40),如图 5-52 所示。设置完成后单击"确定"按钮,可以观察到换气扇添加成功,如图 5-53 所示。

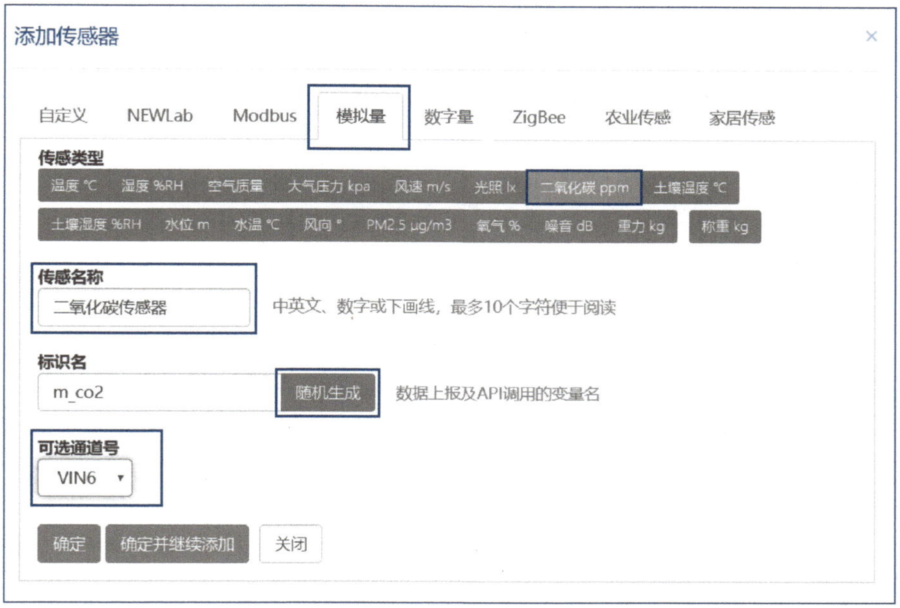

图 5-50　添加传感器

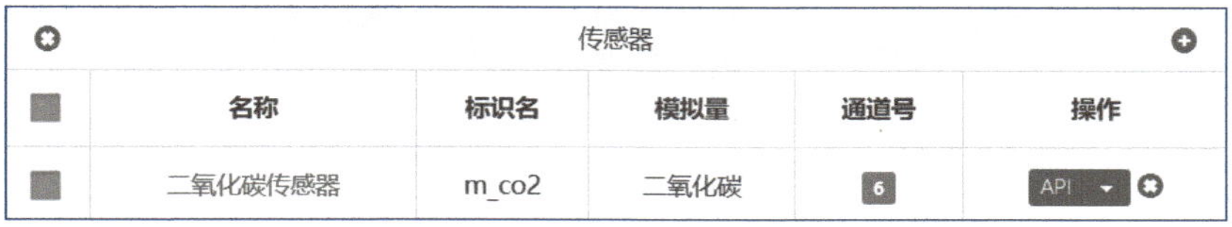

	名称	标识名	模拟量	通道号	操作
	二氧化碳传感器	m_co2	二氧化碳	6	API

图 5-51　二氧化碳传感器添加成功

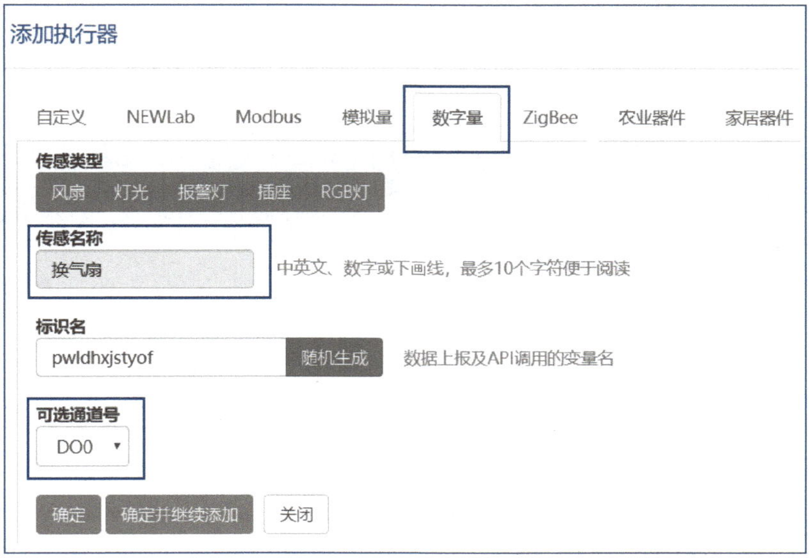

图 5-52　添加执行器

执行器				
名称	标识名	通道号	数字量	操作
换气扇	pwldhxjstyof	0	布尔型	API

图 5-53　换气扇添加成功

5.3.6　效果演示

传感器和执行器添加完毕后,开启实训仿真系统中的模拟实验功能,如图 5-54 所示。

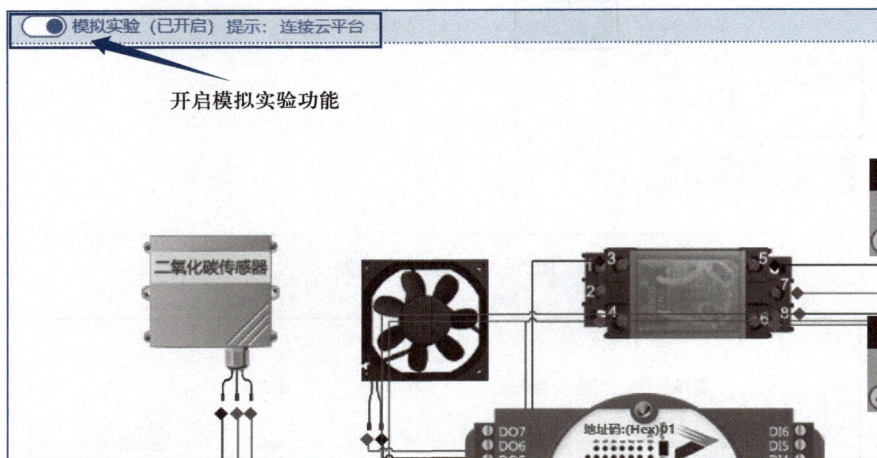

图 5-54　开启模拟实验功能

单击"设备传感器"页面中的"下发设备"按钮,这个操作意味着将云平台设置信息与实训仿真系统中的设备进行信息同步,单击"下发设备"右侧的■按钮,并单击弹出的"实时数据关"滑动开关,直到显示"实时数据开",如图 5-55 所示。

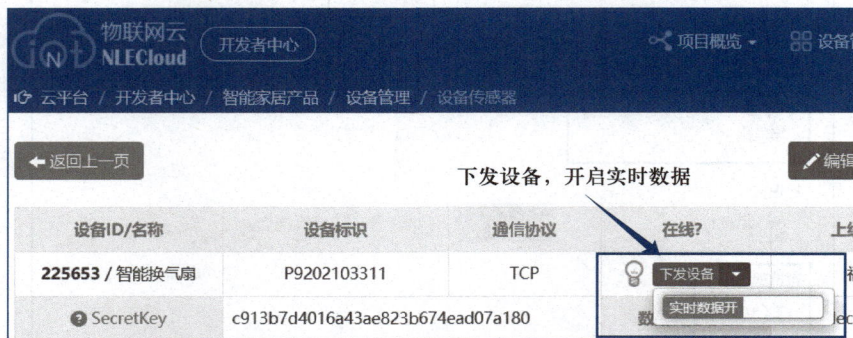

图 5-55　开启实时数据

打开实时数据后可以观察到,传感器和执行器旁边都出现了提示框,框内显示的是设备的在线时长,如图 5-56 所示。

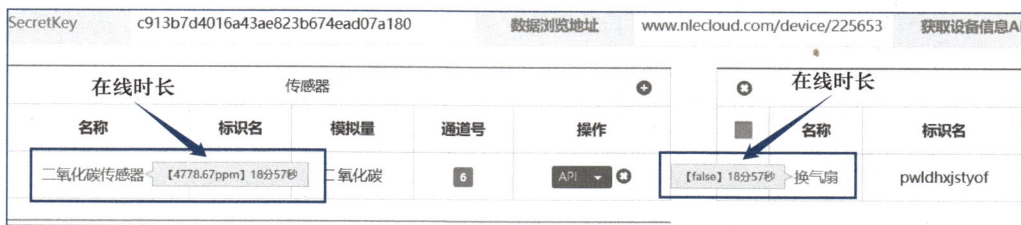

图 5-56　提示设备在线时长

进入“历史传感数据”页面,可以看到二氧化碳传感器显示的数据在不断变化,即来自实训仿真系统的二氧化碳传感器在不断检测,这里的数据其实就是实训仿真系统中的二氧化碳传感器生成的随机数,如图 5-57 所示。

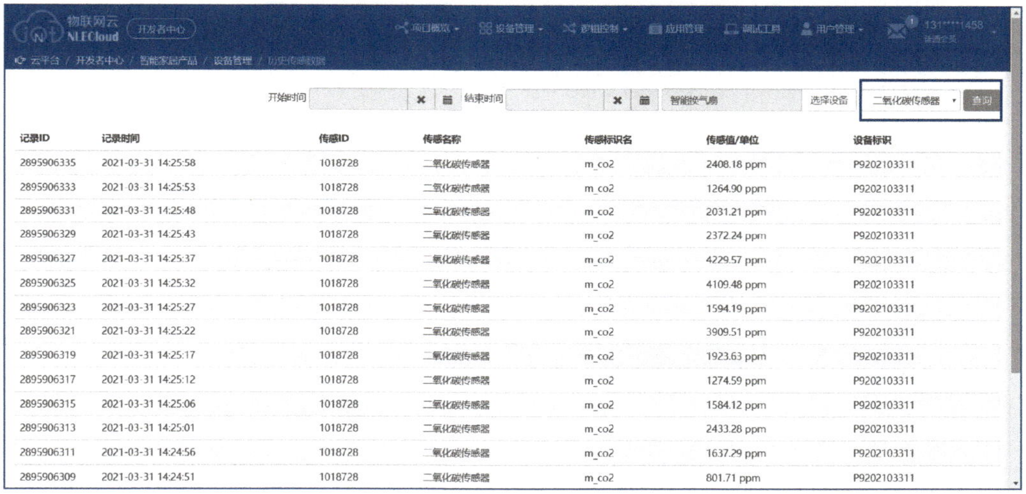

记录ID	记录时间	传感ID	传感名称	传感标识名	传感值/单位	设备标识
2895906335	2021-03-31 14:25:58	1018728	二氧化碳传感器	m_co2	2408.18 ppm	P9202103311
2895906333	2021-03-31 14:25:53	1018728	二氧化碳传感器	m_co2	1264.90 ppm	P9202103311
2895906331	2021-03-31 14:25:48	1018728	二氧化碳传感器	m_co2	2031.21 ppm	P9202103311
2895906329	2021-03-31 14:25:43	1018728	二氧化碳传感器	m_co2	2372.24 ppm	P9202103311
2895906327	2021-03-31 14:25:37	1018728	二氧化碳传感器	m_co2	4229.57 ppm	P9202103311
2895906325	2021-03-31 14:25:32	1018728	二氧化碳传感器	m_co2	4109.48 ppm	P9202103311
2895906323	2021-03-31 14:25:27	1018728	二氧化碳传感器	m_co2	1594.19 ppm	P9202103311
2895906321	2021-03-31 14:25:22	1018728	二氧化碳传感器	m_co2	3909.51 ppm	P9202103311
2895906319	2021-03-31 14:25:17	1018728	二氧化碳传感器	m_co2	1923.63 ppm	P9202103311
2895906317	2021-03-31 14:25:12	1018728	二氧化碳传感器	m_co2	1274.59 ppm	P9202103311
2895906315	2021-03-31 14:25:06	1018728	二氧化碳传感器	m_co2	1584.12 ppm	P9202103311
2895906313	2021-03-31 14:25:01	1018728	二氧化碳传感器	m_co2	2433.28 ppm	P9202103311
2895906311	2021-03-31 14:24:56	1018728	二氧化碳传感器	m_co2	1637.29 ppm	P9202103311
2895906309	2021-03-31 14:24:51	1018728	二氧化碳传感器	m_co2	801.71 ppm	P9202103311

图 5-57　查看历史传感数据

返回“设备传感器”页面,在执行器“换气扇”一栏的最右侧可以看到一个开关选项,单击“关”,按钮会变成“开”,代表换气扇开启,此时打开实训仿真系统,就会观察到换气扇被打开,开始转动了,如图 5-58 所示。

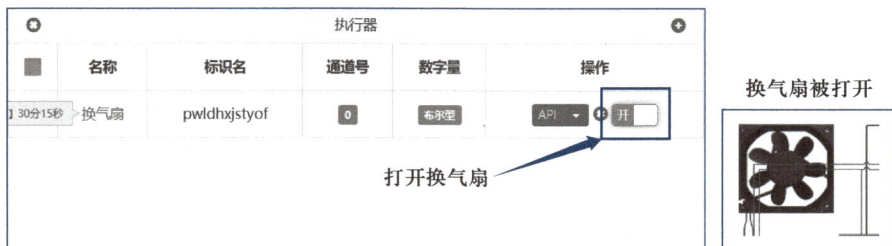

图 5-58　打开换气扇

至此,已经实现了基于 NLECloud 物联网云平台的二氧化碳传感器数据采集以及对换气扇的控制。

接下来,可以利用 NLECloud 物联网云平台的策略控制功能,远程控制换气扇根据二氧化碳浓度的变化情况自动开关。具体的做法是：建立新的策略，设置二氧化碳的浓度阈值，在超过该阈值时触发换气扇开启，达到智能换气的效果。

新增一条打开换气扇的策略，填写策略信息。如图 5-59 所示，在"新增策略"页面中，设置"选择设备"为"智能换气扇"，"策略类型"为"设备控制"，"条件表达式"为"{二氧化碳传感器}>1 000"（单位为 PPM），"策略动作"为"换气扇打开，延时 1 s"（延时也可以设置为其他时长，如 5 s、60 s 皆可）。

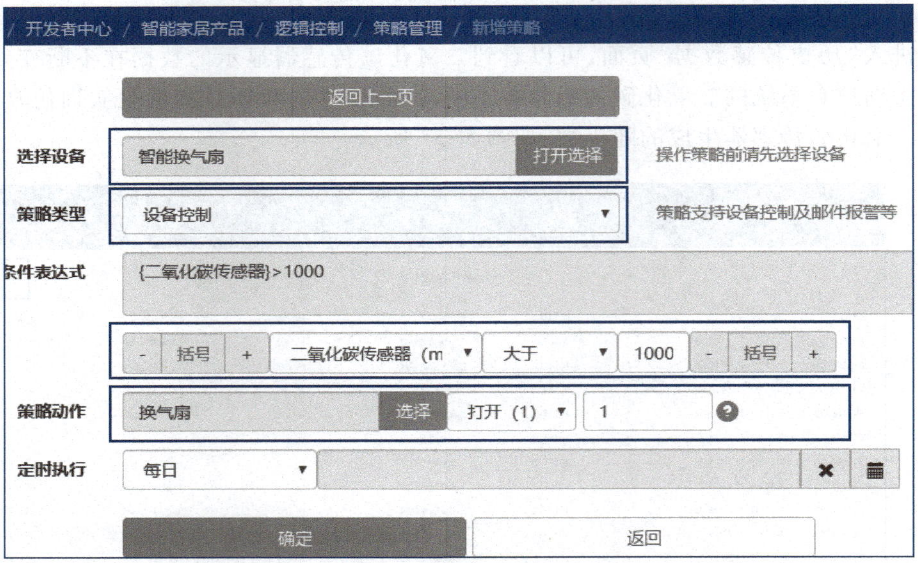

图 5-59　新增策略——打开换气扇

务必注意，当新增了打开换气扇的策略之后，也要相应新增关闭换气扇的策略，不然换气扇就会永远处于开启状态。如图 5-60 所示，关闭换气扇策略的"条件表达式"为"{二氧化碳传感器}<=1 000"，"策略动作"为"换气扇关闭"。

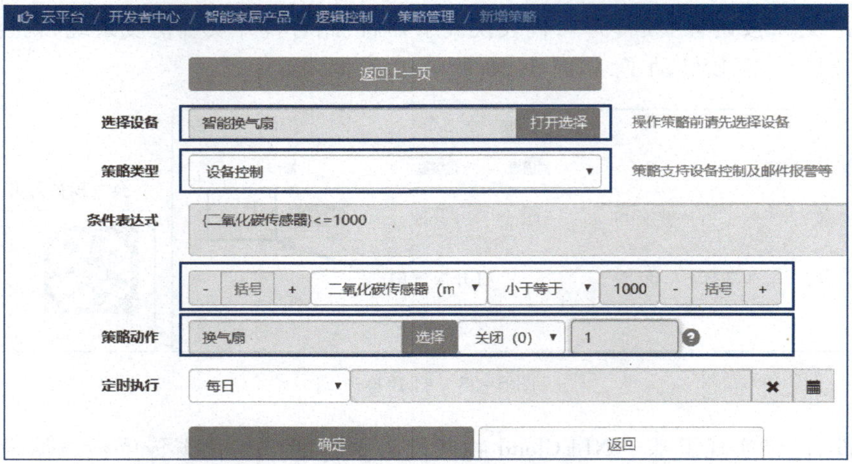

图 5-60　新增策略——关闭换气扇

生成上述两条策略后,启用策略,如图 5-61 所示。

经过一段时间之后,打开"策略执行记录"页面,可以观察到策略执行的详细信息,如图 5-62 所示。策略执行记录显示,每当二氧化碳浓度大于 1 000 PPM 时,换气扇打开;当二氧化碳浓度小于或等于 1 000 PPM 时,换气扇关闭。

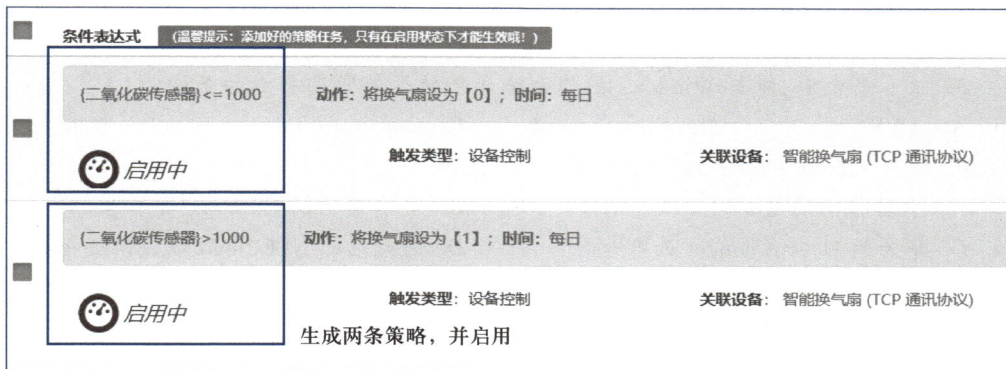

图 5-61　生成并启用策略

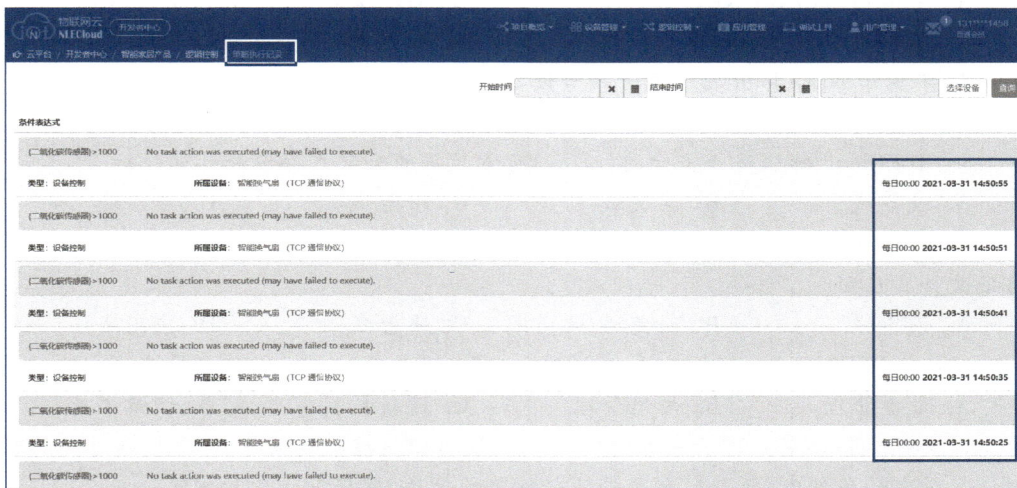

图 5-62　查看策略执行记录

有关 NLECloud 物联网云平台的更多操作和扩展,在后续章节还会进行案例实操与相应讲解。凭借实训仿真系统与 NLECloud 物联网云平台的协同工作,读者可以灵活设计和构建不同的物联网系统,实施物联网系统仿真实验,验证自己的设计,并更深入地理解物联网的概念、架构和技术。

资料下载
第 5 章仿真工程文件

习　题

一、单项选择题

1. 各云平台提供的基础功能侧重点有所不同:有的侧重(　　)硬件设备与云平台之间的接入能力,注重设备接入的稳定性和可靠性;有的侧重(　　)数据的分析与处理,注重数据挖掘与智能控制技术的应用。

A. 感知层、网络层

B. 感知层、应用层

C. 感知层、传输层

D. 网络层、应用层

2. 中国移动的 OneNET 云平台定位为(　　　)。

A. PaaS(平台即服务)

B. IaaS(基础设施即服务)

C. SaaS(软件即服务)

D. 以上都不是

3. 以下平台中,能与 Windows 操作系统和微软软件紧密集成的是(　　　)。

A. AWS　　　　　　 B. Azure　　　　　　 C. Google Cloud　　　 D. 以上都不是

4. 使用 LiteOS 操作系统的平台是(　　　)。

A. 中国移动的 OneNET 云平台　　　　 B. 中国电信的 CTWing 云平台

C. 华为的 OceanConnect 云平台　　　　 D. 新大陆的 NLECloud 物联网云平台

5. 在以下知名物联网云平台中,(　　　)更专注于大数据、数据分析和机器学习等复杂计算的产品和服务,更加强调为开发者提供便于应用开发的开源服务。

A. AWS　　　　　　 B. Azure　　　　　　 C. Google Cloud　　　 D. NLECloud

6. (　　　)也是针对物联网教育和科研的开放的物联网云服务教学平台。

A. 中国移动的 OneNET 云平台　　　　 B. 新大陆的 NLECloud 物联网云平台

C. 华为的 OceanConnect 云平台　　　　 D. 中国电信的 CTWing 云平台

7. 不属于 NLECloud 物联网云平台设备域范畴的是(　　　)。

A. 智能网关　　　　 B. 传感器　　　　　 C. RFID　　　　　　 D. 摄像头

8. NLECloud 物联网云平台的(　　　)负责数据的分布式存储和计算分析。

A. 设备域　　　　　 B. 网关域　　　　　 C. 平台域　　　　　 D. 应用域

9. NLECloud 物联网云平台的(　　　)负责在线发布浏览应用,支持通过 API、SDK自定义开发应用。

A. 设备域　　　　　 B. 网关域　　　　　 C. 平台域　　　　　 D. 应用域

10. 在 NLECloud 物联网云平台上添加设备,可以在(　　　)功能模块完成。

A. 设备管理　　　　 B. 应用管理　　　　 C. 逻辑控制　　　　 D. 调试工具

11. NLECloud 物联网云平台的(　　　)模块可以实现控制策略:当环境在特定的时间满足特定的条件时,执行器会自动执行特定的动作,实现智能化控制。

A. 设备管理　　　　 B. 应用管理　　　　 C. 逻辑控制　　　　 D. 调试工具

12. 在 NLECloud 物联网云平台上对温度传感器进行设备配置时,数据类型通常设为(　　　)。

A. 整数型　　　　　 B. 浮点型　　　　　 C. 日期型　　　　　 D. 指数型

13. 在简易智能换气扇系统的案例实操中,在 NLECloud 物联网云平台上添加二氧化碳传感器时,传感器类型应选(　　　)。

A. 数字量　　　　　 B. 模拟量　　　　　 C. Modbus　　　　　 D. 家居器件

14. 在简易智能换气扇系统的案例实操中,在 NLECloud 物联网云平台上添加换气扇时,执行器类型应选(　　　)。

A. 数字量　　　　　 B. 模拟量　　　　　 C. Modbus　　　　　 D. 家居器件

二、多项选择题

1. 本章搭建的简易智能换气扇系统的核心设备包括(　　)。

A. 二氧化碳传感器　　B. 换气扇　　　　　C. 温湿度传感器　　D. 网关

2. 以下属于国外知名物联网云平台的是(　　)。

A. AWS　　　　　　　B. Azure　　　　　　C. Google Cloud　　D. NLECloud

3. 以下有关 Azure 平台的表述中,正确的是(　　)。

A. 支持数据的实时保护,确保数据的安全性

B. 需要在联机状态下方可保障可靠运行

C. 为开发者提供构建应用的数据服务及人工智能服务

D. 支持较大规模部署

4. 亚马逊的 AWS 平台的优势包括(　　)。

A. 庞大且不断增长的可用服务

B. 能支持全球数据中心的广泛网络

C. 丰富的企业级云服务运营经验

D. 大规模用户和资源管理的能力

三、判断题

1. 物联网云平台能把人们平时所见到的物品都连接上互联网,使人和物、物和物可以通过网络来进行数据互通与交流。　　　　　　　　　　　　　　(　　)

2. 有了物联网云平台,用户及运维管理人员可以通过手机、平板计算机、PC 等信息终端,实时掌握传感设备数据,及时获取报警、预警信息。　　　　　　(　　)

3. 在智能水电气表的应用场景中,设备传输给平台的数据量较大,单日传输频次高,传输速率高达百兆比特每秒。　　　　　　　　　　　　　　　　　(　　)

4. 微软的 Azure 支持.Net 代码的迁移,所有现有的.Net 代码都可以在 Azure 上运行,Azure 也可以支持 Linux、DevOps 或裸机。　　　　　　　　　　　(　　)

5. NLECloud 物联网云平台网关域负责在线发布浏览应用,支持通过 API、SDK 自定义开发应用。　　　　　　　　　　　　　　　　　　　　　　　(　　)

6. NLECloud 物联网云平台设备域包括智能网关、传感器、执行器、RFID、摄像头、LED 等物联网设备硬件。　　　　　　　　　　　　　　　　　　　(　　)

7. 配置网关序列号时,对于不同的项目,序列号可以重复。　　　　　(　　)

8. 在 NLECloud 物联网云平台上添加传感器或执行器时,"可选通道号"可以任意设定,只要彼此的通道号不冲突、不重复即可。　　　　　　　　　　　(　　)

9. 若要将 NLECloud 物联网云平台的设置信息与实训仿真系统中的设备进行同步,无须将"实时数据关"滑动开关设置为"实时数据开"。　　　　　　(　　)

10. 在简易智能换气扇系统的案例实操中,通过在 NLECloud 物联网云平台中设置开启换气扇策略,可以控制换气扇的开启和关闭。　　　　　　　　　(　　)

11. API 调用及 SDK 开发属于物联网专业专有的技术基础。　　　(　　)

12. 阿里云物联网平台为设备提供安全可靠的连接通信能力,向下连接海量设备,支撑设备数据采集上云。　　　　　　　　　　　　　　　　　　　(　　)

13. 和传统互联网平台有所不同,由设备收集并传输至物联网云平台的数据量多

少随应用场景不同差别很大。　　　　　　　　　　　　　　　　　　（　　）

14. 在云平台侧创建新项目后，可直接添加传感器及执行器。　　　　（　　）

四、填空题

1. NLECloud 物联网云平台使用_____及_____双重方式来处理各个模块之间的数据传输。

2. 在 NLECloud 物联网云平台上，每个项目包含五大功能模块，分别为：项目概览、_____、_____、应用管理、调试工具。

3. 所谓_____，是指当环境在特定的时间满足特定的条件时，执行器会自动执行特定的动作，实现智能化控制。

4. 如果要将传感器设备采集的数据上传至云平台，需要一个中间设备_____作为桥梁。

5. 当工程师的手头暂时还没有真实的设备时，就可以借助_____来模拟真实设备，以提前验证逻辑是否正确。

6. NLECloud 物联网云平台的平台域支持用户以_____组态式快速创建跨平台应用。

7. 手机、平板计算机、PC 在线发布浏览应用属于 NLECloud 物联网云平台_____域的范畴。

五、简答题

1. 微软公司的 Azure 云平台提供哪三方面的服务？

2. NLECloud 物联网云平台的主体结构主要包含哪些部分？每一部分的作用是什么？

3. NLECloud 物联网云平台的逻辑控制模块主要包含哪些策略管理功能？

第**6**章

智慧图书馆温控系统

☑ **知识目标**
- 理解智慧图书馆温控系统的功能和系统拓扑图
- 理解模拟量采集器 ADAM‑4017＋、数字量采集控制器 ADAM‑4150 的数据采集及设备控制功能
- 理解继电器、温湿度传感器（485 型）、温湿度传感器（模拟量型）的功能

☑ **能力目标**
- 能够分析智慧图书馆温控系统的功能和拓扑
- 能够完成智慧图书馆温控系统的构建与仿真
- 能够在物联网系统中使用模拟量采集器 ADAM‑4017＋和数字量采集控制器 ADAM‑4150
- 能够在物联网系统中使用温湿度传感器（485 型）、温湿度传感器（模拟量型）、继电器及多种负载
- 能够使用配套虚拟串口工具（上位机软件）采集与控制智慧图书馆温控系统设备

☑ **素养目标**
- 培养从整体到局部、从概括到细节的认知习惯
- 培养积极思考与勤于实践并重的意识
- 培养独立学习与沟通协作的能力

6.1   智慧图书馆介绍

6.1.1   背景导入

氛围安静、富有藏书的图书馆是公众阅读与学习的理想场所。作为大型公共场所，图书馆的温度调节至关重要（见图6-1）。温度的适宜与否直接影响阅读体验，而且，纸质文献的保存对环境温湿度有一定要求，不合适的温度和湿度会对书籍（特别是古籍）造成损坏，使其出现发霉或返潮的现象，如图6-2所示。要实现环境温湿度的实时调节和控制，依赖人工实现是不现实的，智慧图书馆温控系统的引入势在必行，该系统可在为阅读群体带来舒适温湿度环境的同时，亦为图书馆书籍的存放提供适宜的藏储环境。

图6-1   图书馆夏日环境

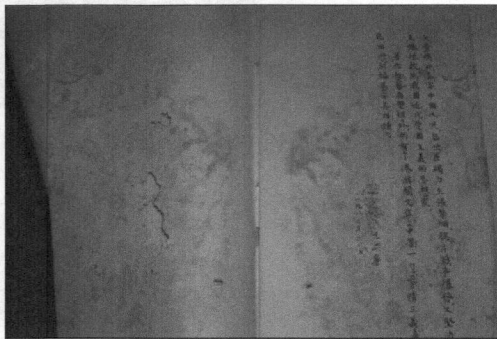

图6-2   藏书受损情况

6.1.2   概念导入

智慧图书馆是基于物联网基础设备的现实应用场景之一，也是物联网技术在公共设施中的最好体现方式之一，在高校和一些大中型公共场所已经得到实际应用。智慧图书馆以物联网应用中的数据采集、智能控制为主，利用传感、网络与通信等多种技术的协同，帮助用户摆脱场所限制，对图书馆的环境设备进行使用、监控、管理。

6.1.3   案例导入

智慧图书馆的"智慧"体现在很多方面：自动调节馆内温湿度，自动调节馆内光线强弱，自动借阅与归还书本等。本章所提出的智慧图书馆温控系统主要是从温湿度环境控制的角度展示新型图书馆的"智慧"所在。该系统利用温湿度传感器进行数据采集，对图书馆室内温湿度进行监控，并通过虚拟串口工具进行相应调控，实现对图书馆温湿度的远程监测与控制。系统中，由在图书馆内外环境部署的温湿度传感器实时采集馆内外环境的温湿度信息，基于对所采集温湿度数据的分析，使用多种执行器设备有针对性地对馆内环境的温湿度状况进行调节。

依托智慧图书馆温控系统案例，读者可以了解图书馆温湿度调控系统的相关知识，了解物联网感知层设备的相关功能，熟悉系统的平面连线图以及在仿真中的搭建和验证，重点是掌握系统的硬件安装连线过程，能够运用上位机对系统感知层设备（室内外温湿度传感器)进行数据采集,并对馆内的各项环境参数进行实时协调。

6.2   任务分析

　　智慧图书馆温控系统利用温湿度传感器采集室内外的温度及湿度,并利用采集器将这些数据通过有线的方式传输到可以显示的串口界面。管理员通过串口界面获取温湿度数据,并按照一定的策略通过串口操控风扇(降温器、除湿器)、雾化器(加湿器)、LED 灯(加热灯)等执行器来调控环境的温湿度。

6.2.1   系统拓扑

　　智慧图书馆温控系统在室内外均布设温湿度传感器。室外温湿度传感器采集室外环境的温湿度,利用 485 型有线方式来传输数据。室内温湿度传感器采集图书馆内部的温湿度实时值,利用 TTL 电平来传输数据。当温度过低时,打开 LED 灯(加热灯)来升温,当温度过高时,打开风扇(降温器)来降温;当湿度过低时,打开雾化器(加湿器)来增加湿度,当湿度过高时,打开风扇(除湿器)来除湿。

工程师提示

　　本案例所使用的室外温湿度传感器和室内温湿度传感器的本质区别在于,室外温湿度传感器使用 RS-485 电平进行数据传输,而室内温湿度传感器使用 TTL 电平进行数据传输,两者在电平协议上存在细微区别。在企业级的嵌入式产品设计中,通过搭建一个简单的硬件电路即可实现这两种电平的转换。实训仿真系统中配备的温湿度传感器(485 型)在本案例中用于室外温湿度数据的感知,它能以 RS-485 电平的方式将数据传输到 485＝232 转换器,进而传送到串口服务器,但无法将数据发送至网关,这是因为该传感器的 485 数据线和网关的 485 数据线都要占用模拟量采集器ADAM-4017+的 485 数据端口,仿真工程会报连线错误。室内温湿度传感器由于使用 TTL 电平,其数据线引脚连接的是 ADAM-4017+的 VIN 端口,并不会占用 485 数据端口,所以该传感器既可以将数据传送到串口服务器,也可以将数据发送至网关。

　　智慧图书馆温控系统的运行流程如图 6-3 所示。

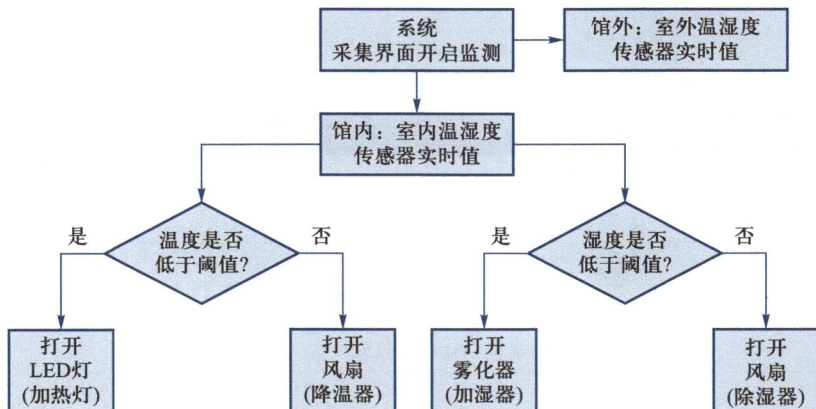

图 6-3　智慧图书馆温控系统运行流程

智慧图书馆温控系统拓扑如图 6-4 所示。

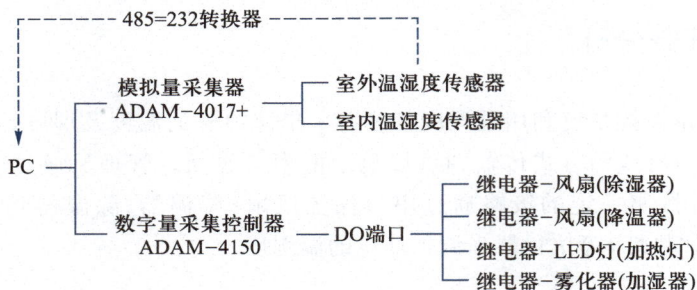

图 6-4 智慧图书馆温控系统拓扑

从系统拓扑中可以看出,室外温湿度传感器通过 485 转 232 设备(485＝232 转换器)将数据传输给 PC,室内温湿度传感器通过模拟量采集器 ADAM-4017+的 485 数据端口(D+/D-)将数据传输给 PC;数字量采集控制器 ADAM-4150 通过 DO 端口控制继电器,进而控制各个执行器。

工程师提示

在实际产品和系统的开发过程中,各个硬件的电气通信协议不尽相同,常需要使用桥接设备来连通不同的硬件。例如本案例中使用的 485＝232 转换器,可以连通支持 RS-485 与 RS-232 两种不同接口的硬件设备。PC 的数据端口是基于 RS-232 的电气端口,为 9 针孔插口。模拟量采集器 ADAM-4017+和数字量采集控制器 ADAM-4150 的数据端口都是基于 RS-485 的电气端口,所以在与 PC 进行数据通信时必须要有一个转换工具作为中继。485＝232 转换器的内部集成了一个 485 通信芯片和一个 232 通信芯片,通过电路设计,两种数据信号可以在两块芯片之间进行正常通信。类似的转换设备还有 USB 转串口设备、USB 转网口设备、HDMI 转 VGA 设备等,这些都是日常生活、产品开发、实验实操中常用的转换工具。

6.2.2 关键设备

智慧图书馆温控系统所需设备清单见表6-1。

表 6-1 智慧图书馆温控系统所需设备清单

序号	设备名称	数量
1	模拟量采集器 ADAM-4017+	1
2	温湿度传感器(模拟量型)	1
3	温湿度传感器(485 型)	1
4	485＝232 转换器	1
5	数字量采集控制器 ADAM-4150	1
6	继电器	4
7	风扇(降温器)	1

续表

序号	设备名称	数量
8	LED 灯（加热灯）	1
9	雾化器（加湿器）	1
10	风扇（除湿器）	1
11	PC（串口数据接收）	1
12	电源（1 个 12 V、2 个 24 V、1 个 220 V）	4

其中,温湿度传感器(模拟量型)和温湿度传感器(485 型)分别用于室内和室外。模拟量采集器 ADAM-4017+和数字量采集控制器 ADAM-4150 对各传感器和执行器的端口分配见表 6-2。

微课
智慧图书馆温控系统任务分析:模拟量采集器、数字量采集控制器

表 6-2　ADAM-4017+和 ADAM-4150 的端口分配

序号	传感器/执行器/转换器	供电电压	ADAM-4017+端口	ADAM-4150 端口
1	温湿度传感器(模拟量型)蓝线（温度 Temp）	DC 24 V	VIN2+	—
2	温湿度传感器(模拟量型)绿线（湿度 Humi）	DC 24 V	VIN1+	—
3	温湿度传感器（485 型）黄线（485-A）	DC 24 V	—	—
4	温湿度传感器（485 型）蓝线（485-B）	DC 24 V	—	—
5	风扇（降温器）	DC 24 V	—	DO0
6	LED 灯（加热灯）	DC 12 V	—	DO1
7	雾化器（加湿器）	DC 24 V	—	DO2
8	风扇（除湿器）	DC 24 V	—	DO3

1. 模拟量采集器 ADAM-4017+

模拟量采集器 ADAM-4017+（实物如图 6-5 所示）是一款 16 位 8 通道的模拟量输入模块,可通过编程修改输入通道的输入范围,输入通道用于采集 0 ~ 5 V 的电压信号和 4 ~ 20 mA 的电流信号。ADAM-4017+也称为模拟量采集模块,其主要原理是将电压和电流信号采集输入,然后通过 485 转 232 通信接口与 PC 相连接。通信协议采用工业通信标

图 6-5　模拟量采集器 ADAM-4017+实物

准的 Modbus RTU 协议,通信速率默认为 9 600 bit/s,也可以定制相应的波特率。在工业测量和监控应用领域,ADAM-4017+模块是比较经济的解决方案。

工程师提示

RS-485 是硬件层面的电气特性标准,规定了使用 485 方式传输信号时应该遵循的电气标准:使用双绞线(A 线、B 线),由两根线的电压差决定逻辑 0 与逻辑 1(电压差为 +2 ~ +6 V 表示逻辑 1,电压差为 -6 ~ -2 V 表示逻辑 0),485 线缆上须匹配一个 120 Ω 的电阻等。而 Modbus RTU 是 485 总线在软件层面的通信协议,这就好比人们沟通交流时使用的语言和语法一样,只有遵循特定的语法,通信双方才能懂得对方要表达的意思,Modbus RTU 就是用来解释 485 线缆上传输的逻辑 1 与逻辑 0 的语法。

拆开 ADAM-4017+固件,移除模块上盖,可以看到左右两侧 8 个黄色的跳线开关分别对应 8 个模拟量输入通道(见图 6-6)。JP0 ~ JP7 分别对应 ADAM-4017+的 0 ~ 7 通道,用于选择通道输入信号是电压还是电流。通道输入信号的类型不同,则跳线短接的方式不同。跳线默认位置是短接 2 和 3,对应电压输入。如果通道输入的是电流信号,则需要跳线短接 1 和 2。

图片
黄色跳线开关

(a) 黄色跳线开关   (b) 跳线分布

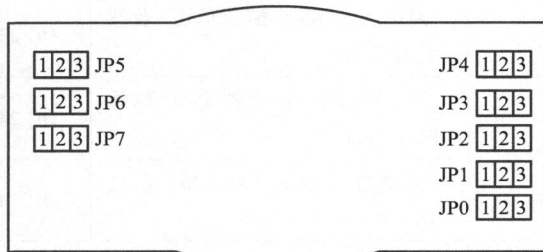

图 6-6   ADAM-4017+内部结构

拓展微课
ADAM-4150 模块安装与初始化

2. 数字量采集控制器 ADAM-4150

ADAM-4100 系列是通用传感器到计算机的便携式接口模块,该系列产品具有坚固的工业级 ABS 塑料外壳,内置微处理器可以独立提供智能信号调理、模拟量 I/O、数字量 I/O 和 LED 数据显示,专为恶劣环境下的可靠操作而设计。ADAM-4150 的外观及端口如图 6-7 所示,它是隶属于 ADAM-4100 系列的数字量采集控制器,支持 7 通道输入(DI0 ~ DI6)和 8 通道输出(DO0 ~ DO7),可以在恶劣环境下进行工作。ADAM-4150 的使用注意事项包括:电源正负极不能接反,+Vs、GND 端口连接到 24 V 直流电

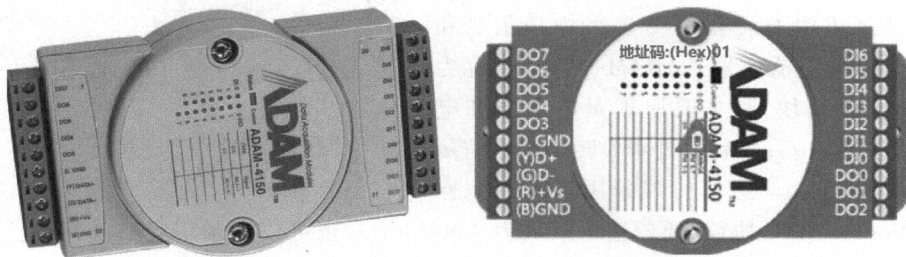

图 6-7   ADAM-4150 外观及端口

源处;(Y)D+、(G)D-端口分别连接 485＝232 转换器的 T/R＋、T/R-端口。

3. 继电器

继电器是一种电控制器件,当输入量(激励量)的变化达到规定要求时,继电器可以在电气输出电路中使被控量发生预定的阶跃变化。它使得控制系统(又称输入回路)和被控制系统(又称输出回路)之间可以进行互动。继电器通常应用于自动化的控制电路中,它实际上是用小电流控制大电流运作的一种"自动开关",在电路中起着自动调节、安全保护、转换电路等作用。图 6-8 所示为电磁式继电器的示意图,其端口对应引脚的关系如下:

微课
智慧图书馆温控系统任务分析:继电器、温湿度传感器

- 开关 COM 端:5、6。
- 开关常开端:3、4。
- 开关常闭端:1、2。
- 线圈正极端:7。
- 线圈负极端:8。

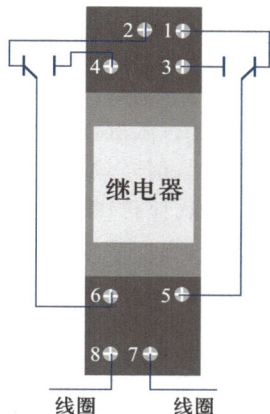

图 6-8　电磁式继电器示意图

4. 温湿度传感器(485 型)

温湿度传感器(485 型)采用高灵敏度的探头,信号稳定,精度高,实物如图 6-9 所示。传感器内,输入电源、感应探头、信号输出三部分完全隔离。该传感器具有测量范围宽、防水性能好、安装及使用方便、传输距离远等特点,包括经济型、带液晶显示屏型以及带外置探头型三种类型。经济型传感器适用于室内的平缓环境。带液晶显示屏型传感器也适用于室内的平缓环境,支持液晶大屏幕实时显示。带外置探头型传感器则室内、室外均可使用,外壳全防水(IPV68),可应用于各种恶劣环境。该传感器广泛适用于农业大棚、花卉培养等需要温湿度监测的场合。在本案例中,温湿度传感器(485 型)用于在室外收集温湿度数据,其技术参数见表 6-3。

拓展微课
温湿度传感器(485型)安装与配置

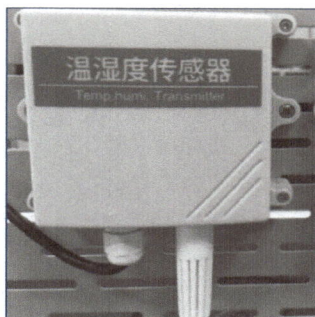

图 6-9　温湿度传感器
(485 型)实物

表 6-3　温湿度传感器(485 型)技术参数

直流供电(默认)		DC 9 ~ 24 V
最大功耗	**RS-485 输出**	0.4 W
精度	湿度	±3 % RH(5 ~ 95 % RH,25 ℃ 典型值)
	温度	±0.5 ℃(25 ℃ 典型值)
测量范围	湿度	0 ~ 100 % RH
	温度	-40 ~ 80 ℃(可定制)
长期稳定性	湿度	≤1 % /y
	温度	≤0.1 ℃ /y
输出信号		RS-485(Modbus 协议)

5. 温湿度传感器(模拟量型)

图 6-10 所示为温湿度传感器(模拟量型)实物,其采用 10 ~ 30 V 宽电压范围供电,技术参数见表 6-4。该传感器广泛适用于通信机房、仓库楼宇以及自动控制等需要进行温湿度监测的场所,传感器内的输入电源、测温单元、信号输出三部分完全隔离。由于采用模拟量作为输出,该传感器的传输距离比较近,一般用于室内环境的温湿度采集。

图 6-10　温湿度传感器
(模拟量型)实物

6.2.3　连线参考

智慧图书馆温控系统的连线图可参考图 6-11。图中标注了数字量采集控制器 ADAM-4150、模拟量采集器 ADAM-4017+以及各传感器/执行器/转换器设备的名称及引脚/端口连接,在实训仿真系统的设计区中进行连线时可以参考。

表 6-4　温湿度传感器(模拟量型)技术参数

直流供电(默认)		DC 10 ~ 30 V
最大功耗	电压输出	1.2 W
	电流输出	1.2 W
精度	湿度	±3 % RH(5 ~ 95 % RH,25 ℃典型值)
	温度	±0.5 ℃(25 ℃典型值)
传感器电路工作温湿度		−20 ~ +60 ℃,0 ~ 80 % RH
探头工作温度		−40 ~ +120 ℃,默认−40 ~ +80 ℃
探头工作湿度		0 ~ 100 % RH
长期稳定性	湿度	≤1 % /y
	温度	≤0.1 ℃/y
响应时间	湿度	≤8 s(1 m/s 风速)
	温度	≤25 s(1 m/s 风速)
输出信号	电流输出	4 ~ 20 mA
	电压输出	0 ~ 5 V/0 ~ 10 V
负载能力	电压输出	输出电阻≤250 Ω
	电流输出	输出电阻≤600 Ω

注:带液晶显示屏型产品的最大电流会增加 5 mA。

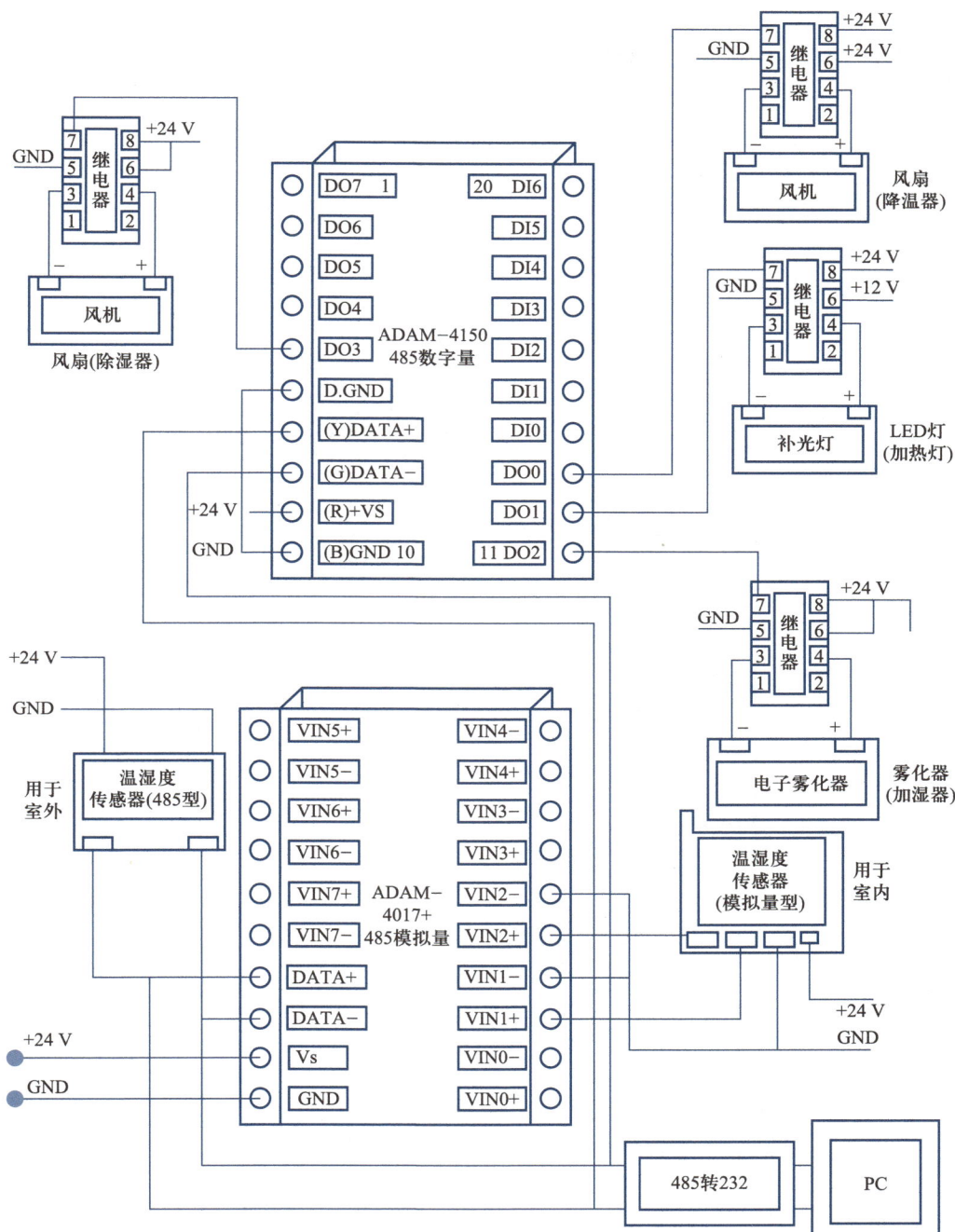

图 6-11　智慧图书馆温控系统连线图

6.3　任务实施

通过第 4 章的学习,读者已对实训仿真系统的基本操作有了一定了解。本章将利用实训仿真系统完整操作一个物联网应用案例。首先打开"物联网行业实训仿真系统"软件,新建一个工作台,并命名为"智慧图书馆温控系统"。

步骤一:在实训仿真系统的设计区准备好本案例的所有设备。

在实训仿真系统左侧设备区中找到本案例需要的所有设备,依次拖曳到右侧的仿真设计区。这些设备包括:1个模拟量采集器(ADAM-4017+)、1个温湿度传感器(模拟量型)、1个温湿度传感器(485型)、1个485=232转换器、1个数字量采集控制器(ADAM-4150)、4个继电器、1个风扇(降温器)、1个LED灯(加热灯)、1个雾化器(加湿器)、1个风扇(除湿器),1个PC、1个12 V电源、2个24 V电源、1个220 V电源,如图6-12所示。

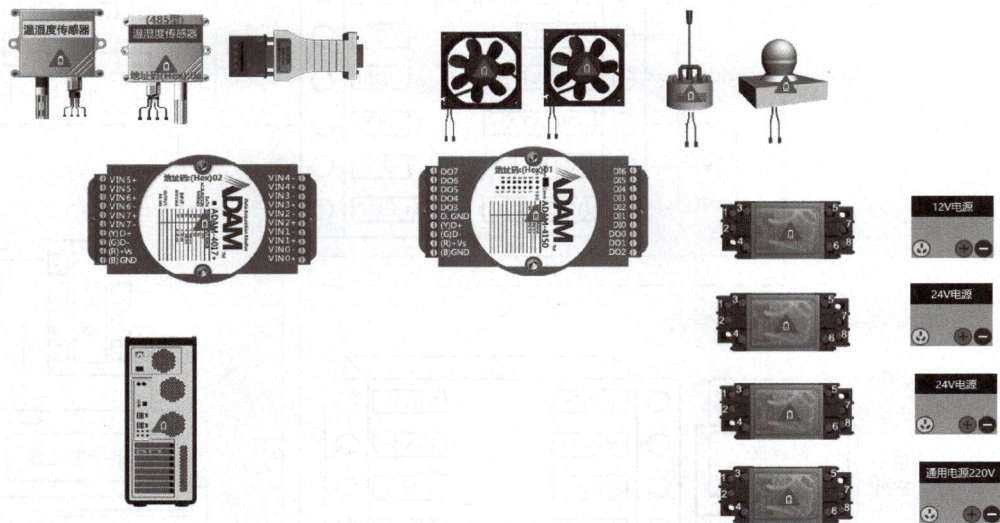

图6-12　智慧图书馆温控系统所需设备

步骤二:参考系统连线图完成设备连线。

参考图6-11将仿真设计区的设备逐一进行连线,单击各接线端口,当鼠标指针显示为"手"形状时,查看对应的引脚/端口说明,如图6-13所示。

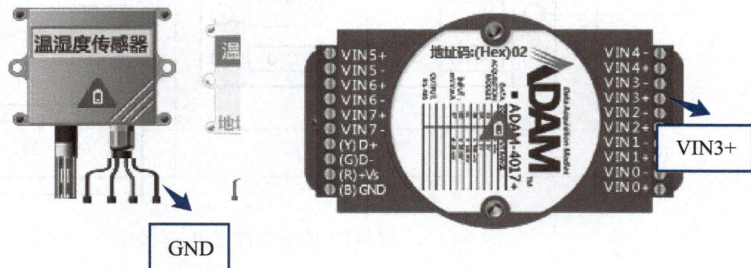

图6-13　查看引脚/端口说明

首先连接ADAM-4017+的传感器数据采集部分,如图6-14所示。连线时应当注意两点:第一,温湿度传感器(485型)的485-A与485-B引脚分别与485=232转换器的T/R+与T/R-端口连接,这是因为温湿度传感器(485型)输出的数据须以有线方式经 485＝232 转换器传输至 PC 的 COM 串口,才能在 PC 中直观地看到具体数据;第二,1个 24 V 电源可以给温湿度传感器(模拟量型)、温湿度传感器(485 型)、ADAM－4017+同时供电。

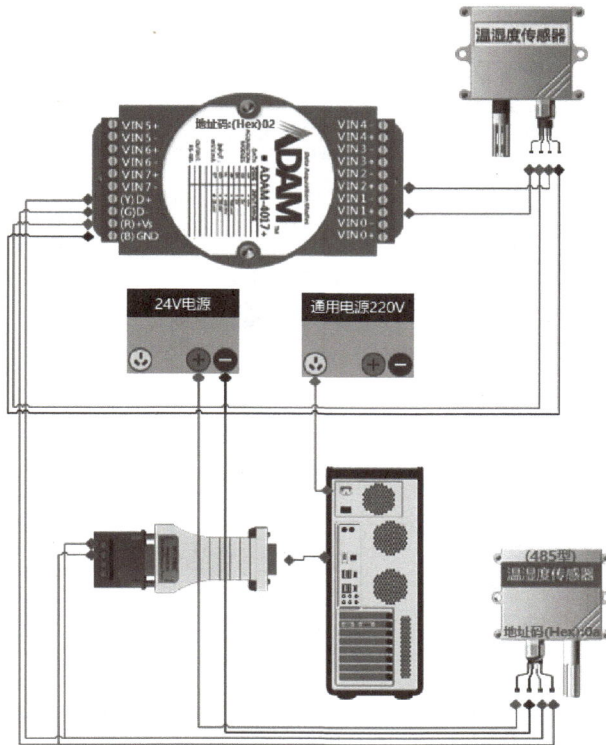

图 6－14　ADAM－4017+传感器数据采集部分连线

然后连接 ADAM－4150 的控制部分。因为执行器都要通过继电器获得供电,因此先将每个执行器的 Vs 与 GND 端口分别连接继电器的 4 脚(Vs)和 3 脚(GND),如图 6－15所示。

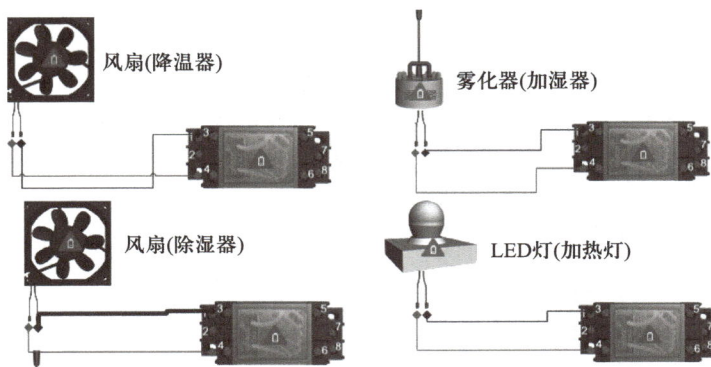

图 6－15　继电器连接执行器

接着将各继电器接入电源。两个风扇和雾化器都是额定电压为 24 V 的设备,所以对应继电器的 6 脚接 24 V 电源的正极,5 脚接 24 V 电源的负极;LED 灯的额定电压为 12 V,所以对应继电器的 6 脚接 12 V 电源的正极,5 脚接 12 V 电源的负极。继电器的 8 脚为继电器自身的供电引脚,统一接 24 V 电源的正极,如图 6-16 所示。

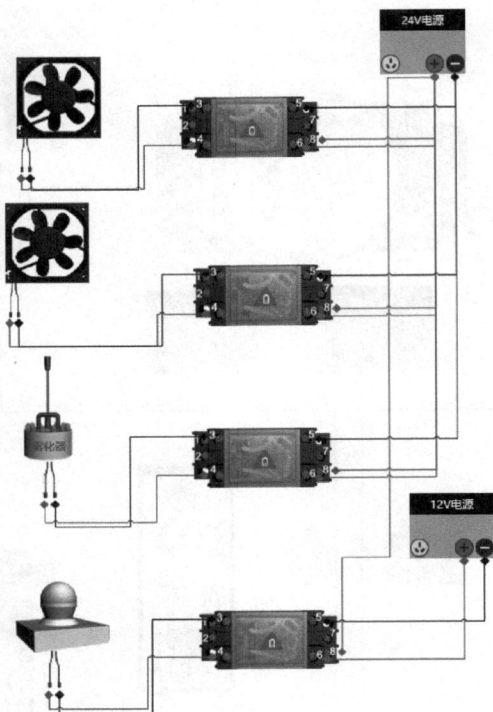

图 6-16　继电器接入电源

最后,参考端口分配表(表 6-2)与系统连线图(图 6-11)将继电器全部接入控制器 ADAM-4150,并将 ADAM-4150 与 PC 进行连接,如图 6-17 所示。

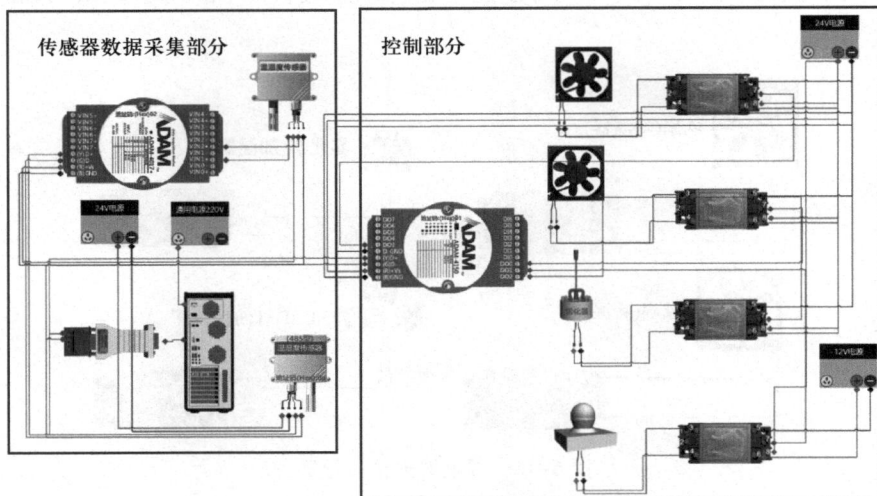

图 6-17　整体连线图

要注意,ADAM-4150 与 PC 进行连接并非是将 ADAM-4150 与 PC 的 RS-232 串口进行直连,中间还需要进行 485 转 232 的操作,所以 ADAM-4150 的(Y)D+与(G)D-端口需要分别与 485=232 转换器的 T/R+与 T/R-端口相连,这样 PC 就可以通过有线的方式给 ADAM-4150 发送控制信息,进而使 ADAM-4150 可以控制继电器的电压,带动各个电动机运转。此外,不要忘记将 ADAM-4150 的 D.GND 端口接地,如图 6-18 所示。

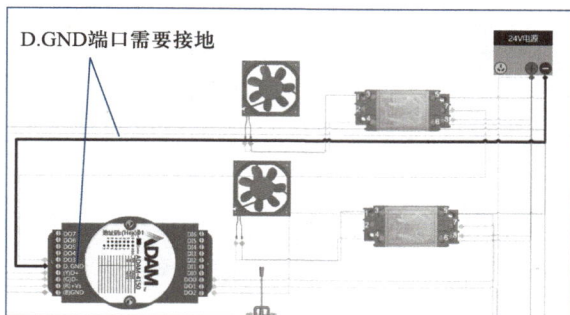

图 6-18 ADAM-4150 的 D.GND 端口需要接地

步骤三:对部分设备进行配置。

首先配置传感器,双击温湿度传感器(模拟量型)进入配置界面,如图 6-19 所示。

温湿度传感器的虚拟仿真有三种模式可选,分别是:定值、随机值、循环值。以随机值为例,可以选中"随机值"单选按钮,拖动滑块设置随机值变化范围为 20.14 ~ 26.71 ℃,并设置"随机间隔"为 10 s,如图 6-20 所示。

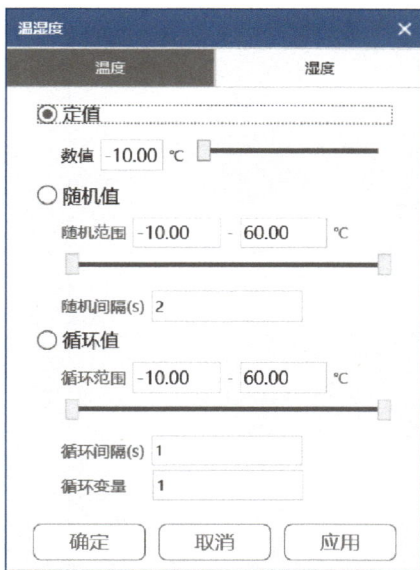

图 6-19 温湿度传感器(模拟量型)配置界面

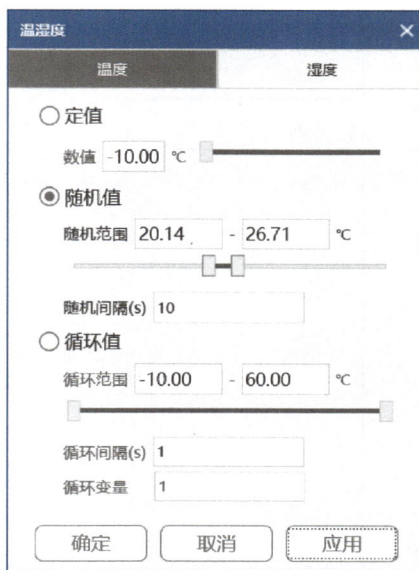

图 6-20 室内温度设置

同理,采用相同的方法分别对温湿度传感器(模拟量型)的湿度以及温湿度传感器(485 型)的温度和湿度进行设置,如图 6-21 所示。

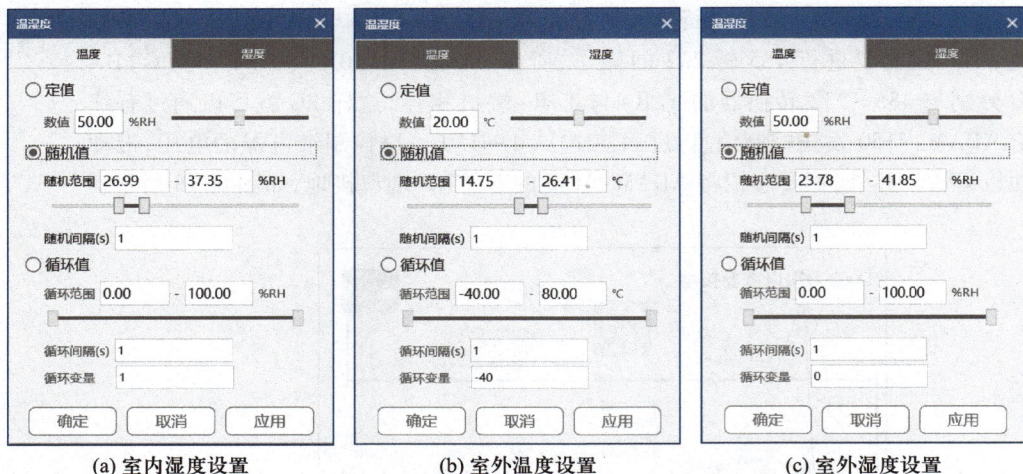

(a) 室内湿度设置   (b) 室外温度设置   (c) 室外湿度设置

图 6-21   室内湿度、室外湿度及湿度设置

完成设置后,温湿度传感器便可以生成在定义范围内实时变化的随机值,实现室内外温湿度环境的模拟。

接下来配置串口。双击 PC,在弹出的对话框中设置虚拟串口,可以选择 COM200、COM201 或 COM202。以 COM200 为例,将"虚实结合"设置为"行业","波特率"默认为 9 600 bit/s 不变,最后选中"开启"复选框,完成串口配置,如图 6-22 所示。

图 6-22   串口配置

工程师提示

　　在企业级的嵌入式项目开发中,串口工具是一种很常见、很便捷的调试工具,它可以帮助研发和测试人员快速查找产品的问题所在。通常,串口工具中需要设置的关键参数有串口号(端口号)、串口波特率、数据位长度、奇偶校验位、十六进制或 ASCII 码输出形式、换行打印等,嵌入式产品利用串口将数据发送到 PC 的串口工具显示界面,开发人员通过观察数据打印结果,分析判断产品执行情况以及存在 bug(错误)的地方,从而有针对性地去解决问题。串口工具不是唯一的,为了研发的方便,大多数嵌入式软件工程师会为自己的项目和产品单独开发一款串口工具,因为只有自己设计的串口工具才是最"了解"自己的产品的,二者相辅相成。

　　步骤四:验证连线并开启仿真模拟实验。

　　设备连线及设备参数设置完成后,单击设计区左上角的"连线验证",开启连线验证功能,再单击"模拟实验",开启模拟实验功能。如果单击"连线验证"后出现错误提示,应当先修改好连线再开启模拟实验功能。

　　出现连线验证失败的原因可能有电源供电有误、采集器或控制器的端口接错等。出现连线验证失败后,可返回查看端口分配表(表 6-2)与系统连线图(图 6-11),对错误的连线进行修正。

　　开启模拟试验功能后,可以观察到传感器设备上出现了实时数据,相关连线也由于有数据传输而开始闪烁,如图 6-23 所示。

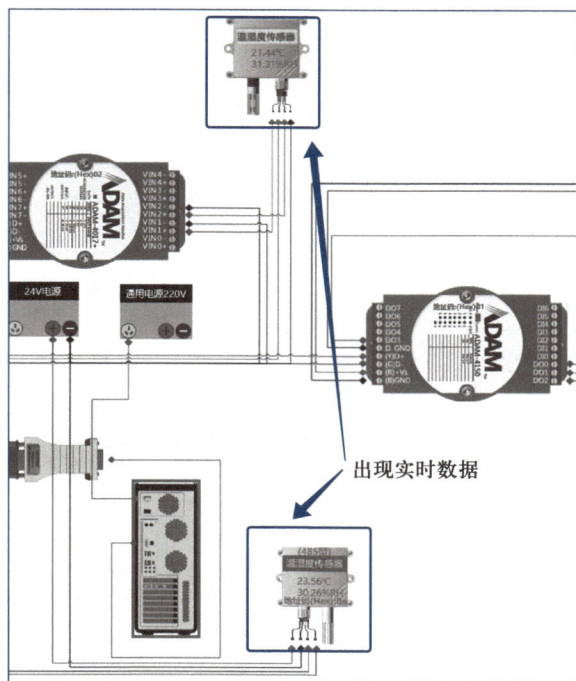

图 6-23　开启模拟实验功能

　　步骤五:上位机软件的参数配置和策略设置。

　　实训仿真系统侧的操作告一段落,保持模拟实验功能开启状态,打开与本案例配

微课

智慧图书馆温控系统任务实施：虚拟串口工具的使用

套的上位机软件"图书馆自动调控系统"（可扫描本章末尾的二维码下载软件包），如图 6-24 所示，其中包括"馆内温湿度监测""馆外温湿度监测""馆内温湿度阈值"以及"环境调节设备"四部分。

利用"图书馆自动调控系统"软件，可以进行相关参数配置，采集来自实训仿真系统的数据，并设置一定的策略以对实训仿真系统中的风扇（降温器、除湿器）、LED 灯（加热灯）、雾化器（加湿器）等执行器设备进行开启和关闭，如图 6-25 所示。

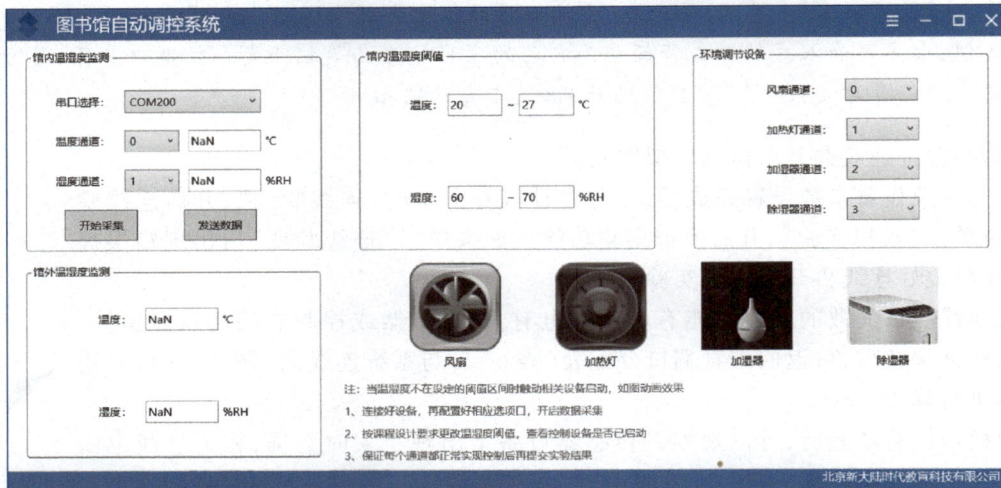

图 6-24　图书馆自动调控系统

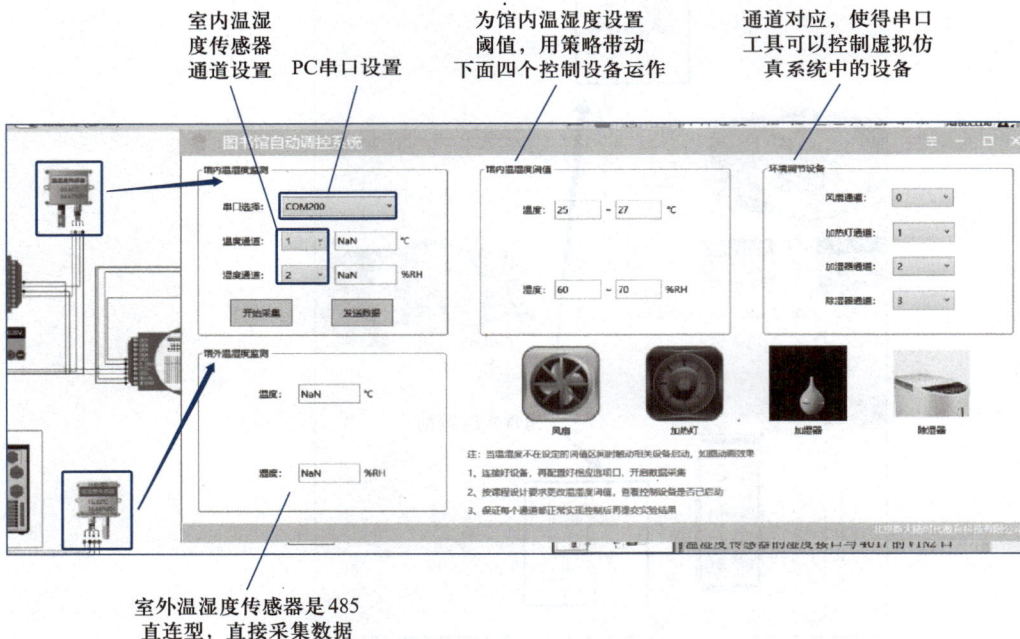

图 6-25　图书馆自动调控系统功能说明

首先，在"馆内温湿度监测"栏中将"串口选择"设置为和实训仿真系统中一样的串口 COM200，"温度通道"选择 2［因温湿度传感器（模拟量型）的温度接口与 ADAM-

4017+的 VIN2+端口相连接〕，"湿度通道"选择 1〔因温湿度传感器（模拟量型）的湿度接口与 ADAM-4017+的 VIN1+端口相连接），如图 6-26 所示。

　　然后设置"馆内温湿度阈值"栏。将温度范围设置为 25～27 ℃，湿度范围设置为 60～70 %RH，如图 6-27 所示。这意味着当检测到的温度低于 25 ℃时会开启 LED 灯（加热灯），高于 27 ℃时会开启风扇（降温器）；当检测到的湿度低于 60 %RH 时会开启雾化器（加湿器），高于 70 %RH 时会开启风扇（除湿器）。

图 6-26　"馆内温湿度监测"设置　　　　图 6-27　"馆内温湿度阈值"设置

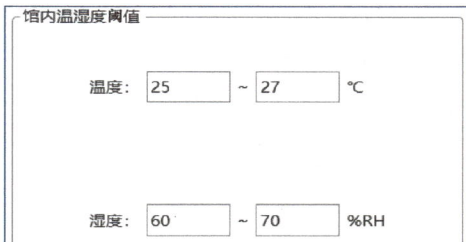

　　最后对"环境调节设备"栏中的各个设备通道进行设置。参考实训仿真系统中 ADAM-4150 的端口配置（见表 6-2），即风扇（降温器）为 DO0，LED 灯（加热灯）为 DO1，雾化器（加湿器）为 DO2，风扇（除湿器）为 DO3，则这里的通道也设置为相应标号，如图 6-28 所示。这样做的目的是为了能让该串口工具控制实训仿真系统中对应的设备，如果通道没有与实训仿真系统中的端口相对应，串口助手将无法控制相应设备。

图 6-28　"环境调节设备"设置

　　步骤六：通过图书馆自动调控系统观察智慧图书馆温控系统的运行状况，实现数据联动。

　　完成图书馆自动调控系统各部分的设置后，单击"开始采集"按钮，观察图书馆自动调控系统中各部分的数值以及设备状态变化情况，如图 6-29 所示。

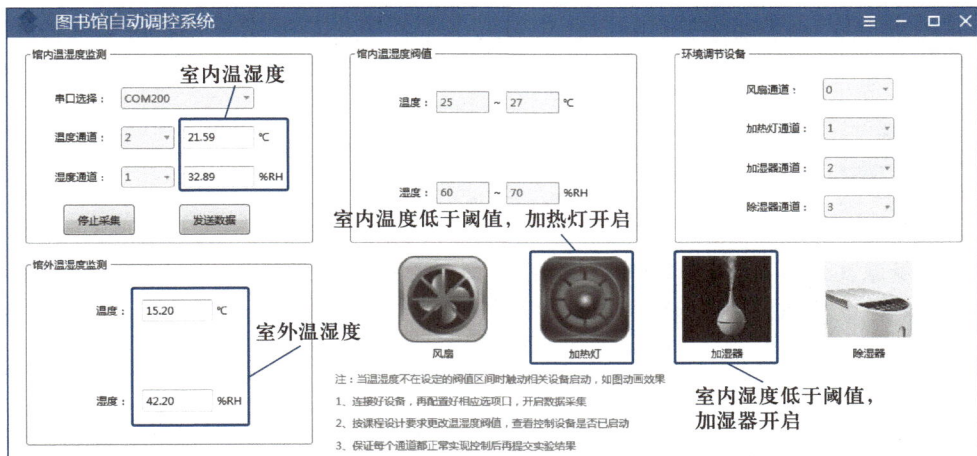

图 6-29　图书馆自动调控系统在某一时刻的运行情况

图片

图书馆自动调控系统在某一时刻的运行情况

从图6-29中可以观察到,该时刻室内温度为21.59 ℃,低于室内温度最低阈值25 ℃,所以加热灯开启,颜色也由之前的灰色变为橙黄色;该时刻室内湿度为32.89 %RH,低于室内湿度最低阈值60 %RH,所以加湿器开启,加湿器上方喷出了白色雾状水汽。"馆外温湿度监测"栏中也显示了此时室外的温湿度情况。与此同时,打开正在运行的实训仿真系统,可以观察到LED灯(加热灯)亮了起来开始加热环境,雾化器(加湿器)也开始喷雾加湿空气,如图6-30所示。

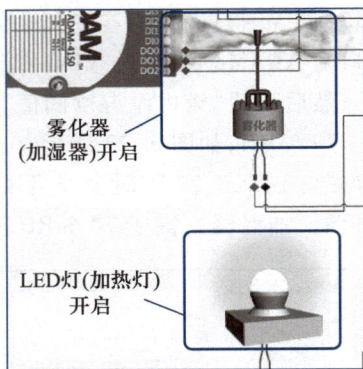

图6-30 实训仿真系统中的LED灯(加热灯)与雾化器(加湿器)执行情况

如果能够在图书馆自动调控系统和实训仿真系统中观察到上述类似结果,则说明已经成功实施该实验并完成了数据联动。读者可以在实训仿真系统中修改温湿度变化范围以及在图书馆自动调控系统中修改监测阈值范围来改变实验现象,实施不同的策略组合来提高操作熟练度,并巩固和加深对智慧图书馆温控系统构建要素与运行运维的理解。

6.4 案例总结

本章首次利用实训仿真系统构建并实施了一个智慧图书馆温控系统的仿真案例。通过亲手操作设备连线、参数配置、数据联动等环节,读者可以理解一个完整的物联网感知控制系统的构建,并基于系统运行理解物联网感知层和网络层的知识。

本案例的感知层设备只涉及以有线通信技术进行通信连接,实验操作步骤不烦琐,但还是有一些环节值得注意,如实训仿真系统中的电源选型与连线、采集器ADAM-4017+和控制器ADAM-4150的端口连线、设备参数配置选项等,若这些步骤有一点错误都将导致后续步骤无法正常执行。在进行实验时,读者应注意要在理解的基础上遵照实验步骤细心执行。

后续章节中还将继续介绍物联网行业应用实操案例,学习和掌握更多的物联网设备,从系统构建、网络传输、应用控制、平台收发等环节逐步增进对物联网系统的透彻理解。

习 题

一、单项选择题

1. 温湿度传感器(485型)的数据经过ADAM-4017+处理后,通过(   )设备将数据传输至PC的COM串口。

A. 485　　　　　　B. 485转232　　　　C. 232　　　　　　D. 以上都不是

2. ADAM-4017+是一种(   )采集器。

A. 离散量　　　　B. 数字量　　　　　C. 模拟量　　　　D. 以上都不是

3. 关于ADAM-4017+,以下描述不正确的是(   )。

A. ADAM-4017+是一款16位8通道的数字量输入模块

B. ADAM-4017+用于采集0~5 V的电压信号和4~20 mA的电流信号

C. ADAM-4017+通过485转232通信接口与上位机PC相连接

D. ADAM-4017+的通信协议采用工业通信标准的Modbus RTU协议

4. 以下设备中具有数字滤波器功能的是(　　)。

A. RS-485/232　　　　B. ADAM-4017+　　　C. ADAM-4150　　　D. 以上都不是

5. RS-485是硬件层面的电气特性标准,使用485方式传输信号时,由双绞线(A线、B线)的电压差决定逻辑0与逻辑1,485线缆上须匹配的电阻阻值为(　　)。

A. 80 Ω　　　　　　　B. 150 Ω　　　　　　C. 120 Ω　　　　　　D. 20 Ω

6. (　　)是用小电流去控制大电流运作的一种"自动开关"。

A. 采集器　　　　　　B. 放大器　　　　　　C. 控制器　　　　　　D. 继电器

7. 不适用于农业大棚、花卉培养等场合的传感器是(　　)。

A. 温度传感器　　　　B. 湿度传感器　　　　C. 地磁传感器　　　　D. 光照传感器

8. 温湿度传感器(485型)属于物联网架构中的(　　)。

A. 平台层　　　　　　B. 感知层　　　　　　C. 网络层　　　　　　D. 应用层

9. 如果在仿真实验中使用ADAM-4150,设置虚拟串口时,波特率应设为(　　)。

A. 9 000 bit/s　　　B. 115 200 bit/s　　　C. 9 600 bit/s　　　D. 9 800 bit/s

10. 继电器的(　　)为继电器自身的供电引脚,统一接24 V电源。

A. 6 脚　　　　　　　B. 8 脚　　　　　　　C. 4 脚　　　　　　　D. 2 脚

二、多项选择题

1. 关于ADAM-4150的特点,以下描述中错误的是(　　)。

A. 具有7通道输入及8通道输出

B. +Vs、GND端口连接到12 V直流电源处

C. 是隶属于ADAM-4100系列的模拟量采集器

D. 通过(Y)D+和(G)D-端口控制继电器,进而控制各个执行器

2. 对于智慧图书馆温控系统,以下有关温湿度传感器(模拟量型)的说法中,不正确的是(　　)。

A. 输入电源、测温单元、信号输出三部分完全隔离

B. 由ADAM-4150的DI端口负责收集来自温湿度传感器(模拟量型)的温湿度数据

C. 10~30 V宽电压范围供电

D. 由于采用模拟量作为输出,传输距离比较远

3. 对于智慧图书馆温控系统,以下有关温湿度传感器的说法中,不正确的是(　　)。

A. 室外温湿度传感器通过RS-485电平的方式将数据传输到485=232转换器,进而传送到串口服务器或网关

B. 室内温湿度传感器使用RS-485电平,其数据线引脚连接的是ADAM-4150的VIN端口

C. 室内温湿度传感器使用TTL电平,其数据线引脚连接的是ADAM-4017+的VIN端口

D. 室内温湿度传感器通过 ADAM-4017+ 的 485 数据端口(D+/D-)将数据传输给 PC

4. 智慧图书馆温控系统中,温湿度传感器(485 型)的数据引脚为(　　)。

A. 485-A　　　　　B. 485-B　　　　　C. Temp　　　　　D. Humi

5. 在实际产品和系统的开发过程中,各硬件的电气通信协议不尽相同,常需要使用桥接设备来连通不同的硬件,常用的有(　　)。

A. USB 转串口设备　　　　　　　　　B. USB 转网口设备

C. HDMI 转 VGA 设备　　　　　　　　D. 485=232 转换器

6. 温湿度传感器的虚拟仿真可以选择的模式包括(　　)。

A. 定函数值　　　　B. 随机值　　　　C. 循环值　　　　D. 定值

7. 以下传感器和执行器中,可以由直流电源直接供电的有(　　)。

A. 温湿度传感器(模拟量型)　　　　　B. 风扇

C. 温湿度传感器(485 型)　　　　　　D. 灯泡

E. 雾化器

三、判断题

1. 智慧图书馆温控系统中使用了两种温湿度传感器,其中,室外温湿度传感器使用 TTL 电平进行数据传输,而室内温湿度传感器使用 RS-485 电平进行数据传输。

(　　)

2. PC 的数据口是基于 RS-232 的电气端口,为 9 针孔插口。　　　　　(　　)

3. 模拟量采集器 ADAM-4017+ 和数字量采集控制器 ADAM-4150 的数据口都是基于 RS-232 的电气特性端口,它们可以与 PC 直接进行数据通信。　　(　　)

4. 在智慧图书馆温控系统中所用到的执行器设备都是由直流电源直接供电的。

(　　)

5. 为了能让串口工具控制仿真系统中对应的设备,要注意基于实训仿真系统中的 DO 端口来设置串口工具中的通道号。　　　　　　　　　　　　　　(　　)

6. 智慧图书馆温控系统中的执行器都是通过继电器获得供电的,每个执行器的 Vs 与 GND 端口应分别连接继电器的 8 脚和 5 脚。　　　　　　　　　　(　　)

7. 使用 ADAM-4017+,如果通道输入的是电压信号,则需要跳线短接 1 和 2。

(　　)

8. 如果需要使用 ADAM-4150 去控制执行器风扇,可以将 ADAM-4150 与风扇直接相连。　　　　　　　　　　　　　　　　　　　　　　　　　　　　(　　)

9. 在实训仿真系统的模拟实验功能开启的情况下,可以修改端口号配置。　(　　)

10. 在企业级的嵌入式项目开发中,串口工具是一种很常见、很便捷的调试工具,它可以帮助研发和测试人员快速查找产品的问题所在。　　　　　　　　(　　)

11. 在实训仿真系统中,出现连线验证失败的原因可能有电源供电有误、采集器或控制器的端口接错等。　　　　　　　　　　　　　　　　　　　　　　(　　)

12. 为了能让串口工具控制实训仿真系统中对应的设备,需要对各个设备通道进行设置,并且要与实训仿真系统中的设备端口配置保持一致。　　　　　　(　　)

四、填空题

1. ADAM-4017+是一款 16 位＿＿＿＿＿＿通道的＿＿＿＿＿＿采集器,ADAM-4150 则是

一款_____采集控制器，支持_____通道输入和_____通道输出。

2. 使用 ADAM－4150 时，(Y)D＋、(G)D－端口分别连接_____转换器的_____、_____端口。

3. 继电器使得_____(又称输入回路)和_____(又称输出回路)之间可以进行互动。

4. 温湿度传感器的虚拟仿真有三种模式可选，分别是：_____、_____、_____。

5. 完成传感器数据采集部分的连线时，温湿度传感器(485 型)的 485－A 与 485－B 引脚需要分别与 ADAM－4017＋的_____与_____端口连接，且还需要分别与 485＝232 转换器的_____与_____端口连接。

6. 将继电器与执行器相连时，首先要将每个执行器的 Vs 与 GND 端口分别连接继电器的_____脚和_____脚。

7. 在智慧图书馆温控系统中，各执行器是通过继电器获得供电的。已知风扇及继电器的额定电压均为 24 V，LED 灯的额定电压为 12 V。那么，控制风扇的继电器的_____脚和_____脚应当接_____电源的正、负极，控制 LED 灯的继电器的_____脚和_____脚应当接_____电源的正、负极；继电器的_____脚为继电器自身供电引脚，都统一接_____电源的正极。

8. ADAM－4150 通过控制_____的电压，带动各个电动机运转。

9. 嵌入式产品利用_____将数据发送到 PC 的串口工具显示界面，开发人员通过观察数据打印结果，分析判断产品执行情况以及存在 bug(错误)的地方。

五、简答题

1. 什么是继电器？它具有什么功能？

2. ADAM－4150 模块的功能是什么？举例说明其如何实现相应功能。

3. 在智慧图书馆温控系统中用到了两种温湿度传感器，ADAM－4017＋是如何采集它们的数据的？

4. ADAM－4150 与 ADAM－4017＋能与 PC 直接相连吗？如果不能，为什么？请给出解决办法。

智慧小区安防监控系统

☑ 知识目标
- 理解智慧小区安防监控系统的功能和系统拓扑图
- 熟悉红外对射传感器的功能用途和使用方法
- 了解摄像头的 IP 地址和 Wi-Fi 配置流程
- 理解串口服务器的基本功能，熟悉串口服务器的配置步骤

☑ 能力目标
- 能够分析智慧小区安防监控系统的功能和拓扑
- 能够完成智慧小区安防监控系统的构建与仿真
- 能够在复杂物联网系统中使用 ADAM-4150、多种传感器及负载
- 能够在复杂物联网系统中使用串口服务器
- 能够在复杂物联网系统中使用路由器
- 能够使用配套虚拟串口工具（上位机软件）采集与控制智慧小区安防监控系统设备

☑ 素养目标
- 培养从整体到局部、从概括到细节的认知习惯
- 培养积极思考与勤于实践并重的意识
- 培养独立学习与沟通协作的能力

7.1 智慧小区介绍

7.1.1 背景导入

伴随着科技进步与社会服务质量的提升,人们对于高品质生活的需求与日俱增,更加方便完善的小区配套设施就是最好的体现。利用人工智能、物联网、大数据等新技术,结合智能设备为小区的管理与服务进行转型升级,就形成了一种新型的小区管理与服务模式——智慧小区。智慧小区的安防监控市场日益活跃,传统电器制造商、智能硬件厂商、物联网智能产品生产商无不参与其中。智慧小区可以提供多元化的功能实现小区安全系数的提升,改进小区入住体验,如图 7-1 所示。

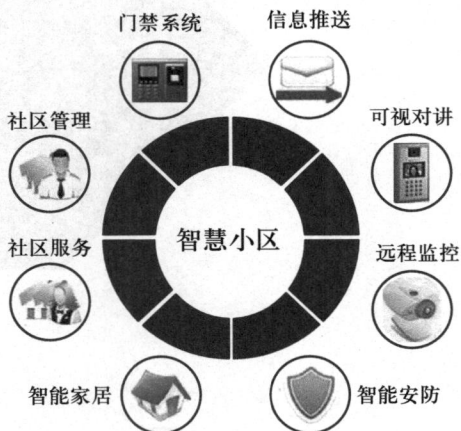

图 7-1 智慧小区提供多元化功能

7.1.2 概念导入

智慧小区安防监控系统提供的典型功能主要体现在智能监控、消防预警、家庭防盗三个方面。

智能监控功能的常用设备是智能摄像头,现在大多数小区已安装了抓拍高空抛物的高清摄像头,家庭内部也可以安装实时摄像头,用户可通过手机随时随地查看目标环境情况。除远程查看外,智能摄像头还具有人体移动侦测报警、双向语音、多用户分享、红外夜视、高清回放等功能。

消防预警功能主要用于楼道及家庭内部的防火防爆。常用设备包括烟雾感应器、燃气泄漏探测器、智能开关等。该功能支持当烟雾或可燃气体达到一定的浓度时发出报警,或者自动切断电源,以免火灾发生,而不是事发后才让用户知晓。

家庭防盗功能涉及的设备主要包括人体活动和门窗开关感应设备,如红外入侵探测器、门窗磁、智能门锁等。该功能支持对有人进入、门窗打开等状态的感应及追加报警,并能及时将感应的异常情况传送至用户手机,达到保护家人和财物的目的。

7.1.3 案例导入

本章引入安防监控相关的物联网设备,基于实训仿真系统搭建智慧小区安防监控系统,运用项目案例配套的虚拟串口工具"视频安防监控系统"监测各传感器数据,并根据传感器数值的变化,启动相应的执行器来消除安防隐患。结合智慧小区安防监控系统,本章还拓展介绍红外对射传感器、人体红外传感器、火焰传感器、烟雾传感器、摄像头、LED 显示屏、串口服务器等关键设备的基本使用知识。

7.2 任务分析

本智慧小区安防监控系统主要实现防盗、防误触报警、防火灾/防漏气/防风雨雷电三个方面的功能。表7-1中列出了实现这几方面的关键功能所需的设备、功能描述及实现方式。

表7-1 智慧小区安防监控系统的关键功能

功能名称	所需设备	功能描述	实现方式
防盗	红外对射传感器	当偷盗者进入家中时能及时发现，出现异常状况后能及时报警并通知业主	将一对红外对射传感器分别安装在建筑物的外墙与房间内部，实现人体红外监测
	人体红外传感器	基于人体感应的安防报警（亦可用于自动照明等智能控制系统）	将人体红外传感器安装于走廊、楼道、化妆室、地下室、仓库、车库等场所，可实现基于人体红外感应的安防报警、智能控制等
防误触报警	业主手机	防止业主或亲朋好友出入家门或进入房间时触发报警系统，能在设置好的设防时间内自动启动布防	以手机发送短信或者拨打电话的方式完成设防
防火灾、防漏气、防风雨雷电	烟雾传感器、气体传感器、火焰传感器、风雨监测器	当家中烟雾和燃气浓度呈现风险状况时控制窗帘、窗户自动开启，当火情出现时发出报警，当户外刮风下雨时控制窗帘、窗户自动关闭	通过烟雾传感器、气体传感器、火焰传感器以及风雨监测器分别检测烟雾浓度、燃气浓度、火情及风雨状况，设置合适策略控制窗帘、窗户开启或关闭并发出报警

本章通过实训仿真系统所实现的智慧小区安防监控系统用到了表7-1中提及的大部分传感器设备，如红外对射传感器、人体红外传感器、烟雾传感器以及火焰传感器。系统报警功能则以实训仿真系统提供的LED屏（LED显示屏）及警示灯（报警灯）配合实现。

为全面了解真实智慧小区安防监控系统的构建元素和相关基础知识，在任务分析的过程中，会穿插介绍系统涉及的常用硬件的硬件知识和基本操作，供读者了解和学习。

7.2.1　系统拓扑

智慧小区安防监控系统通过在居住房间周边及室内墙体上安装红外对射传感器、人体红外传感器、烟雾传感器、火焰传感器来实时感知异常人员与异常环境情况,若发生异常则触发自动报警以及支持管理员手动报警。系统运行流程如图 7-2 所示。

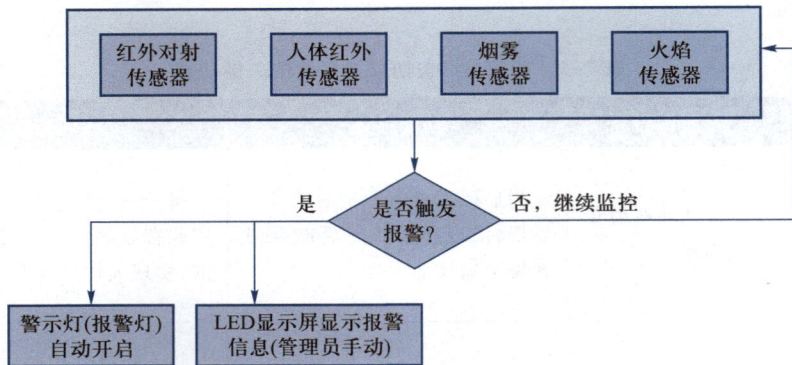

图 7-2　智慧小区安防监控系统运行流程

智慧小区安防监控系统拓扑如图 7-3 所示。可以看到,在这个系统中,ADAM-4150 作为采集控制器可以采集各个开关量传感器的数据以及控制警示灯(报警灯),并利用 485＝232 转换器将数据通过串口服务器发送给路由器,路由器再中继给 PC。在 PC 端,借助虚拟串口工具可以查看由 ADAM-4150 发送来的数据并根据情况去控制警示灯(报警灯),可以观察摄像头拍摄的实时监控信息,也可以通过串口将信息写在 LED 显示屏上。

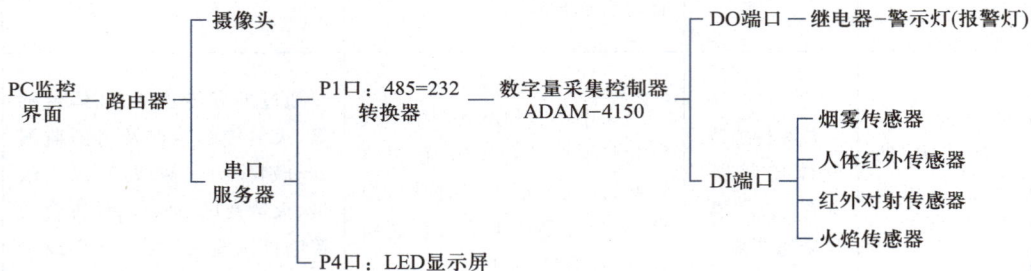

图 7-3　智慧小区安防监控系统拓扑

拓展微课

ADAM－4150 模块安装与初始化

微课

智慧小区安防监控系统任务分析:红外对射传感器

7.2.2　关键设备

1. 红外对射传感器

红外对射传感器,也称为单光束红外对射,适用于门、窗、围墙、道闸等应用。红外对射传感器包含两个器件,即发送端和接收端,如图 7-4 所示。发送端负责发送既定的红外信号给接收端;接收端需要连接到中央控制系统,若接收到异常红外信号则将该异常信号发送给中央控制

图 7-4　红外对射传感器的
发送端和接收端

系统,进而触发相应的报警。

如图 7-5 所示,在用于家居防盗时,可在检测标的通过路径(如门、窗等)的两侧分别安装红外对射传感器的发送端和接收端,并将接收端与报警主机或报警器相连接。当有外来物侵入红外对射的区域时,发送端和接收端之间的红外线光路被阻断,接收端接收不到红外线就会产生一个电脉冲,输出一个开关控制信号给相连接的报警器,报警即被触发,亦可通过无线传输于 App 通知用户。

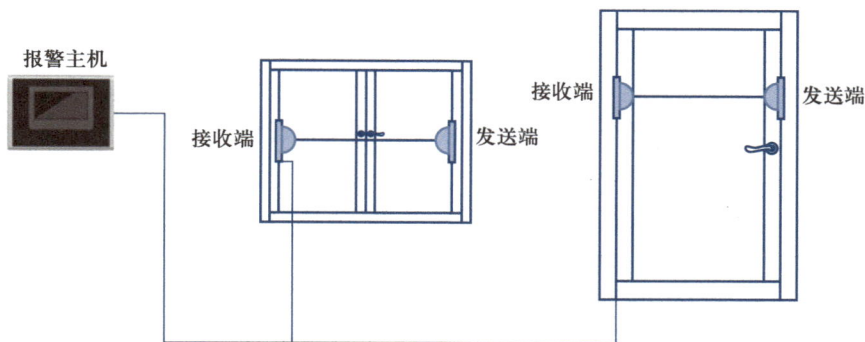

图 7-5　红外对射传感器用于家居防盗

本案例所用到的红外对射传感器的技术参数见表 7-2。

表 7-2　红外对射传感器的技术参数

探测距离	20 m
工作电压	DC 12 V
供电电流	>50 mA
触发时间	50 ms
外形尺寸	49 mm×76 mm×29 mm

红外对射传感器的内部构造如图 7-6 所示。

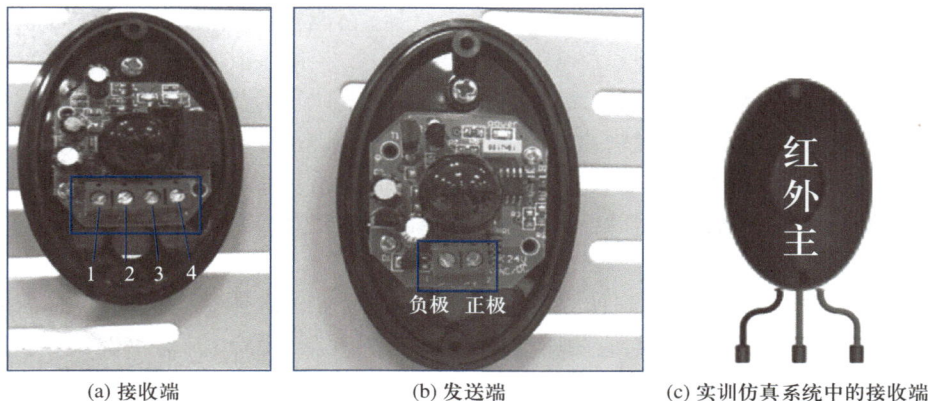

(a) 接收端　　　　(b) 发送端　　　　(c) 实训仿真系统中的接收端

图 7-6　红外对射传感器的内部构造

红外对射传感器的接收端［见图 7-6(a)］有四个端口,在本案例中,端口 1 接 GND,端口 2 接+12 V 电源,端口 3 接 ADAM-4150 的 GND 端口,端口 4 接 ADAM-4150 的 DI3 端口。红外对射传感器的发送端［见图 7-6(b)］仅有正极与负极两个端口。在实训仿真系统中,红外对射传感器的接收端也称为红外主,发送端也称为红外子。实训仿真系统中的红外对射传感器接收端［见图 7-6(c)］仅有三个端口,可理解为图 7-6(a)中的端口 1 与端口 3(两个 GND)短接。

2. 人体红外传感器

人体红外传感器可探测人体红外热辐射,主要由透镜、红外热辐射感应器、感光电路和控制电路组成。要感知运动的人体,传感器中需要使用至少两个红外热辐射感应器。当感应区域内没有运动人体时,两个感应器会检测到相同量的红外热辐射,从而产生相同的极化电荷,之间并无电压差。当有人体(或具有相似热辐射特征的物体)经过感应区域时,人体发出具有特定波长的红外信号,透镜接收该红外信号并将信号增强聚集到感光组件上,不同的红外热辐射使得两个感应器上产生的电荷不同,因此产生极化电压差,触发感光电路发出识别信号,从而达到探测人体的目的。人体红外传感器广泛安装于走廊、楼道、化妆室、地下室、仓库、车库等场所,应用在基于人体感应的安防报警、自动照明等智能控制系统中。

图 7-7 所示为 HC-SR501 型人体红外传感器,其本质是在人体红外感应模块 HC-SR501 外装设了菲涅尔透镜,该透镜与放大电路相配合,可以将感应信号放大 70 dB 以上。一旦有人侵入感应区域内,人体释放的红外热辐射便通过透镜镜面聚焦,并被热辐射感应器接收。因为两个感应器接收到的热量不同,热释电也不同,电压不能抵消,因此会在电路里产生电流,经信号处理后触发报警。

图 7-7　HC-SR501 型人体
红外传感器

3. 火焰传感器

火焰传感器又称为红外火焰传感器。红外火焰探测是目前火灾及时预警的最佳方案之一,该技术通过探测火焰所发出的红外线来预警火灾,相对于传统的感烟探测或感温探测技术,红外火焰探测技术的响应速度更快。

图 7-8 所示为 Flame-1000-D 型火焰传感器,它能探测火焰发出的波段范围为 700~1 100 nm 的短波近红外线(SW-NIR),并输出数字和模拟两种模式的电信号(电压),可以满足不同场合的需求。数字输出使得系统设计较为简单,当检测到火焰时输出高电平,没有检测到火焰时输出低电平。模拟输出则适用于需要高精度的场合,输出端的模拟电压会随着火焰强度的变化而改变。此外,可以通过调节精密电位器对 Flame-1000-D 型火焰传感器的检测距离(大于 1.5 m)进行调节。

4. 烟雾传感器

在安防监控系统中常用到的烟雾传感器是可燃性气体传感器。图 7-9 所示为 TGS813 型可燃性气体传感器,它的驱动电路简单、功耗低、寿命长,对甲烷、乙烷、丙烷等可燃性气体的敏感度高,可用在家庭泄漏气体检测、工业可燃气体检测以及便携式可燃气体检测等多种场合。

图 7-8　　Flame-1000-D 型火焰传感器

图 7-9　　TGS813 型可燃性气体传感器

工程师提示

　　TGS813 型可燃性气体传感器的测试电路如图 7-10 所示。该传感器共有 6 个引脚,其中 1 脚和 3 脚短接后再接回路电压;4 脚和 6 脚短接后作为传感器的信号输出端;2 脚和 5 脚为传感器加热丝的两端,外接加热丝电压。加热丝电压 V_H 用于加热,回路电压 V_c 则用于测定负载电阻 R_L 两端的电压 V_{R_L}。随着待测气体浓度的变化,1 脚和 4 脚之间的阻抗随之发生变化,从而通过负载电阻 R_L 引起 V_{R_L} 的变化。可以通过测量 V_{R_L} 来检测待测气体的浓度大小,也可以将输出的模拟电压通过比较器电路实现开关量输出。

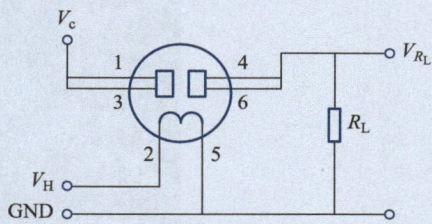

图 7-10　　TGS813 型可燃性气体传感器测试电路

5. 摄像头

摄像头(见图 7-11)的 IP 地址和 Wi-Fi 配置步骤如下。

步骤一:进入摄像头 IP 地址配置工具界面。

在本书配套工程文件里找到"仿真系统_工具和驱动\摄像头配置工具\SearchTool",找到可执行文件 SearchTool.exe ,双击该文件进入摄像头 IP 地址配置工具界面,如图 7-12 所示。

步骤二:通过 PC 对摄像头进行静态 IP 地址设置。

根据向导单击"下一步"按钮,进入 IP 地址搜索界面,在摄像头硬件接线正常(要满足两个条件:一

微课
智慧小区安防监控系统任务分析:摄像头、LED 显示屏

图 7-11　　摄像头

是摄像头需要正常供电,二是摄像头与 PC 之间需要连接一根网线)的情况下,会自动显示 IP 地址,如图 7-13 所示。

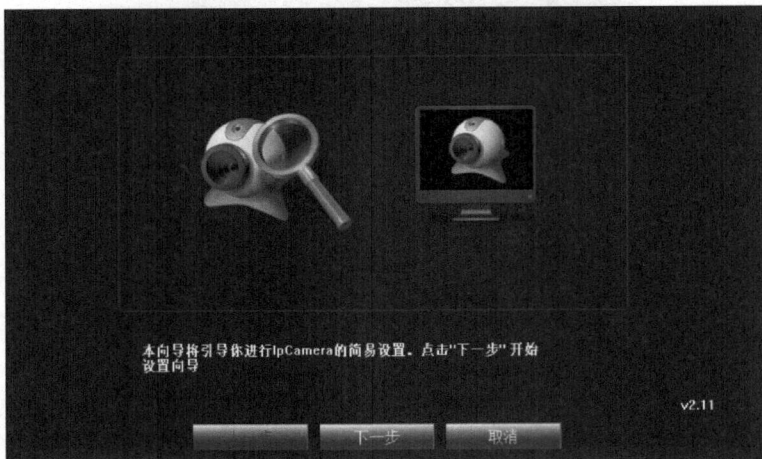

图 7-12　开始摄像头 IP 地址配置

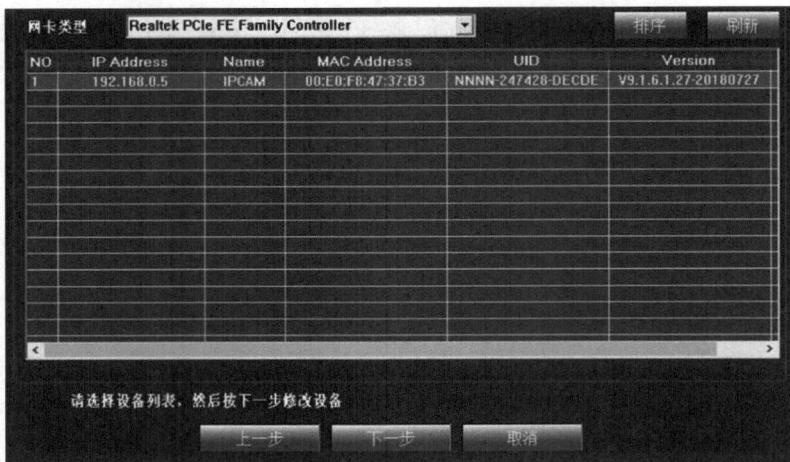

图 7-13　IP 地址列表

单击"下一步"按钮,进入摄像头 IP 地址配置界面,如图 7-14 所示,在方框区域内对摄像头进行静态 IP 地址的设置,将"IP 地址"设置为和路由器同网段的 IP 地址。后期使用中,摄像头以 Wi-Fi 方式与路由器进行数据传输。单击"下一步"按钮,提示设备已经修改成功,如图 7-15 所示。

步骤三:通过静态 IP 地址访问摄像头。

用网线将摄像头和路由器的 LAN 口连接起来,在浏览器地址栏中输入已设置好的静态 IP 地址,就可以访问摄像头了。

步骤四:对摄像头进行无线 Wi-Fi 配置。

在 PC 中打开浏览器,在地址栏中输入已经配置好的摄像头静态 IP 地址,进入摄像头的"无线设置"界面,如图 7-16 所示。

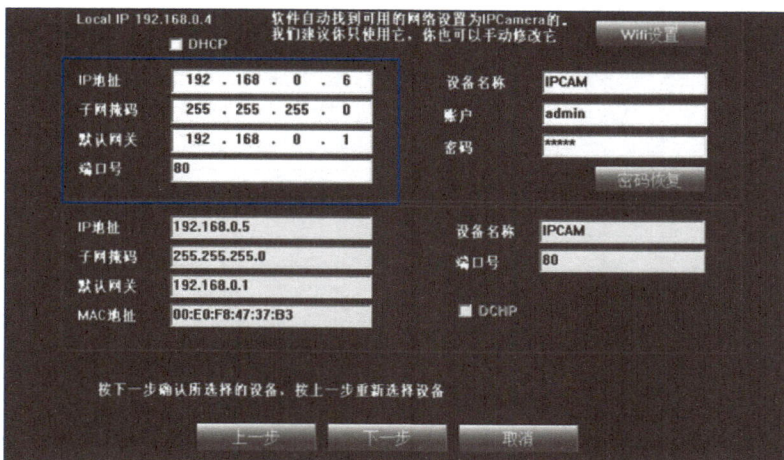

图 7-14　摄像头 IP 地址配置界面

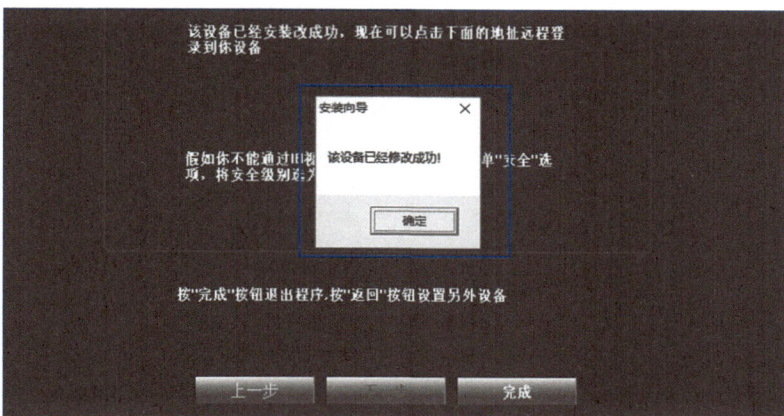

图 7-15　提示设备已经修改成功

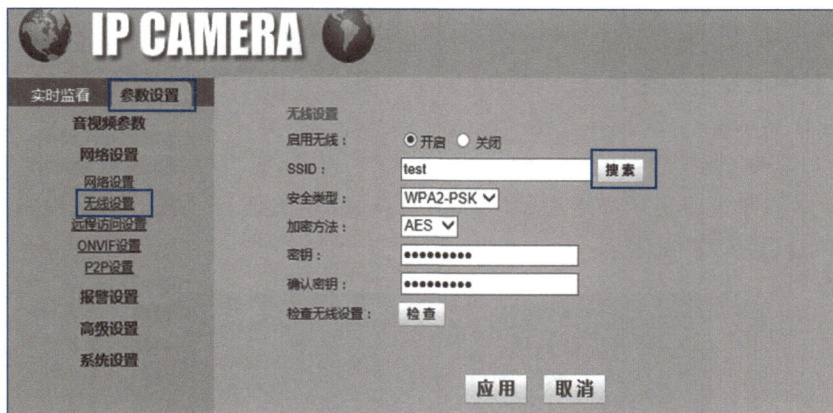

图 7-16　摄像头"无线设置"界面

单击"搜索"按钮,找到已用路由器配置好的 Wi-Fi(见图 7-17,这里以"test"为例),单击对应的"确定"按钮。在弹出的对话框中输入相应的 Wi-Fi 密码,再单击"应用"按钮完成配置,如图 7-18 所示。

添加	RSSI	SSID	加密方式	认证	连接模式	通道
确定	100	zz	AES	WPA-PSK	Infra	1
确定	100	IIOT	AES	WPA-PSK	Infra	1
确定	100	suibian	AES	WPA2-PSK	Infra	1
确定	100	@PHICOMM_Guest	TKIP	WPA-PSK	Infra	4
确定	100	HH-EDU	TKIP	WPA-PSK	Infra	4
确定	100	test	AES	WPA-PSK	Infra	9
确定	100	D-Link_DIR-612_A	AES	WPA-PSK	Infra	5
确定	100	TP-LINK_Newland	AES	WPA-PSK	Infra	6

图 7-17　Wi-Fi 列表

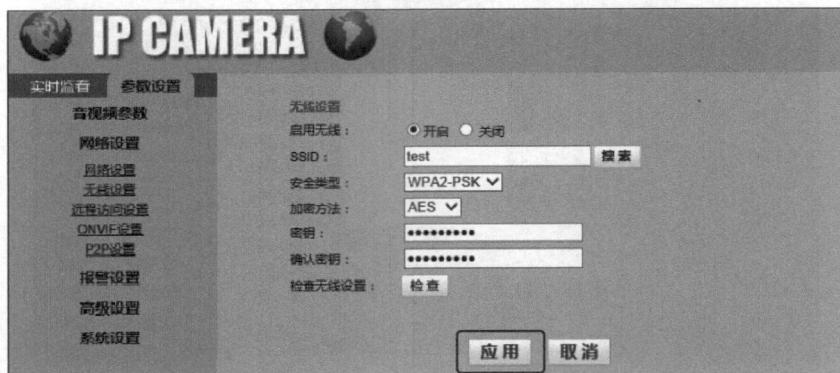

图 7-18　单击"应用"按钮完成配置

至此,摄像头的 Wi-Fi 配置完毕,读者可以在本案例配套的虚拟串口工具"视频安防监控系统"中输入摄像头的 IP 地址,检测摄像头是否连接成功,若不成功,可重新参考以上流程完成摄像头配置。

6. LED 显示屏

LED 显示屏(见图 7-19)由 LED 点阵和 LED PC 面板组成,通过红色、蓝色、白色、绿色 LED 灯的亮灭来显示文字、图片、动画、视频或相关信息。在本案例中,LED 显示屏用于发布报警文字信息。

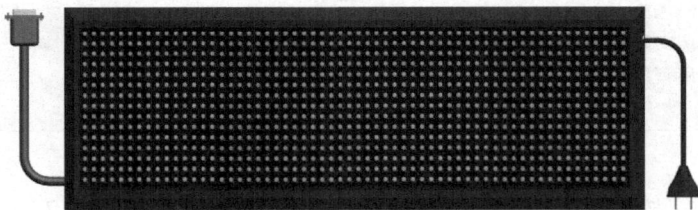

图 7-19　LED 显示屏

工程师提示

在企业级嵌入式项目开发中,摄像头和LED显示屏都是很重要的功能部件,它们并非一上电就能独立工作,而是需要通过控制芯片来控制它们实现实时采集数据和图像以及显示不同的画面等功能。在开发过程中,有两个关键点要特别注意。首先是硬件选型。摄像头和LED显示屏都是成本相对较高的器件,应根据项目需求来选择需要的型号,如摄像头的分辨率需要达到1080P,LED显示屏需要显示1 m×3 m的范围等。除硬件选型之外,对摄像头和LED显示屏功能的编程实现至关重要。对摄像头和LED显示屏来说,为达到省电的目的,也为了提高硬件使用寿命,在正常工作之外,即其不需要工作的时候,需要让它们进入"休眠模式",以实现低功耗。"休眠模式"功能的编程实现是企业级嵌入式产品开发的重中之重,有兴趣的读者可以浏览CSDN或者OpenEdv等技术社区来了解学习低功耗产品的开发过程。

7. 串口服务器

串口服务器(见图7-20)提供串口转网络的功能,能将RS-232/485/422串口转换成TCP/IP网络接口,实现RS-232/485/422串口与TCP/IP网络接口的数据双向透明传输。串口服务器使串口设备能够立即具备TCP/IP网络接口功能,从而连接网络进行数据通信,极大扩展了串口设备的通信距离。

微课
智慧小区安防监控系统任务分析:串口服务器、ADAM-4150 端口分配

图7-20 串口服务器

PC只有一个串口,当有多个串口通信设备需要同时采集或控制时,就需要引入串口服务器以扩充PC的唯一串口。本案例中,LED显示屏、485转232设备(485=232转换器)都需要连接串口服务器。

通用串口服务器的配置步骤如下。

步骤一:安装串口服务器初始化配置工具。

使用串口服务器初始化配置工具NPort Windows Driver Manager,对串口服务器进行初始化配置。这是为了确保串口服务器和计算机在同一个局域网内。

(1)将串口服务器直接接在计算机的网络接口,两者使用网线连接。

(2)双击安装文件 drvmgr_setup_Ver1.19_Build_16072517_whql.exe,根据向导安装成功后找到NPort Windows Driver Manager软件图标 Npcom.exe,双击打开。

步骤二:搜索串口服务器的IP地址。

进入NPort Windows Driver Manager软件后,单击工具栏中的"Add"按钮,弹出"Add NPort"对话框,单击"Search"按钮搜索串口服务器,搜索时间通常为几秒,如图7-21所示。

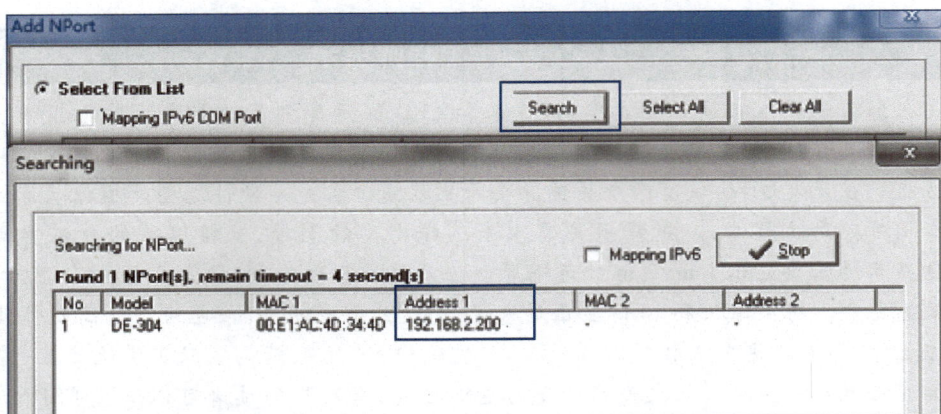

图 7-21　串口服务器的 IP 地址搜索

步骤三：Web 端连接模式配置。

打开浏览器，在地址栏中输入搜索到的串口服务器 IP 地址（如 192.168.2.200），进入串口服务器配置界面，如图 7-22 所示。

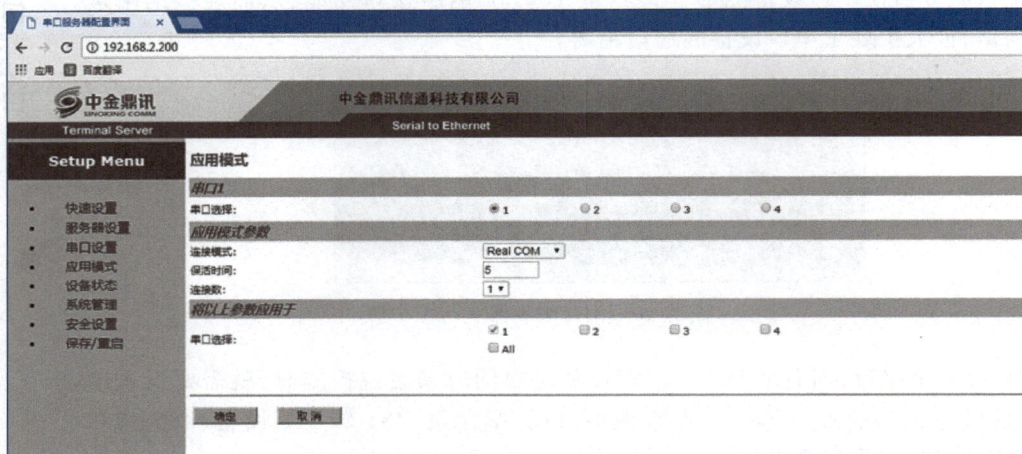

图 7-22　串口服务器配置界面

如图 7-23 所示，选择"应用模式"→"应用模式参数"，在"连接模式"中选择"MCP Mode"，单击"确定"按钮。模式确定完成后单击"保存/重启"完成配置。对串口服务器 Web 端连接模式进行正确配置很重要，否则将无法通信。

步骤四：分配串口。

返回 NPort Windows Driver Manager 软件，再次执行步骤二，搜索出现 IP 地址后，单击"Yes"按钮，软件会自动把 PC 当前没有在用或者空闲的串口映射到串口服务器中，不需要手动设置串口，如图 7-24 所示。等待进度完成，串口的分配就成功了。

最后，打开 PC 中的设备管理器，可以看到添加好的虚拟串口，如图 7-25 所示。注意，若在设备管理器中没有看到虚拟串口，可尝试重启 PC 再次查看。

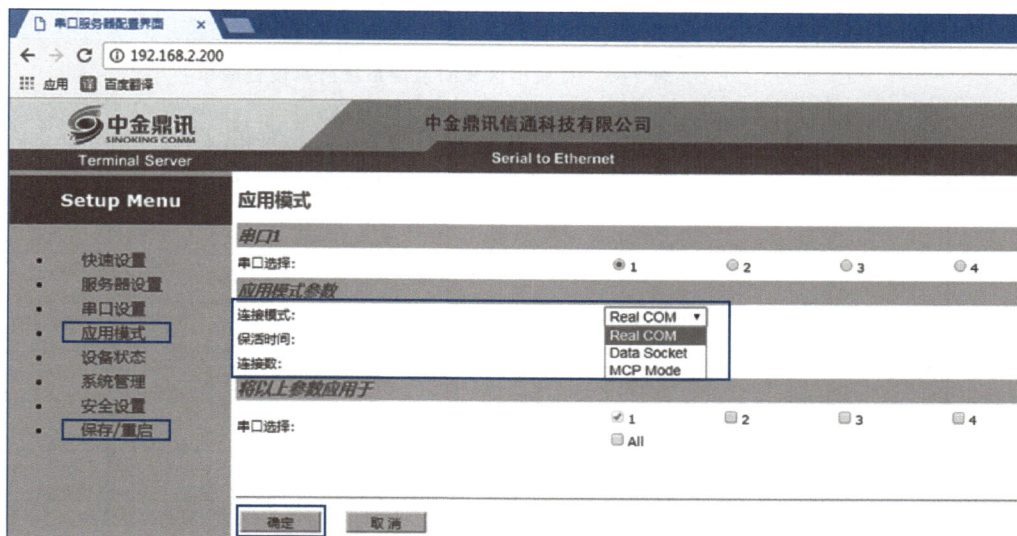

图 7-23 设置"应用模式参数"

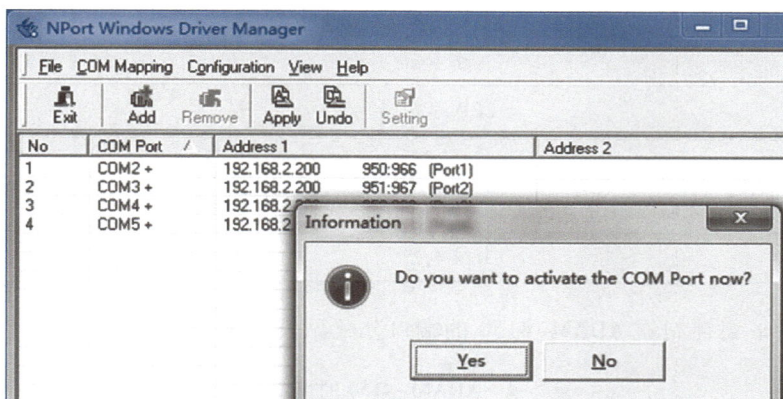

图 7-24 自动分配串口

图 7-25 在设备管理器中查看虚拟串口

智慧小区安防监控系统所需设备清单见表7-3。

表7-3 智慧小区安防监控系统所需设备清单

序号	设备名称	数量
1	数字量采集控制器（ADAM-4150）	1
2	红外对射传感器（主）	1
3	红外对射传感器（子）	1
4	烟雾传感器	1
5	火焰传感器	1
6	人体红外传感器	1
7	摄像头	1
8	485=232转换器	1
9	警示灯（报警灯）	1
10	串口服务器	1
11	路由器	1
12	LED显示屏	1
13	PC	1
14	电源（2个5 V、1个12 V、3个24 V、1个220 V）	7
15	继电器	1

数字量采集控制器ADAM-4150的端口分配见表7-4。

表7-4 ADAM-4150的端口分配

序号	设备名称	供电电压	ADAM-4150端口
1	红外对射传感器（主）	DC 12 V	DI3
2	烟雾传感器	DC 24 V	DI2
3	火焰传感器	DC 24 V	DI1
4	人体红外传感器	DC 24 V	DI0
5	继电器7脚［控制警示灯（报警灯）］	DC 24 V	DO2
6	485=232转换器 T/R+（连接串口服务器）	—	（Y）D+
7	485=232转换器 T/R-（连接串口服务器）	—	（G）D-

7.2.3 连线参考

智慧小区安防监控系统的连线可参考图7-26。

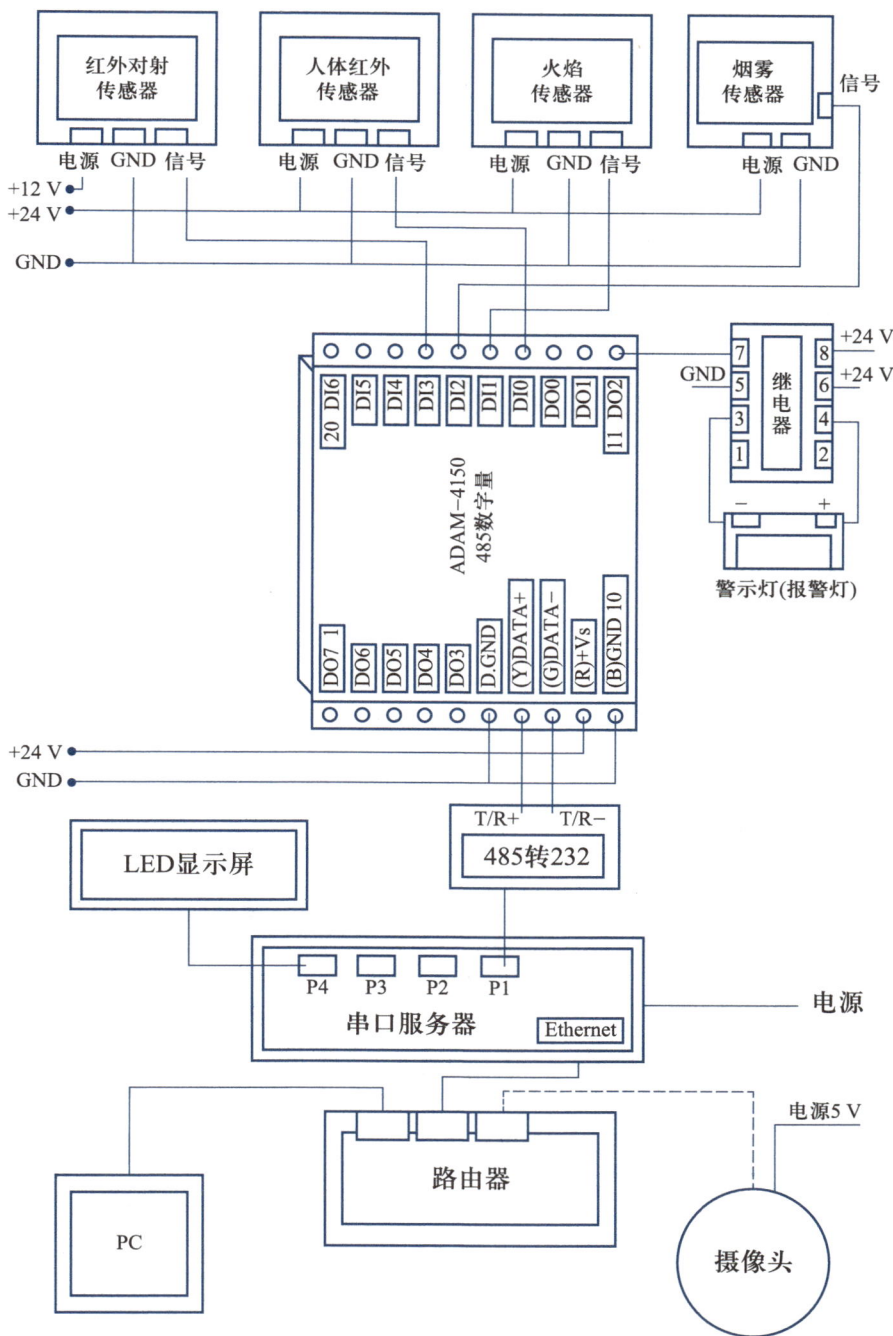

图 7-26 智慧小区安防监控系统连线

7.3 任务实施

打开"物联网行业实训仿真系统"软件,新建一个工作台,并命名为"智慧小区安防监控系统"。

步骤一：在实训仿真系统的设计区准备好本案例的所有设备。

在实训仿真系统左侧设备区中找到本案例需要的所有设备，依次拖曳到右侧的仿真设计区。这些设备包括：1 个数字量采集控制器（ADAM-4150）、1 个红外对射传感器（主）、1 个红外对射传感器（子）、1 个烟雾传感器、1 个火焰传感器、1 个人体红外传感器、1 个摄像头、1 个 485 = 232 转换器、1 个警示灯（报警灯）、1 个串口服务器、1 个路由器、1 个 LED 显示屏、1 个 PC、2 个 5 V 电源、1 个 12 V 电源、3 个 24 V 电源、1 个 220 V 电源、1 个继电器，如图 7-27 所示。

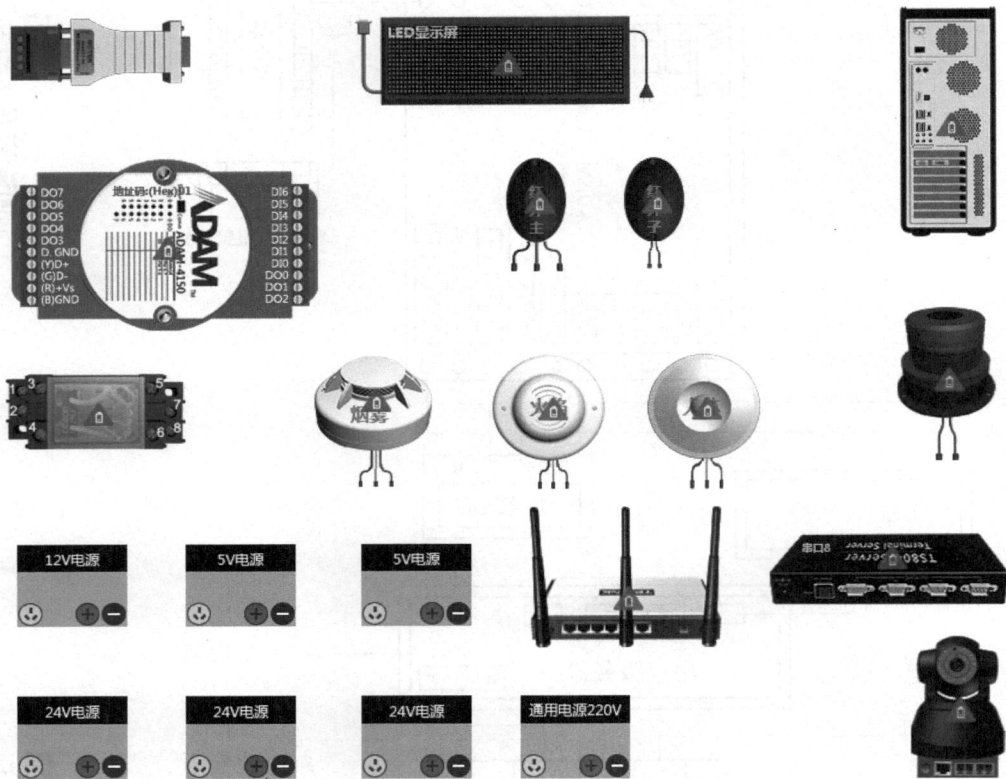

图 7-27　智慧小区安防监控系统所需设备

步骤二：参考系统连线图完成设备连线。

首先，参考 ADAM-4150 的端口分配表（表 7-4）与系统连线图（图 7-26），将所有直连 ADAM-4150 的设备连接好。注意，图中所有传感器的信号引脚与 ADAM-4150 的对应端口相连接，继电器的 7 脚为被控制脚，485 = 232 转换器的正、负端口分别与 ADAM-4150 的（Y）D+、（G）D-端口连接，如图 7-28 所示。

接着，参考图 7-26 将警示灯（报警灯）接入继电器，将串口服务器连接 485 = 232 转换器，将 LED 显示屏接入串口服务器，将路由器接入串口服务器，将 PC 与摄像头接入路由器，如图 7-29 所示。

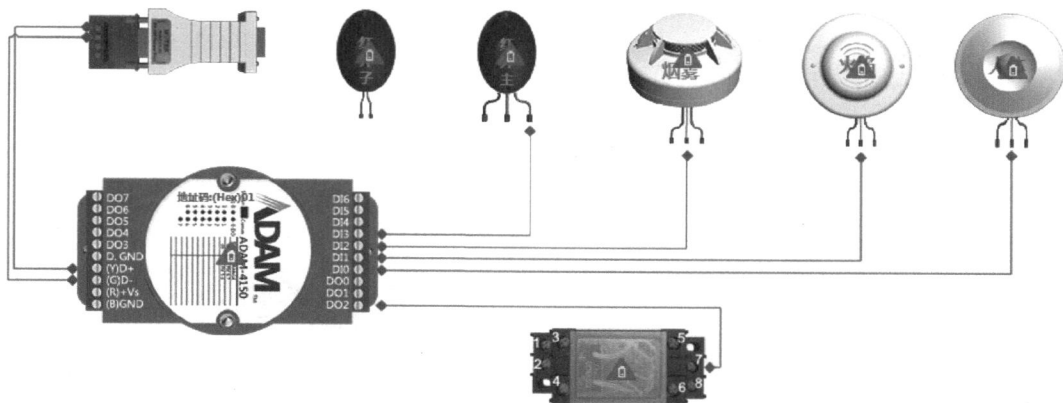

图 7-28 ADAM-4150 连接部分

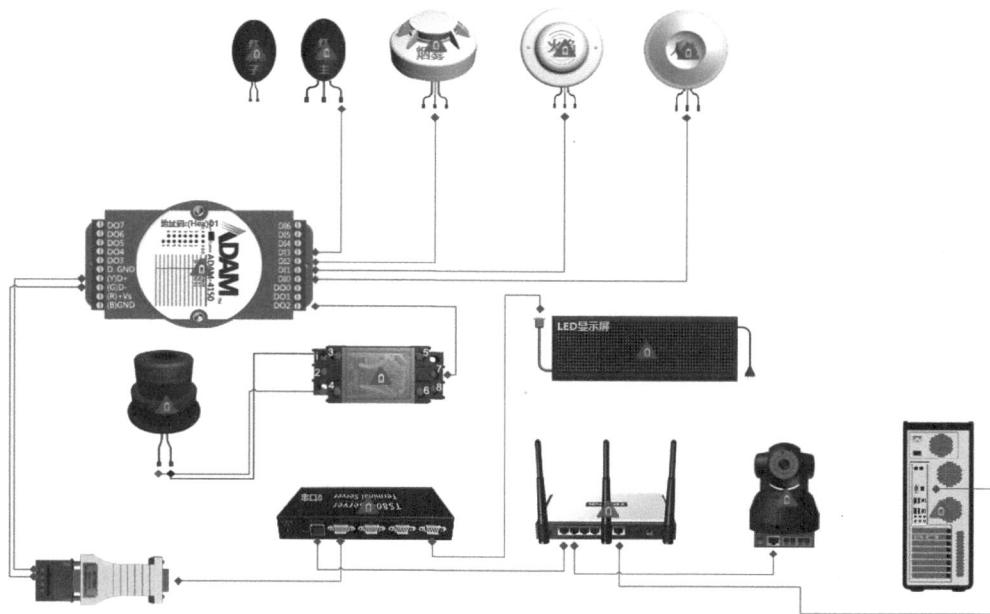

图 7-29 将各设备接入系统

注意,继电器的 3 脚与 4 脚用来驱动 24 V 的报警灯,串口服务器的 P1 口与 485＝232 转换器相连,路由器的网口与串口服务器的网口相连(以路由器的 Ethernet 1 口连接串口服务器的 Ethernet 口),LED 显示屏接入串口服务器的 P4 口,摄像头接入路由器的 Ethernet 2 口,PC 的 Ethernet 口接入路由器的 Ethernet 5 口。

最后,将所有设备接入相应电源,如图 7-30 所示。

步骤三:对部分设备进行配置。

在实训仿真系统中双击串口服务器打开配置对话框,如图 7-31 所示。

配置对话框中有 P1、P2、P3、P4 四个端口,由于前面已将 485＝232 转换器接在了串口服务器的 P1 口,也就意味着 ADAM-4150 采集的传感器数据都会通过 485＝232

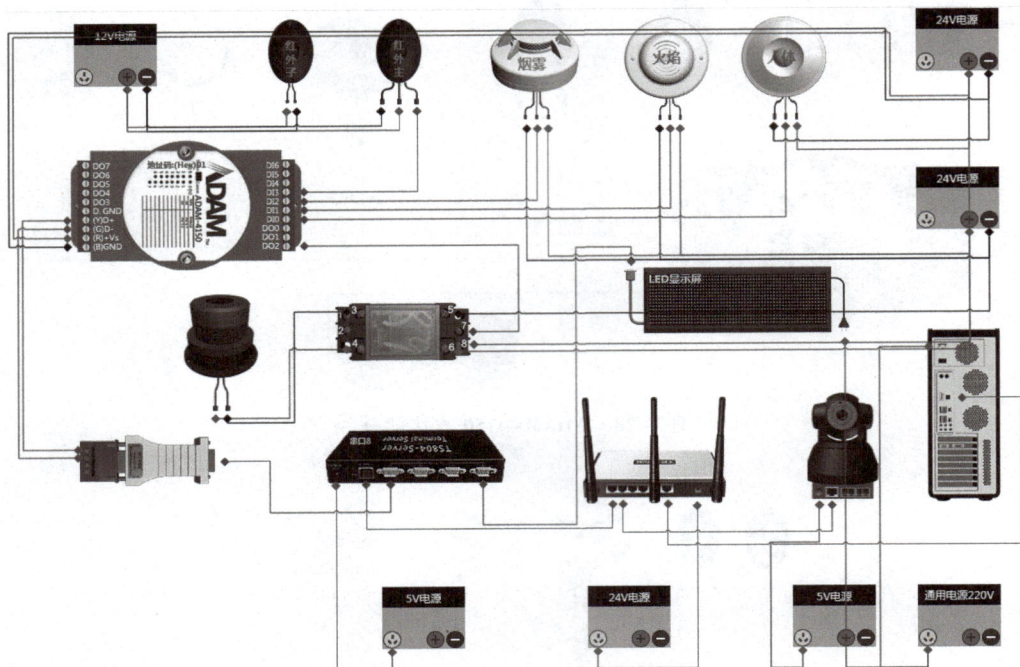

图 7-30   接入电源

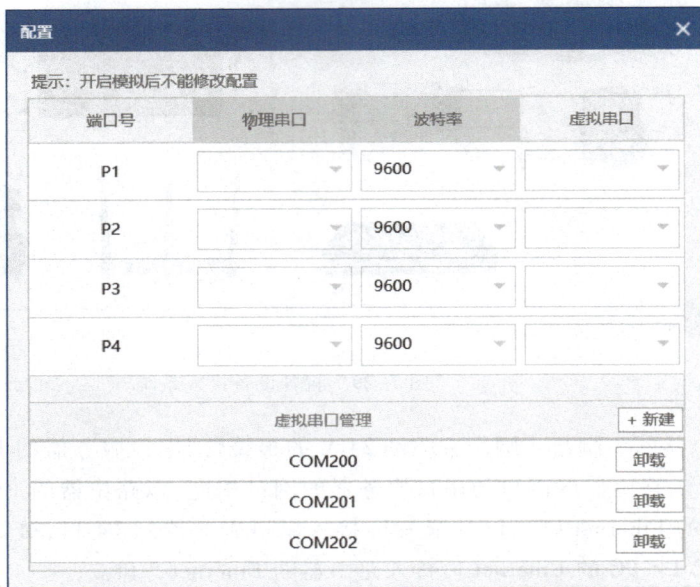

图 7-31   串口服务器配置对话框

转换器发送到 P1 口;同理,对 LED 显示屏的控制是通过串口服务器的 P4 口完成的。分别单击 P1 与 P4 对应的"虚拟串口"下拉列表框,将其配置为"COM200"与"COM201",如图 7-32 所示。

图 7-32 配置虚拟串口

步骤四:验证连线并开启仿真模拟实验。

开启实训仿真系统的连线验证功能,连线验证通过后再开启模拟实验功能。至此,实训仿真系统侧的操作告一段落。

步骤五:监测软件参数配置和策略设置,实施并观察实验现象。

保持模拟实验功能的开启状态,打开与本案例配套的上位机软件"视频安防监控系统"(可扫描本章末尾的二维码下载软件包)。

利用该虚拟串口工具,可以在 PC 中监控从智慧小区安防监控系统的传感器发来的小区状态,实现警示灯(报警灯)闪烁报警,并将文字发送到 LED 显示屏,在实训仿真系统中同步可视化显示。具体操作如下。

在前面的步骤三中,已在实训仿真系统中对串口进行了配置。这里,在虚拟串口工具"视频安防监控系统"中,也需要将 ADAM-4150 的串口选择改为"COM200",将 LED 显示屏的串口选择改为"COM201",以与步骤三中的串口配置统一,如图 7-33 所示。此外,注意各传感器/执行器通道选择要与端口分配表(表 7-4)保持一致,如图 7-34 所示。

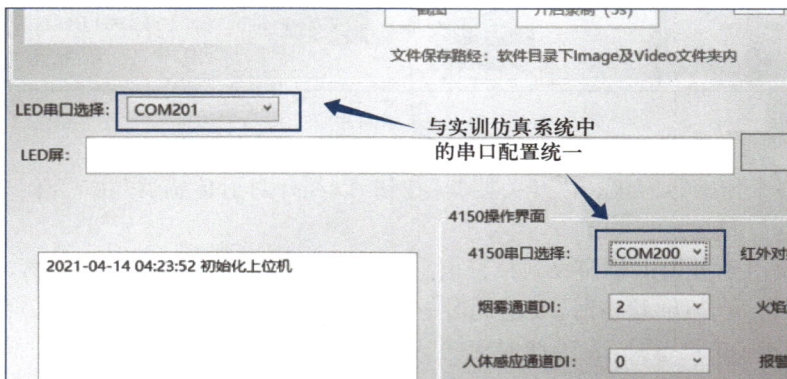

图 7-33 正确配置串口

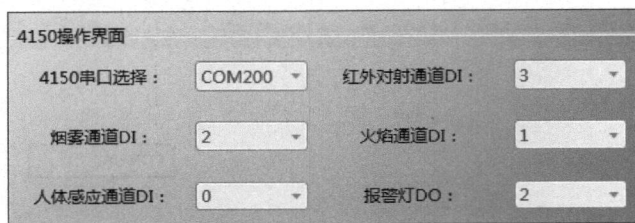

图 7-34　正确配置传感器/执行器通道

设置好串口和通道后,单击"开始监控"按钮,可以观察到视频安防监控系统左下角的信息框中显示"开始监控""监测到数据! 开始接收",如图 7-35 所示。

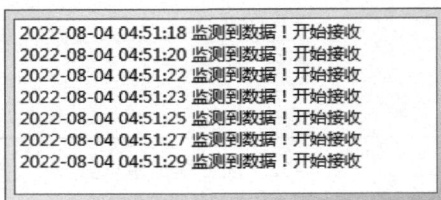

图 7-35　视频安防监控系统信息框

在 LED 显示屏的输入框中输入任意字样,并单击"修改"按钮,返回实训仿真系统中观察 LED 显示屏,发现输入信息已同步显示,如图 7-36 所示。

图 7-36　LED 显示屏同步显示输入信息

双击各个传感器,会弹出"开关控制"按钮,以红外对射传感器(主)为例,如图 7-37所示。

该按钮用于模拟传感器收到报警信息的情景,例如,当红外对射传感器(主)的"开关控制"按钮处于 On 状态时,表示此时有人入侵;当红外对射传感器(主)的"开关控制"按钮处于 Off 状态时,表示此时无人入侵。若该按钮处于 On 状态,会观察到实训仿真系统中的警示灯(报警灯)开始闪烁,视频安防监控系统中的报警灯也开始闪烁,信息框中不断显示"红外对射警报!",如图 7-38 所示。

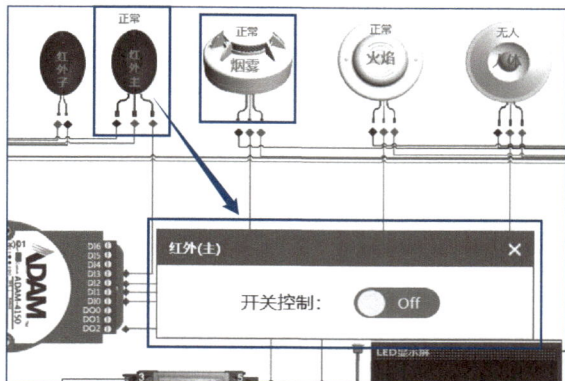

图 7-37　红外对射传感器(主)"开关控制"按钮

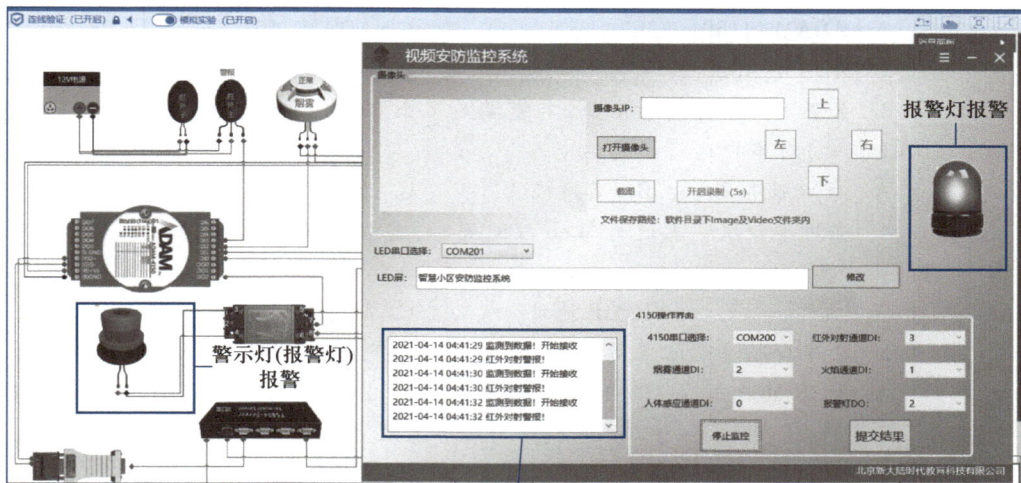

信息框收到
"红外对射警报!"信息

图 7-38　红外对射传感器(主)按钮开启后触发报警灯报警

同理,通过操作烟雾传感器、火焰传感器、人体红外传感器,也可以观察到类似的现象,读者可以动手实践,观察实训仿真系统和视频安防监控系统中对应的现象。

7.4　案例总结

安防监控是物联网行业的重要应用场景之一。本章利用实训仿真系统构建了一个智慧小区安防监控系统,在实训仿真系统与配套虚拟串口工具的帮助下,进行关键传感器及执行器的数据交互和协同操作。可以看到,一个典型的安防监控系统不仅有监控摄像头,还有红外对射传感器、烟雾传感器、火焰传感器、人体红外传感器等各种各样的传感器,从而实现对烟雾、火灾、可疑人员入侵等不同情况的感知和判断。通过案例任务的实施,读者可以直观具体地理解一个典型物联网安防监控系统的构建和运行,为以后工作中面对相关行业应用场景做好铺垫。

在后续章节的案例中,将会构建和操作更加复杂的物联网系统,并从无线传输和有线传输结合、云平台数据联动、虚拟串口工具控制等方面深入了解其他应用场景下的物联网系统。

资料下载

第7章仿真工程文件及配套上位机软件

习 题

一、单项选择题

1. ( )不是智慧小区安防监控系统的常用设备。

A. 摄像头 B. 烟雾传感器

C. 红外对射传感器 D. 温湿度传感器

2. 智慧小区安防监控系统可以通过( )采集各传感器数据以及控制报警装置。

A. ADAM-4150 B. ADAM-4017+

C. ADAM-4020 D. 以上选项都不正确

3. 如果 PC 只有一个串口,不能满足多个串口通信设备同时采集的要求,则需要引入( )对串口进行扩充。

A. 串口服务器 B. 交换机 C. 路由器 D. 集线器

4. 在对串口服务器进行 Web 端配置时,需打开浏览器,在地址栏中输入串口服务器的( )。

A. 名称 B. IP 地址 C. 域名 D. MAC 地址

5. 在串口服务器配置界面进行"应用模式参数"配置时,应选择( )连接模式。

A. MCP Mode B. Data Socket C. Real COM D. 以上选项都不正确

6. 可以使用( )工具完成串口服务器配置。

A. SearchTool B. UartAssist

C. NPort Windows Driver Manager D. Demonstrator GUI

7. 以下对红外对射传感器特点的描述中,错误的是( )。

A. 也称为单光束红外对射,适用于门、窗、围墙、道闸等应用

B. 工作电压为 12 V,探测距离为 20 m

C. 供电电流>50 mA

D. 触发时间>100 ms

8. 以下( )为人体红外传感器。

A. Flame-1000-D B. HC-SR501 C. SHT11 D. TGS813

9. 真实红外对射传感器的接收端和发送端分别有( )端口。

A. 4个和3个 B. 3个和2个 C. 4个和2个 D. 4个和4个

二、多项选择题

1. 智慧小区安防监控系统提供的典型功能主要包括( )。

A. 智能监控 B. 家庭防盗 C. 消防预警 D. 休闲娱乐

2. 智慧小区安防监控系统中用到的传感器包括( )。

A. 红外对射传感器　　　　　　　B. 烟雾传感器

C. 火焰传感器　　　　　　　　　D. 人体红外传感器

3. 关于 Flame-1000-D 型传感器,以下说法中正确的是(　　　)。

A. 利用红外感应技术实现　　　　B. 利用感温探测技术实现

C. 利用感烟探测技术实现　　　　D. 可输出模拟量或数字量

4. 关于 TGS813 型传感器和 Flame-1000-D 型传感器,以下说法中正确的是(　　　)。

A. 都属于气体传感器的一种

B. 都可以用于火灾预警

C. TGS813 常用于空气质量监测报警、工业有害气体监测报警、空气清新装置、换气扇控制、脱臭器控制等场合

D. TGS813 常用于家庭泄漏气体检测、工业可燃气体检测以及便携式可燃气体检测等场合

5. 在智慧小区安防监控系统中,需要连接串口服务器的设备包括(　　　)。

A. 人体红外传感器　　　　　　　B. LED 显示屏

C. 485＝232 转换器　　　　　　　D. 火焰传感器

三、判断题

1. 消防预警功能主要用于楼道及家庭内部的防火防爆。常用设备包括烟雾感应器、燃气泄漏探测器、智能开关等。　　　　　　　　　　　　　　　　(　　　)

2. 将红外对射传感器用于家居防盗,可在检测标的通过路径的两侧分别安装其发送端和接收端,并将发送端与报警主机或报警器相连接,由发送端负责输出开关控制信号给相连接的报警器。　　　　　　　　　　　　　　　　　　　　(　　　)

3. 对串口服务器 Web 端连接模式进行正确配置很重要,否则将无法通信。
　　　　　　　　　　　　　　　　　　　　　　　　　　　　　　(　　　)

4. 在实训仿真系统中不能使用一个电源给多个设备供电。　　　　(　　　)

5. 串口服务器使得串口设备能够具备 TCP/IP 网络接口功能,从而连接网络进行数据通信,可以扩展串口设备的通信距离。　　　　　　　　　　　　(　　　)

6. 在串口服务器配置过程中,不需要手动设置串口号,PC 中空闲的串口会自动映射到串口服务器。　　　　　　　　　　　　　　　　　　　　　　(　　　)

7. ADAM-4150 可以直接与路由器或 PC 直连,不需要转接口。　　(　　　)

8. 在虚拟串口工具"视频安防监控系统"中,无须将 ADAM-4150 串口选择与实训仿真系统中的串口配置统一。　　　　　　　　　　　　　　　　　(　　　)

9. 人体红外传感器的探测元件可将探测并接收到的红外热辐射转变成弱电压信号。　　　　　　　　　　　　　　　　　　　　　　　　　　　　(　　　)

四、填空题

1. 红外对射传感器包含两个器件,即_____和_____。

2. 在智慧小区安防监控系统中,由_____负责采集各个开关量传感器的数据以及控制警示灯(报警灯),并利用 485＝232 转换器将数据通过_____发送给_____,再中继给 PC。

3. 串口服务器提供_____的功能,能使串口设备立即具备_____网络接口功能,从而连接网络进行数据通信,极大扩展了串口设备的通信距离。

4. 在物理硬件上,红外对射传感器的接收端有_____个端口,发送端有_____个端口。在实训仿真系统中,红外对射传感器的接收端也称为_____,发送端也称为_____,其中接收端有_____个端口,可视作将两个_____短接了。

5. 在不需要摄像头和LED显示屏工作的时候,通常需要让它们进入"_____",以达到省电的目的,同时也可以提高使用寿命。

6. ADAM-4150不可以和串口服务器直接相连,需要经过_____转_____接口。

五、简答题

1. 举例说明智慧小区安防监控系统主要可实现哪些功能?需要哪些常用设备?

2. 简述摄像头的IP地址和Wi-Fi配置流程。

3. 串口服务器有什么作用?举例说明在什么场景下需要使用串口服务器。

4. 简述通用串口服务器的配置步骤。

5. 常见的红外传感器有哪些类型?举例说明其中一类传感器的应用场景。

第 **8** 章

智慧农业综合应用系统

☑ **知识目标**
- 理解智慧农业综合应用系统的功能和系统拓扑图
- 了解多类型传感器的功能及在智慧农业物联网中的使用方法
- 熟悉在 NLECloud 物联网云平台上建立复杂项目并进行关联设备配置的过程

☑ **能力目标**
- 能够分析智慧农业综合应用系统的功能和拓扑
- 能够完成智慧农业综合应用系统（串口版）的构建
- 能够在配套虚拟串口工具中正确配置串口和设备端口，并使用虚拟串口工具对智慧农业综合应用系统实施数据采集和设备控制
- 能够完成智慧农业综合应用系统（网关版）的构建
- 能够在 NLECloud 物联网云平台中完成复杂项目建立和关联设备配置，并使用 NLECloud 物联网云平台对智慧农业综合应用系统实施数据采集和设备控制

☑ **素养目标**
- 培养从整体到局部、从概括到细节的认知习惯
- 培养积极思考与勤于实践并重的意识
- 培养独立学习与沟通协作的能力

8.1.1　背景导入

传统农业中,农业管理主要看天吃饭,受环境因素影响较大,且种植技术的传播主要靠言传身教和实践积累。在现代新型农业生产中,农业物联网通过先进的信息及通信技术的深度应用,尽可能低地降低环境因素对作物的影响,让作物在最佳环境下生长,为农业生产带来更多便利,达到降低农业生产成本、提高农业生产效率并提升农产品品质的目的,这是智慧农业的重要组成部分,也是农业生产的高级阶段。在农业物联网的帮助下,农业的生产模式从以人力为中心、依赖于孤立机械转向以信息和软件为中心,大量使用各种自动化、智能化、远程控制设备。

农业物联网的一个典型应用是农业环境监控。具体的做法是:将传感器节点和执行器节点部署在农业环境中构成监控网络,通过各种传感器采集信息,为农业环境的精准调控提供决策依据,继而利用执行器节点对农业环境做出改善。

8.1.2　概念导入

智慧农业综合应用系统充分应用现代信息技术成果,集成应用计算机与网络技术、物联网技术、音视频技术、3S 技术、无线通信技术及农业专业知识及经验,实现农业可视化远程诊断、远程控制、灾变预警等智能管理。其中,3S 技术指全球定位系统(global positioning system,GPS)、地理信息系统(geographic information system,GIS)以及遥感(remote sensing,RS)技术的结合。本章主要介绍如何在物联网行业实训仿真系统和 NLECloud 物联网云平台的协同下构建一个基于温室大棚应用的智慧农业综合应用系统。在实训仿真系统与云平台的协同工作下,无需硬件设备,通过仿真实验实操系统地理解和掌握一个典型的智慧农业综合应用系统的构建和运行过程,并理解如何通过 NLECloud 物联网云平台去监测和控制实训仿真系统设计区的各采集设备与控制器件。

8.1.3　案例导入

智慧农业综合应用系统的一个典型应用场景就是温室大棚。在基于温室大棚的智慧农业综合应用系统中,通过在农作物生长环境中部署的光照、温度、湿度等无线传感器,能够实现对农作物温室内的温度、湿度信号以及光照、土壤温度、土壤含水量、二氧化碳浓度、叶面湿度、露点温度等环境参数的实时采集;同时,通过在温室大棚现场布置的摄像头等监控设备,可以实时采集视频信号。基于对所采集的各种环境数据的综合分析,系统可以自动开启或者关闭指定设备(如远程控制浇灌、开关卷帘、开关风扇等);用户也可以通过 PC 或手机随时随地观察掌握与生长环境相关的各类实时数据(如温度、湿度等),并远程智能调节指定设备。系统在温室大棚现场采集到的数据,可为农业综合生态信息自动监测以及农业生长环境的自动控制和智能化管理提供科学依据。

8.2　任务分析

本章实验基于实训仿真系统和 NLECloud 物联网云平台即可实现,无须使用物理硬件。主要任务包括两部分:串口数据采集及控制仿真(任务一)和网关数据采集及控制仿真(任务二)。通过系统仿真实操,读者能够理解和掌握如何实现温室大棚中各种传感器数据的收集,如何将收集到的数据通过串口发送至 PC 或通过网关发送至云平台,以及如何实现实训仿真系统和虚拟串口工具之间、实训仿真系统和云平台之间的数据联动操作,包括传感器数据查看及执行器策略控制。

8.2.1　系统拓扑

智慧农业综合应用系统主要由部署于农业温室大棚中的各种传感器、控制器以及系统软件等组成。传感器可实时采集的环境参数包括温室大棚内的温度、湿度、光照、土壤温度、土壤湿度、二氧化碳浓度等环境数据,这些数据会从不同的传感器经由串口上传至 PC 或经由网关上传至云平台,在虚拟串口软件(安装于 PC)或云平台侧,将接收到的传感器数据以图表或曲线的方式显示给用户,并根据种植作物的需求提供各种报警信息以及完成环境调节。

1. 任务一:串口数据采集及控制仿真

任务一的系统拓扑如图 8-1 所示:搭建串口数据采集及控制仿真系统,以实训仿真系统提供的串口服务器组件连接智慧农业综合应用系统中的传感器及执行器设备,利用虚拟串口工具查看传感器发来的实时数据,并实现对各种执行器的控制。

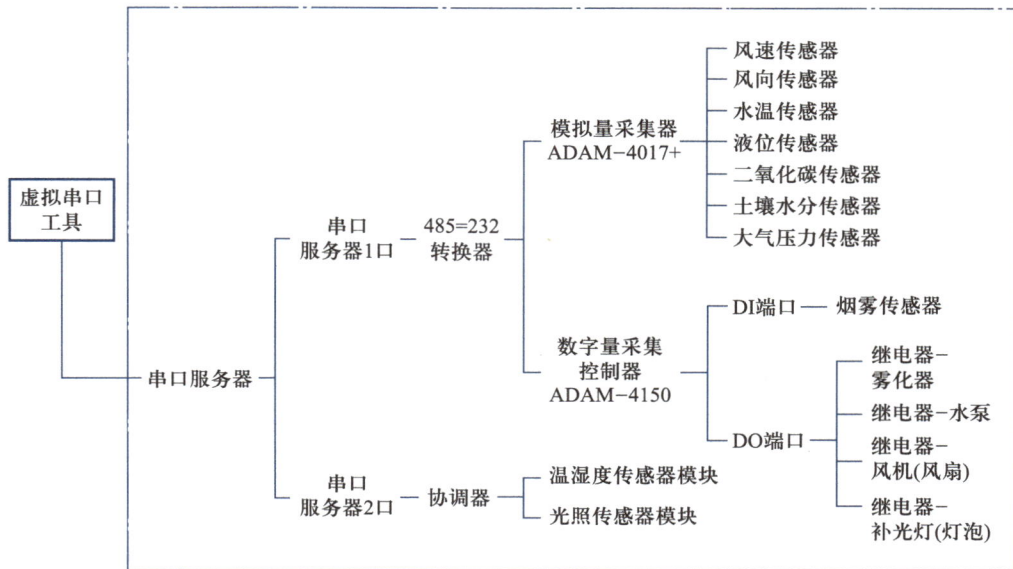

图 8-1　智慧农业综合应用系统任务一的系统拓扑

从图 8-1 中可以看到,大部分传感器和执行器(模拟量传感器、数字量传感器、继电器)与模拟量采集器 ADAM-4017+或数字量采集控制器 ADAM-4150 连接,采集器通过 485 = 232 转换器以有线方式将数据传输至串口服务器 1 口,两个无线传感器模块则以无线通信的方式先与协调器连接,再经由协调器将数据发送至串口服务器 2 口。实训仿真系统与配套虚拟串口工具之间可以实现数据联动,利用虚拟串口工具实现传感器数据查看及执行器控制。

2. 任务二:网关数据采集及控制仿真

任务二的系统拓扑如图 8-2 所示:搭建网关数据采集及控制仿真系统,NLECloud 物联网云平台通过实训仿真系统提供的网关组件采集智慧农业综合应用系统中各传感器设备的实时数据,并控制网关所连接的各执行器设备。控制包括手动控制与自动控制,手动控制在云平台设备展示页面进行,自动控制则借助 NLECloud 物联网云平台设置相关策略完成。

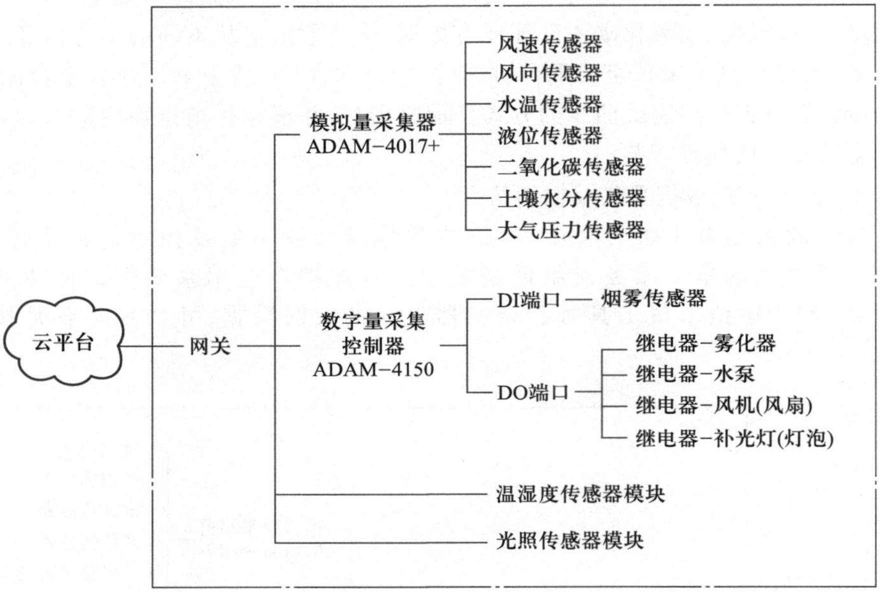

图 8-2 智慧农业综合应用系统任务二的系统拓扑

从图 8-2 中可以看到,大部分传感器和执行器(模拟量传感器、数字量传感器、继电器)与模拟量采集器 ADAM-4017+或数字量采集控制器 ADAM-4150 连接,采集器以有线的方式将数据传输至网关;两个无线传感器模块直接通过无线通信的方式将数据发送至网关,而无须像任务一那样需要协调器的协助完成数据发送。实训仿真系统与 NLECloud 物联网云平台之间可以实现数据联动,利用 NLECloud 物联网云平台实现传感器数据查看及执行器控制。

8.2.2 关键设备

智慧农业综合应用系统涉及大量不同类型的传感器,见表 8-1。

表 8-1　智慧农业综合应用系统中用到的传感器

传感器名称	功能与用途
风速传感器、风向传感器	用于大棚所在地与风速及风向有关的农业气象勘测
二氧化碳传感器	用于采集大棚内二氧化碳的浓度。当二氧化碳的浓度大于大棚外时,开启风机(风扇),进行内外空气交换
土壤水分传感器	用于采集土壤的温度和湿度
水温传感器	用于监测农业水培环境的水温
液位传感器	用于监测农业水培环境的液位
烟雾传感器	用于监测大棚内的烟雾状况
光照传感器	用于监测大棚内的光照状况。当传感器获取的光照值低于适宜植物生长的光照阈值时,开启补光灯(灯泡)。光照传感器以 ZigBee 无线通信方式上传数据
温湿度传感器	用于监测大棚内的温度和湿度。当环境温湿度不利于植物生长时,开启水泵和风机(风扇)实施调节措施。温湿度传感器以 ZigBee 无线通信方式上传数据
大气压力传感器	用于监测大棚内作物生长环境的气压值。根据测得的气压数据,采取开窗通风措施

企 业 经 验

本案例中,大棚降温主要通过湿帘,湿帘安装在大棚的一端,风机(风扇)安装在大棚的另一端。要对大棚进行降温时,首先启动风机(风扇)将温室大棚内的空气强制抽出,形成负压,同时开启水泵,将水打在湿帘上。室外空气因负压被吸入室内,以一定的速度从湿帘的缝隙穿过,促使水分蒸发和降温,冷空气流经温室大棚,吸收了室内热量,再经风机(风扇)排出,从而达到降温的目的。

本案例的关键设备端口分配参考表 8-2。

表 8-2　关键设备端口分配

设备名称	端口名称/接线方式	端口/中间件	连接设备
模拟量采集器 ADAM-4017+	VIN	0+端口	风向传感器
		0-端口	24 V 电源 GND(与风向传感器共地)
		1+端口	风速传感器
		1-端口	24 V 电源 GND(与风速传感器共地)

设备名称	端口名称/ 接线方式	端口/中间件	连接设备
模拟量采集器 ADAM-4017+	VIN	2+端口	液位传感器
		2-端口	24 V 电源 GND
		3+端口	水温传感器
		3-端口	24 V 电源 GND
		4+端口	大气压力传感器
		4-端口	24 V 电源 GND（与大气压力传感器 共地）
		5+端口	土壤水分传感器（温度端口）
		5-端口	24 V 电源 GND（与土壤水分传感器 共地）
		6+端口	二氧化碳传感器
		6-端口	24 V 电源 GND（与二氧化碳传感器 共地）
		7+端口	土壤水分传感器（湿度端口）
		7-端口	24 V 电源 GND（与土壤水分传感器 共地）
	数据端口	（Y）D+	485=232 转换器的 T/R+
		（G）D-	485=232 转换器的 T/R-
	供电端口	（R）+Vs	24 V 电源 Vs
		（B）GND	24 V 电源 GND
数字量采集 控制器 ADAM-4150	DI	0 端口	烟雾传感器
	DO	0 端口	风机（风扇）（经继电器）
		1 端口	雾化器（经继电器）
		2 端口	水泵（经继电器）
		3 端口	补光灯（灯泡）（经继电器）
	数据端口	D. GND	24 V 电源 GND
		（Y）D+	485=232 转换器的 T/R+
		（G）D-	485=232 转换器的 T/R-
	供电端口	（R）+Vs	24 V 电源 Vs
		（B）GND	24 V 电源 GND

续表

设备名称	端口名称/ 接线方式	端口/中间件	连接设备
协调器	无线	ZigBee 模块 1	温湿度传感器
		ZigBee 模块 2	光照传感器
	供电端口	Power	5 V 电源 Power
	数据端口	COM	串口服务器 P2
485 = 232 转换器	数据端口	RS-232	串口服务器 P1
路由器	以太网接口	Ethernet1	串口服务器 Ethernet
		Ethernet2	PC Ethernet
	供电端口	Power	24 V 电源 Power
继电器	继电器控制 电动机	3GND	风机(风扇)、雾化器、水泵、补光灯 (灯泡)的 GND
		4Vs	风机(风扇)、雾化器、水泵、补光灯 (灯泡)的 Vs
	继电器驱动 电动机供电	5GND	风机(风扇)、雾化器、水泵、补光灯 (灯泡)各自对应供电电源的 GND
		6Vs	风机(风扇)、雾化器、水泵、补光灯 (灯泡)各自对应供电电源的 Vs
	继电器自供电	8Vs	24 V 电源 Vs
	信号线	Signal	风机(风扇)、雾化器、水泵、补光灯 (灯泡)各自对应的 ADAM-4150 端口 (参见本表 ADAM-4150 端口部分)

拓展微课
继电器的工作原理

8.2.3 连线参考

任务一(串口数据采集及控制仿真)和任务二(网关数据采集及控制仿真)的设备连线可分别参考图 8-3 和图 8-4。图中已标出每个传感器及采集器组件的名称和引脚/端口名称,方便读者参考。

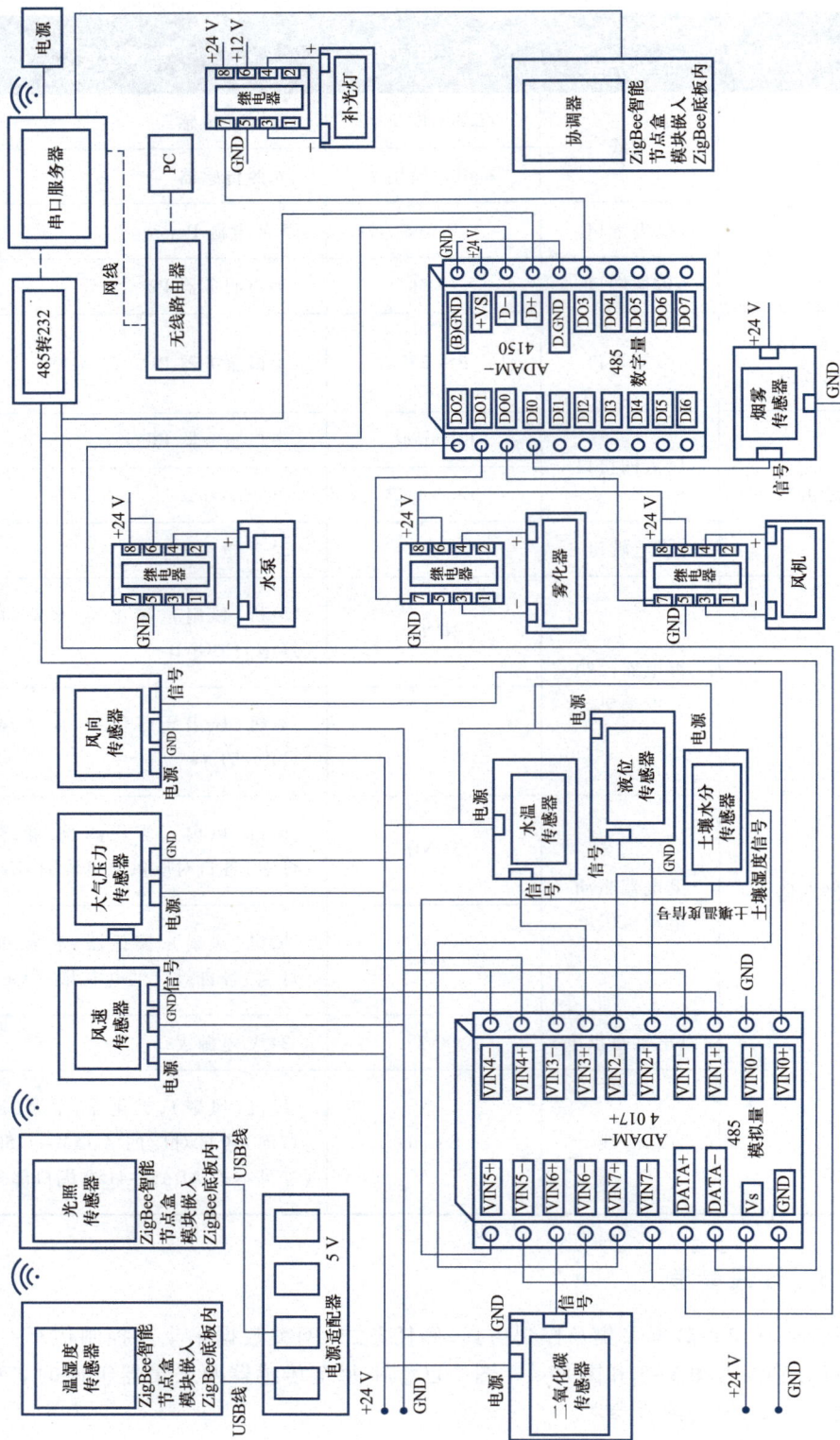

图 8-3 智慧农业综合应用系统任务一的参考连线

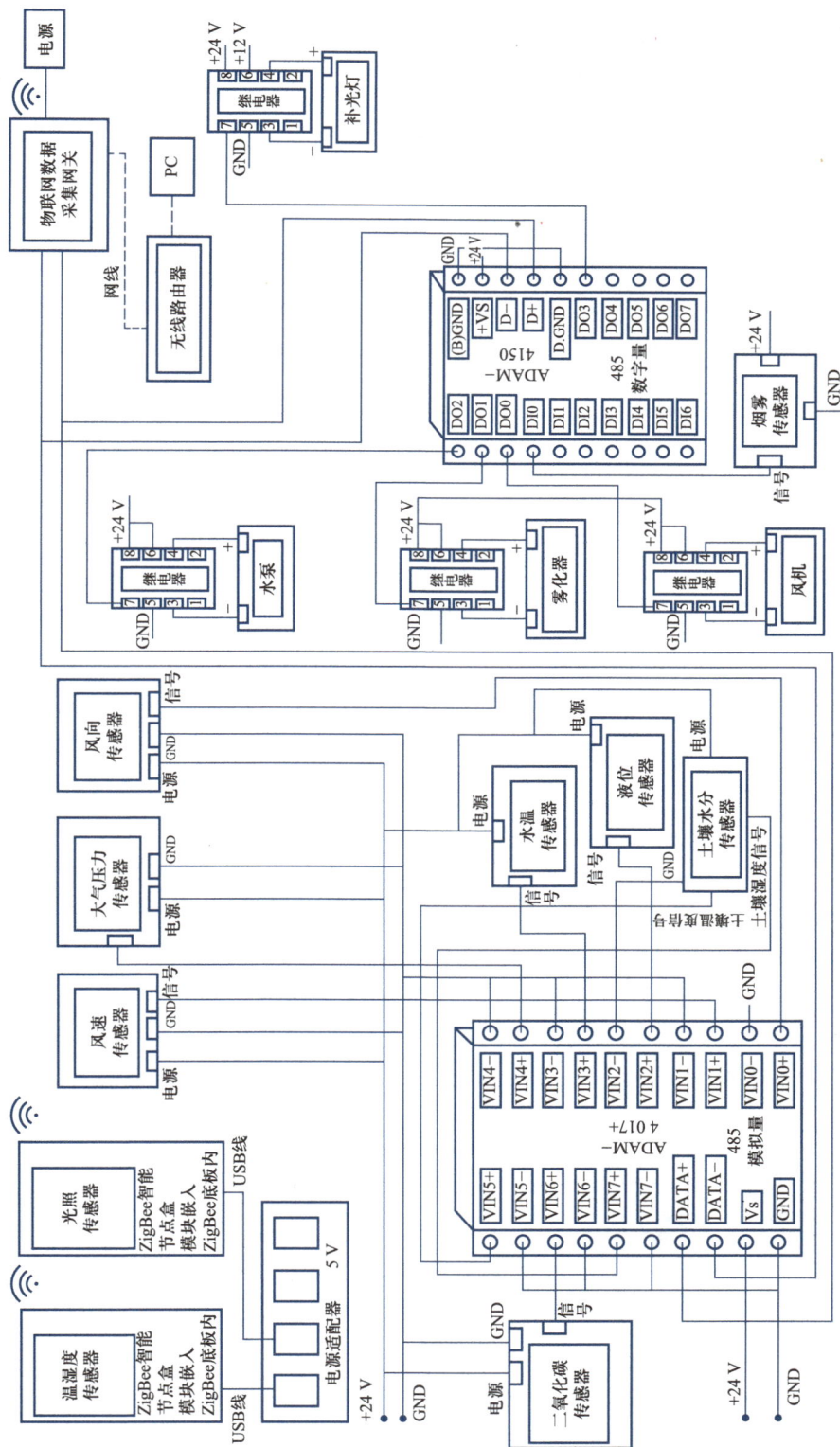

图 8-4　智慧农业综合应用系统任务二的参考连线

8.3 任务实施

微课
智慧农业综合应用
系统任务实施:传
感器

基于8.1节及8.2节的引导,读者应已了解了本案例涉及的概念及任务,接下来将利用实训仿真系统和 NLECloud 物联网云平台完成案例实操,即任务一和任务二的实施。

对比任务一及任务二的系统拓扑图(图8-1、图8-2)和参考连线图(图8-3、图8-4),可以看到两个任务中的很多器件是重复的。区别在于,任务一中,数据发送至串口服务器,再发送至安装于 PC 的虚拟串口工具;任务二中,数据发送至网关,再发送至云平台。实际操作时,任务一和任务二可以相互"参考"连线,完成快速搭建。

微课
智慧农业综合应用
系统任务实施:执
行器及其他设备

一、任务一的实施

步骤一:运行"物联网行业实训仿真系统"软件,建立任务一的工程。

根据图8-3将任务一涉及的设备逐一拖曳至仿真设计区并完成设备连线,可看到:ADAM-4017+与 ADAM-4150 负责将大多数传感器的数据进行汇总,通过 485 = 232 转换器发送给串口服务器,串口服务器再将数据通过线缆传输至 PC 的串口。设备选件及连线可参考端口分配表(表8-2)及参考连线图(图8-3),尤其要注意 ADAM-4017+与 ADAM-4150 的(Y)D+、(G)D-端口的连线,并仔细核对设备电源。最终得到任务一的系统连线图如图8-5所示。

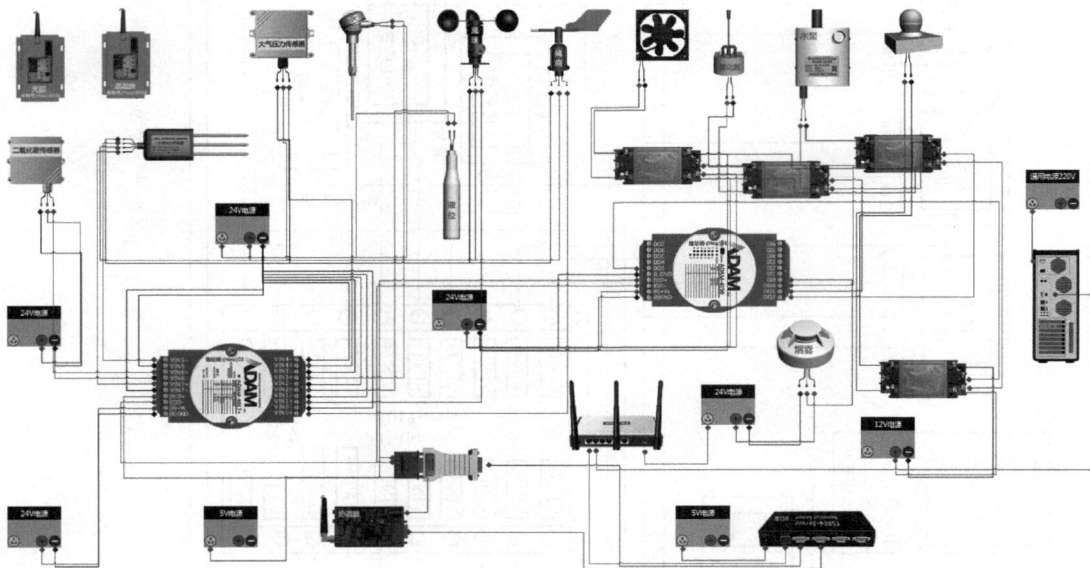

图8-5 智慧农业综合应用系统任务一的系统连线图

步骤二:完成串口服务器及虚拟串口工具的虚拟串口设置。

在任务一工程中双击串口服务器设备,在配置对话框中将其 P1 和 P2 端口的"虚拟串口"分别设为"COM200"和"COM201",如图8-6(a)所示。打开本案例配套的虚拟串口工具(即上位机软件)"智慧农业综合系统"(可扫描本章末尾的二维码下载软件包),也将其有线传感网设备及无线传感网设备的串口分别设置为"COM200"和"COM201",如图8-6(b)所示。这样可以确保串口服务器和虚拟串口工具的串口设置一一对应,意味着实训仿真系统的串口数据会发送至虚拟串口工具的界面上。

微课

智慧农业综合应用
系统任务实施:虚
拟串口工具的使用

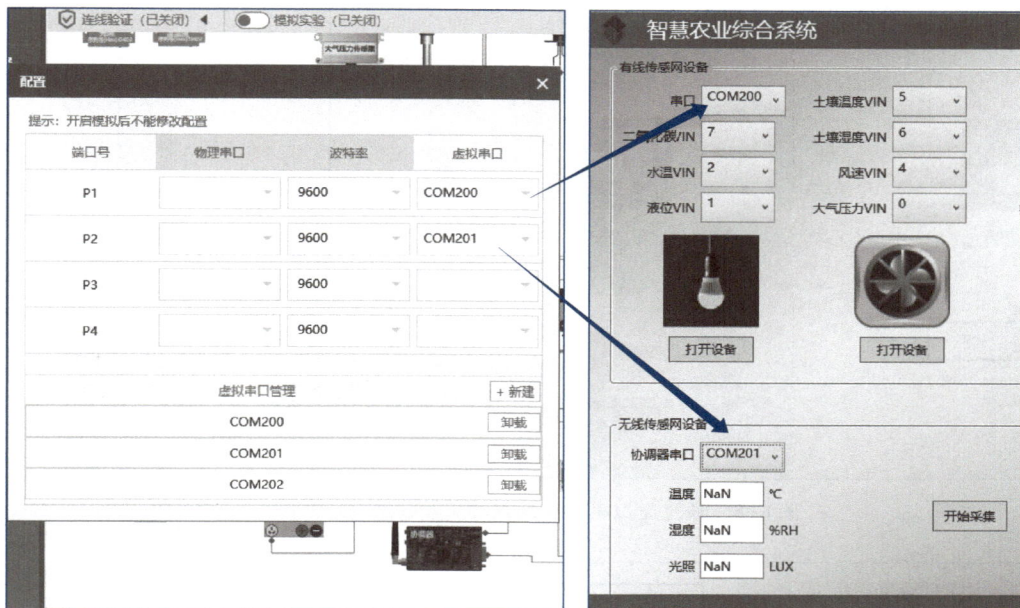

(a) 串口服务器   (b) 虚拟串口工具

图8-6   串口服务器与虚拟串口工具的串口设置

步骤三:完成虚拟串口工具的有线传感网设备端口设置。

根据表8-2,在配套的虚拟串口工具"智慧农业综合系统"中设置好各传感器和执行器的对应端口,如图8-7所示。

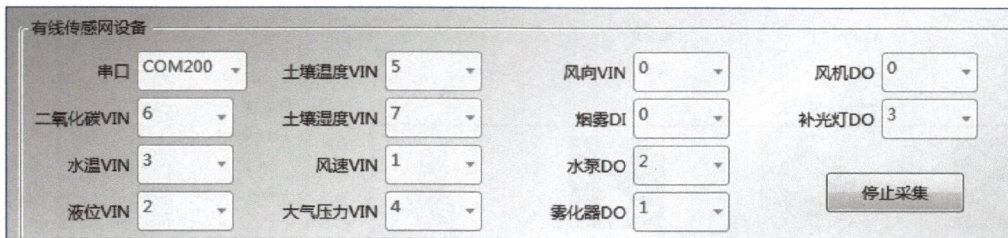

图8-7   在虚拟串口工具中设置有线传感网设备的端口

步骤四:完成基于虚拟串口工具的传感器数据采集和执行器设备控制。

在实训仿真系统中开启模拟实验功能,同时单击虚拟串口工具中的"开始采集"按钮,观察虚拟串口工具界面采集的实时数据,如图8-8所示。

容易理解,虚拟串口工具可以经由串口接收实训仿真系统发来的传感器数据,就也能通过串口控制实训仿真系统中的执行器设备(负载)。在虚拟串口工具界面中开启四个负载设备,观察实训仿真系统界面中的对应设备是否同步开启,如图 8-9 所示。

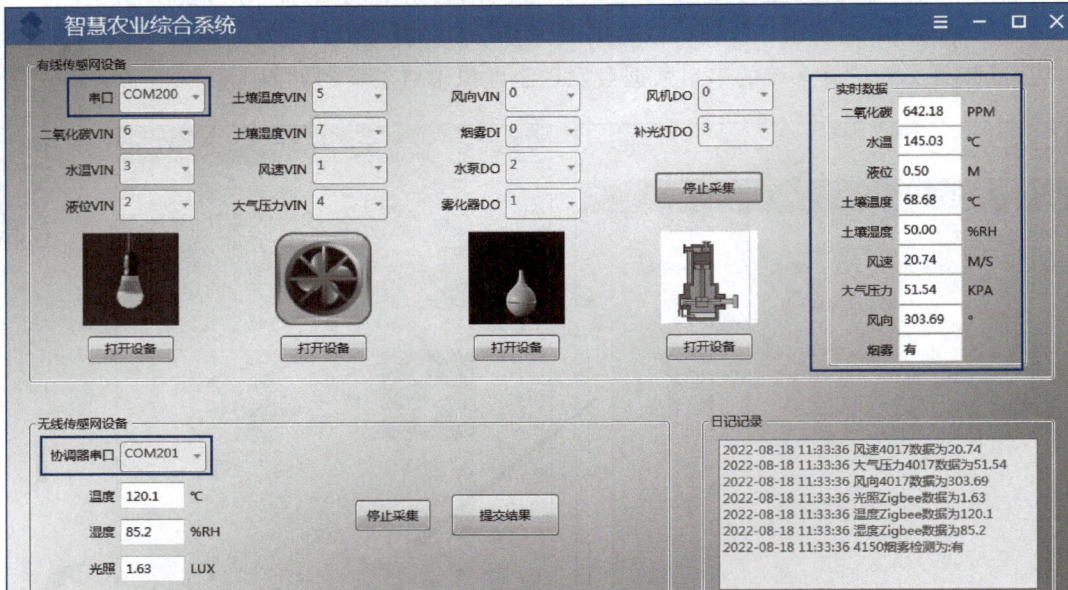

图 8-8　通过虚拟串口工具查看实时数据

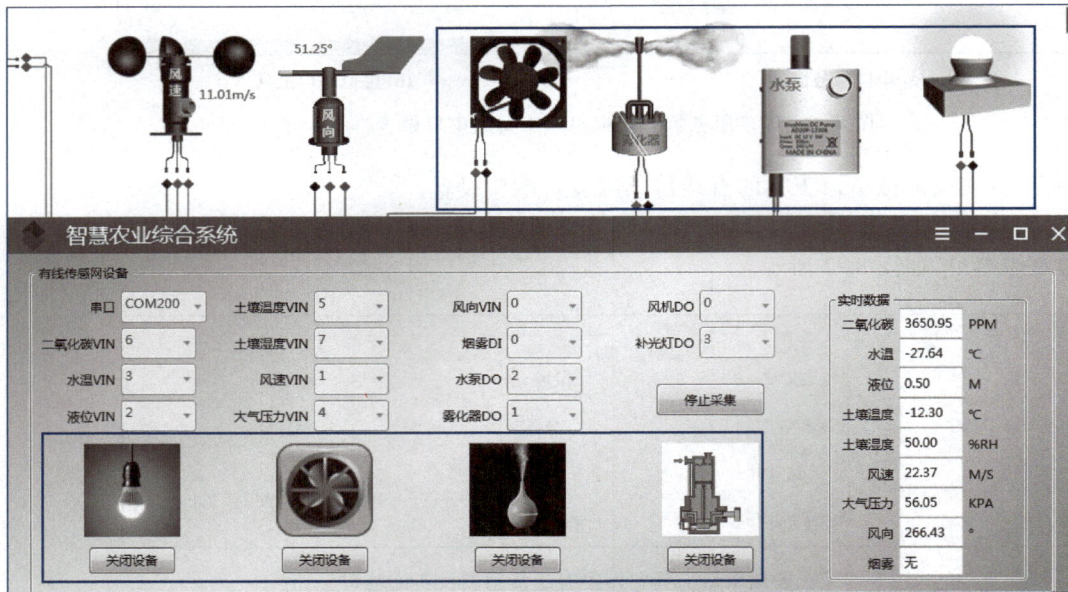

图 8-9　通过虚拟串口工具控制执行器设备

至此,本案例任务一的功能已实现完毕:搭建仿真系统,通过虚拟串口工具采集实训仿真系统串口服务器所连接的各传感器设备的实时监测值,并实现对各执行器设备的控制。

二、任务二的实施

1. 实训仿真系统侧的项目创建

步骤一:运行"物联网行业实训仿真系统"软件,建立任务二的工程。

根据表 8-2 及图 8-4 将任务二涉及的设备逐一拖曳至仿真设计区并将设备正确连线。注意,实训仿真系统所提供的"新网关"(路径:主界面左侧设备区→采集器→网关→新网关)即对应图 8-4 右上角的"物联网数据采集网关"。最终得到任务二的系统连线图如图 8-10 所示。ADAM-4017+ 与 ADAM-4150 将多个传感器采集的数据进行汇总后,将数据发送给网关,网关通过无线的方式将数据发送给云平台。在后续步骤中,将利用 NLECloud 物联网云平台观察系统数据,并实现对执行器的手动控制及基于策略设置的自动控制。

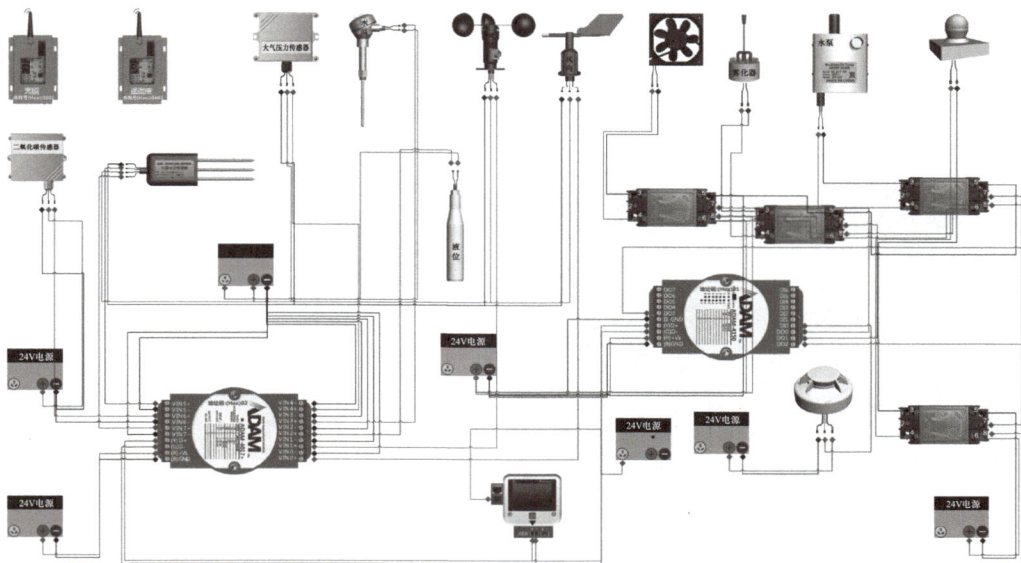

图 8-10　智慧农业综合应用系统任务二系统连线图

步骤二:验证连线并开启仿真模拟实验。

开启实训仿真系统的连线验证功能,连线验证通过后再开启模拟实验功能。各传感器显示当前的实时数据模拟值,如图 8-11 所示。

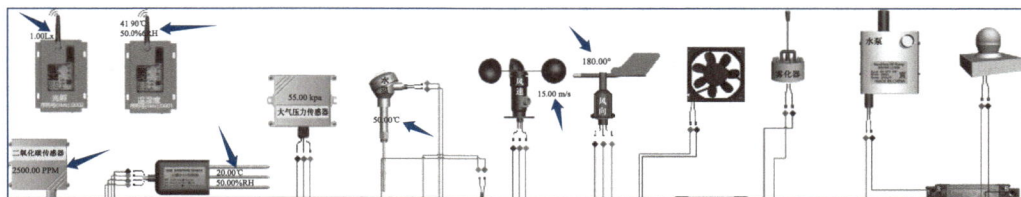

图 8-11　各传感器显示实时数据模拟值

步骤三:保持模拟实验功能开启,通过网关实施执行器控制。

双击新网关,打开新网关监控界面,开启开关 0 ~ 开关 3。观察四个负载,开关 0 ~ 开关 3 能分别控制 ADAM-4150 的 DO0 ~ DO3 端口连接的执行器,依次为风机(风扇)、雾化器、水泵以及补光灯(灯泡),如图 8-12 所示。注意,新网关监控界面中的传感器名称需要后续在 NLECloud 物联网云平台进行设置,否则会显示"未定义"字样。

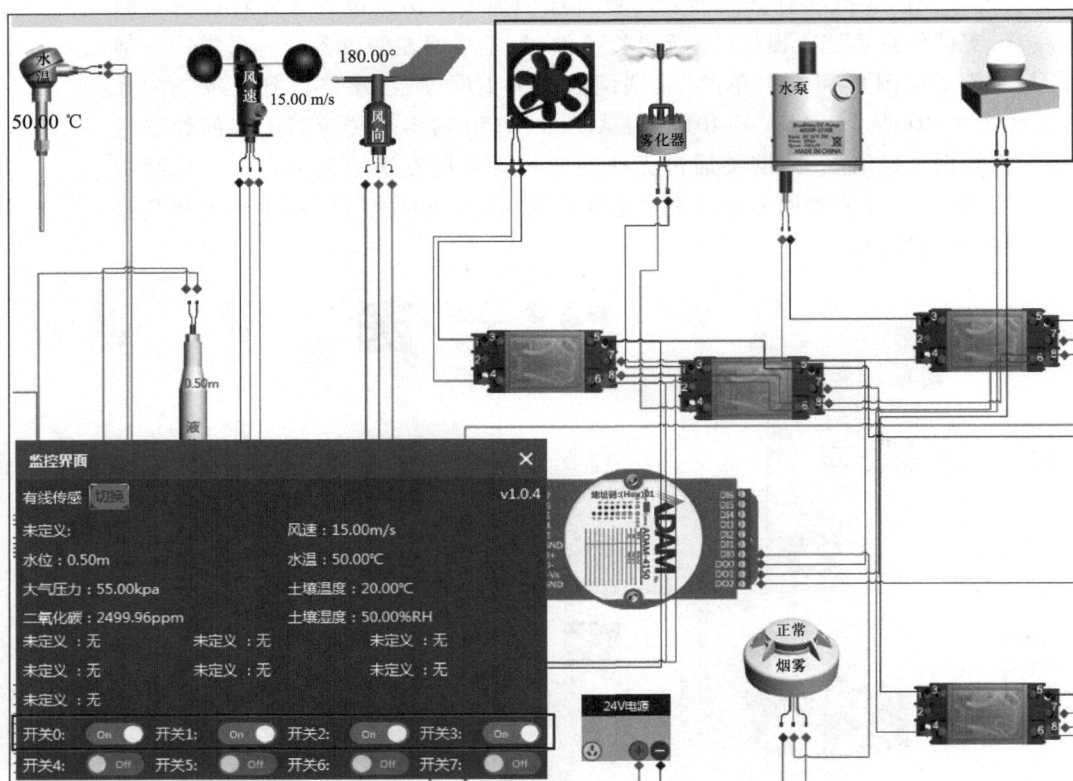

图 8-12　新网关监控界面:有线传感采集及负载控制

可以注意到,新网关监控界面左上角有一个"切换"按钮,单击该按钮可以切换"有线传感"与"无线传感"界面。切换到"无线传感"界面,可查看通过 ZigBee 与新网关连接的温湿度传感器模块和光照传感器模块的数据,如图 8-13 所示。

图 8-14 所示为"有线传感"界面,包括数据采集和设备控制两个区域。其中,数据采集区域又分为两部分,分别采集 ADAM-4017+ 和 ADAM-4150 连接的传感器数据,并在界面中显示。界面最下方是设备控制区域,对应 ADAM-4150 连接的执行器。

图 8-15 所示为"无线传感"界面,包括数据采集和设备控制两个区域。其中,数据采集区域又分为两部分,分别采集来自 ZigBee 无线传感器和 ZigBee 四输入模拟量采集器的数据。本案例未使用四输入模拟量采集器,对应区域显示为"未定义"状态。界面最下方是设备控制区域,对应 ZigBee 无线执行器。

不难理解,任务二的完成需要实训仿真系统和云平台的协同配合。

步骤四:关闭模拟实验功能,设置网关及无线传感器模块的相关参数。

双击新网关,在弹出的对话框中设置网关序列号(后续云平台上的"设备标识"要

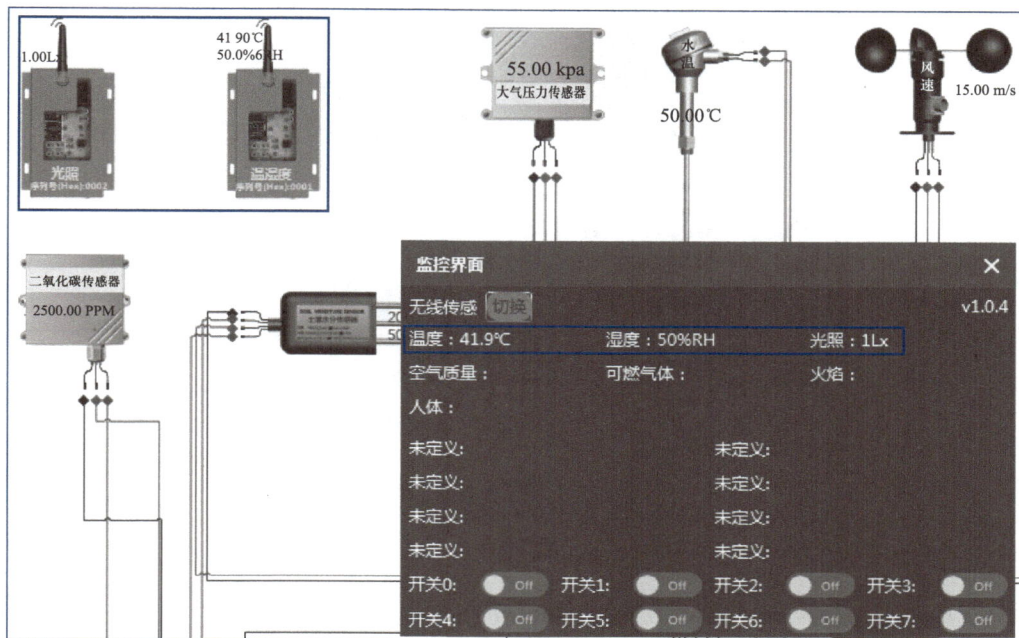

图 8-13 新网关监控界面:无线传感采集及负载控制

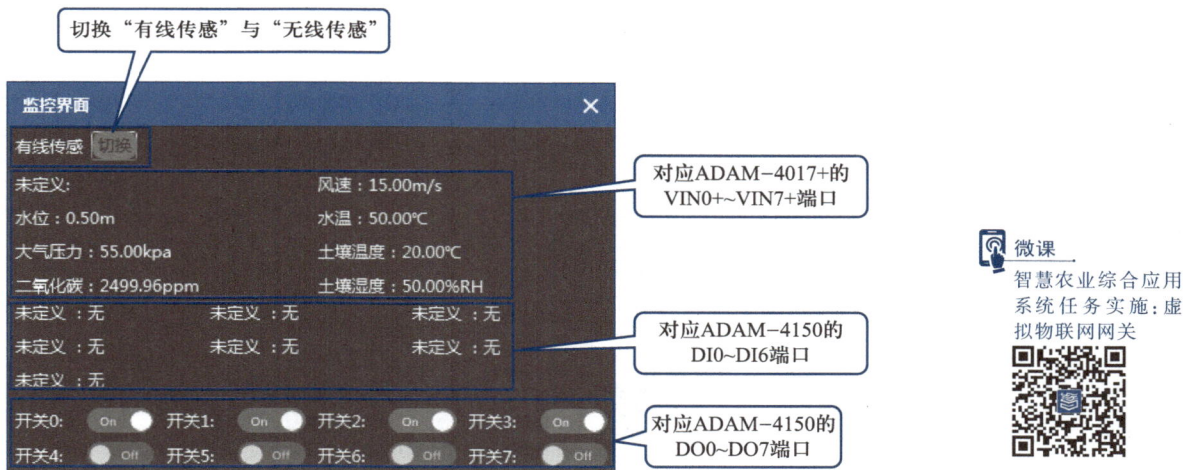

图 8-14 "有线传感"界面

微课
智慧农业综合应用
系统任务实施:虚
拟物联网网关

与此序列号保持一致)。序列号必须以"P9"开头,后续部分可随意进行设置,保证唯一性即可,如本案例即将序列号自定义为"P920220807"。在"ZigBee 配置"中,"PAN ID"选择"0000","Channel"随机设置为"Channel_11",也可以选择其他未被占用的 Channel,如图 8-16 所示。

完成网关设置后,再分别双击温湿度传感器与光照传感器,进行 ZigBee 参数设置,如图 8-17 所示。

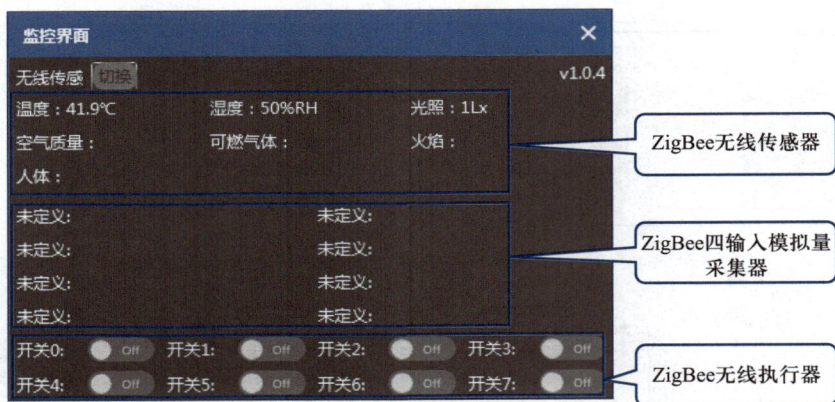

图 8-15   "无线传感"界面

图 8-16   设置网关

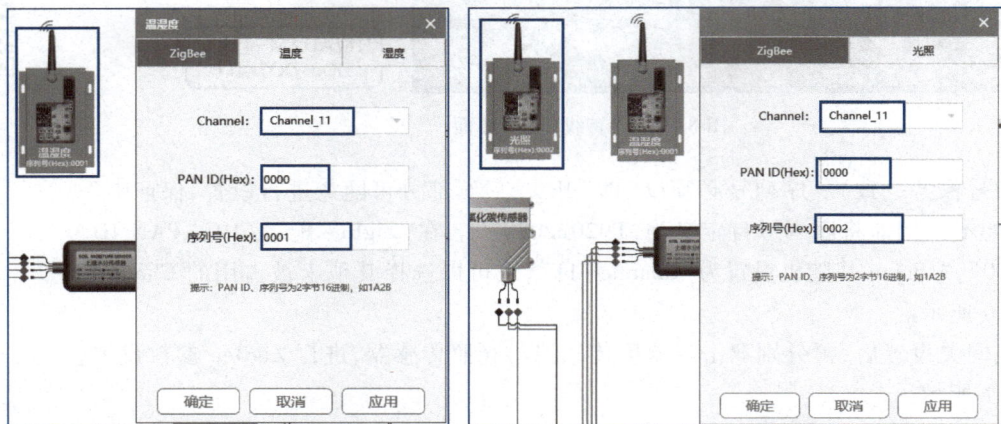

图 8-17   温湿度传感器与光照传感器的 ZigBee 节点设置

设置完成后,注意再次核对网关的 PAN ID 和 Channel 是否与两个带有 ZigBee 底板的传感器的 PAN ID 和 Channel 一致。还要注意,无线温湿度传感器模块的 ZigBee 底板的序列号为 0001,光照传感器模块的 ZigBee 底板的序列号为 0002,后面通过 NLECloud 物联网云平台添加传感器时需要设置这两个序列号,此处请牢记。

工程师提示

ZigBee 是一种无线通信技术,ZigBee 技术的协议规定,互相通信的 ZigBee 模块之间需要统一域网地址(PAN ID)和通信信道(Channel),才能建立网络"桥梁",数据才能互通。本案例中,温湿度传感器、光照传感器以及网关设备均支持 ZigBee 协议。在实训仿真平台中做实验时,当从设备列表中拖出一个温湿度传感器或光照传感器时,系统会提示选择一个底板,这个底板就是 ZigBee 底板,即是一个 ZigBee 模块。要将传感器数据通过 ZigBee 网络发送给网关,必须统一传感器 Zig-Bee 底板与网关之间的 ZigBee 配置(PAN ID 和 Channel)。这里,ZigBee 底板的序列号可看作是这块 ZigBee 底板的"身份证",是唯一的,以达到区分不同设备的目的。

2. 云平台侧的项目创建

依托实训仿真平台侧构建的智慧农业综合应用系统可通过虚拟网关连接 NLECloud 物联网云平台。用户可以在 NLECloud 物联网云平台上获取仿真设备的数据,也可以管理和监控仿真执行器,并通过组件进行策略设计。接下来,将详细介绍智慧农业综合应用系统在 NLECloud 物联网云平台侧的搭建与系统综合实施。

步骤五:登录 NLECloud 物联网云平台并创建项目。

打开浏览器,进入 NLECloud 物联网云平台首页,单击右上角的"登录"进入登录界面。输入已经注册的用户名、密码、验证码,单击"登录"按钮进行登录,如选中"下次自动登录"复选框,则下次输入网址后,不用重新登录即可进入云平台。

单击"新增项目"按钮创建项目,在对应位置输入信息(见图 8–18)后,单击"下一步"按钮,将成功创建项目,平台会即时跳转到"添加设备"页面。注意,"项目名称"可

拓展微课
物联网中心网关安装与 IP 地址配置

图 8–18　创建项目

自定义,不与已有项目重名即可;“联网方案”指网关设备接入NLECloud物联网云平台的网络环境,本案例中,网关通过Wi-Fi接入云平台。

微课
智慧农业综合应用系统任务实施:在云平台添加网关、传感器及执行器

步骤六:添加网关并正确设置相关参数。

接下来添加网关。在“添加设备”页面中,将网关的“设备标识”设置为步骤四中设置的网关序列号“P920220807”(见图8-16),即网关设备标识须与实训仿真系统中的网关序列号保持一致,如图8-19所示。

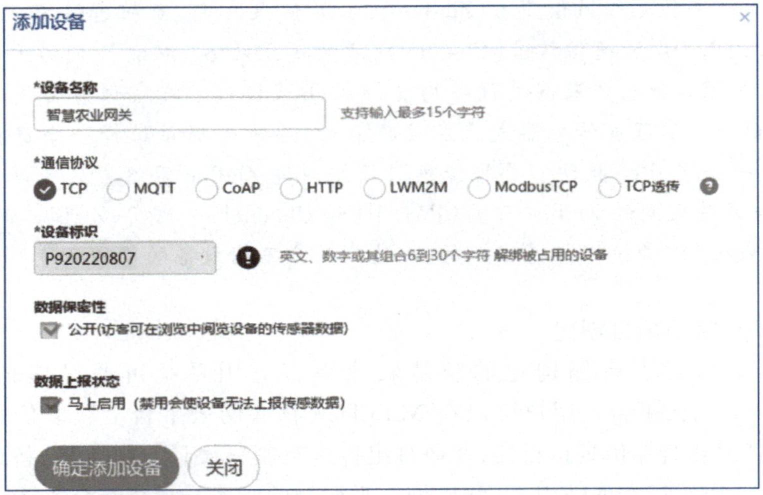

图8-19 添加设备

设置完成后,单击“确定添加设备”按钮,即完成网关的添加。

步骤七:添加无线及有线传感器并正确设置相关参数。

网关创建成功后,可以在NLECloud物联网云平台上统一添加传感器并对它们进行管理。单击本项目“设备管理”页面中的“智慧农业网关”,进入该网关对应的“设备传感器”页面,如图8-20所示。

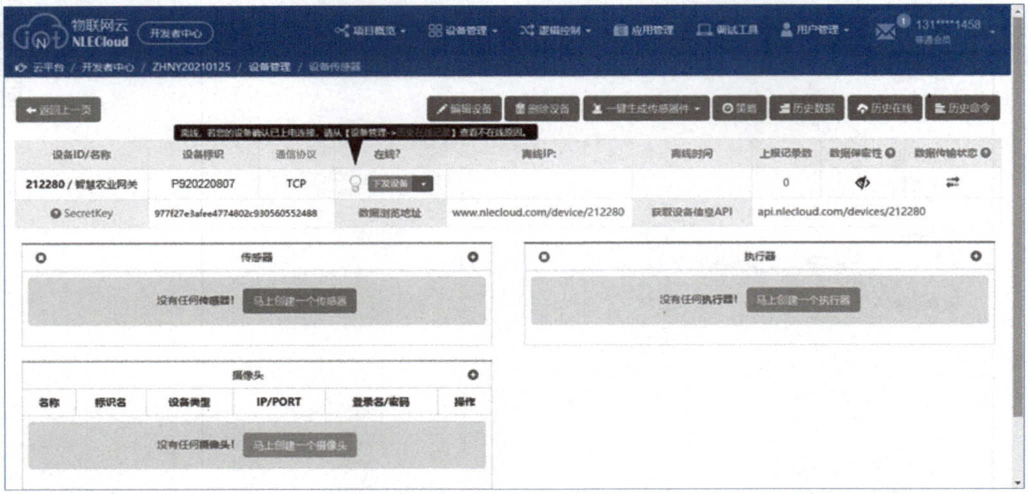

图8-20 “设备传感器”页面

　　智慧农业综合应用系统涉及的设备可以分为三类：第一类是经由 ZigBee 无线采集连接的设备，包括温湿度传感器、光照传感器；第二类是由模拟量采集器 ADAM-4017+连接的设备，包括风速传感器、风向传感器、水温传感器、液位传感器、二氧化碳传感器、土壤水分传感器、大气压力传感器；第三类是由数字量采集控制器 ADAM-4150 连接的设备，又细分为通过输入端口（DI 端口）连接的设备，即烟雾传感器，以及通过输出端口（DO 端口）进行开关量控制的设备，包括雾化器、水泵、风机（风扇）、补光灯（灯泡）。

　　单击"马上创建一个传感器"按钮，添加 ZigBee 无线采集连接的温湿度传感器和光照传感器，如图 8-21～图 8-23 所示。特别注意，温度和湿度传感器对应的序列号都为 0001，光照传感器对应的序列号为 0002，这是与实训仿真系统里无线传感器的 ZigBee 底板的序列号保持一致的。

图 8-21　添加温度传感器

图 8-22　添加湿度传感器

图 8-23　添加光照传感器

　　三个 ZigBee 无线传感器添加完毕后,刷新 NLECloud 物联网云平台"设备传感器"页面,得到新增 ZigBee 无线传感器后的传感器列表如图 8-24 所示。

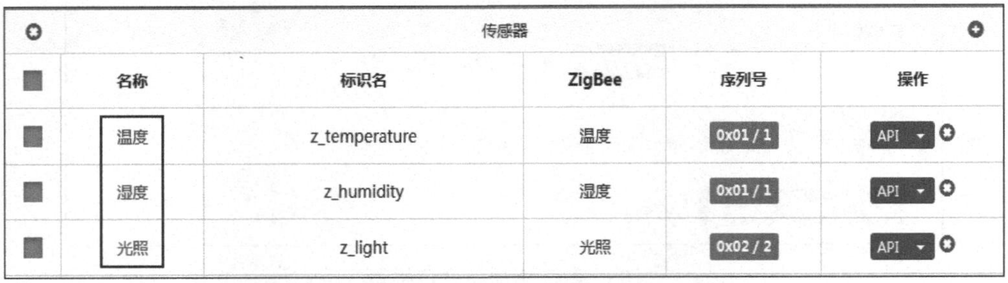

	名称	标识名	ZigBee	序列号	操作
	温度	z_temperature	温度	0x01 / 1	API ▾ ⊕
	湿度	z_humidity	湿度	0x01 / 1	API ▾ ⊕
	光照	z_light	光照	0x02 / 2	API ▾ ⊕

图 8-24　新增 ZigBee 无线传感器后的传感器列表

　　接下来添加 ADAM-4017+连接的有线模拟量传感器(如风速传感器、水温传感器等)。以风速传感器为例,单击传感器列表右上角的 ⊕ 按钮,按图 8-25 进行设置,单击"确定"按钮完成风速传感器的添加。同理,可添加其他传感器。

　　将智慧农业综合应用系统中用到的传感器(含无线传感器、有线模拟量传感器,以及有线开关量传感器)逐个添加完毕,并显示出各设备的序列号或连接的采集器端口号(通道号),如图 8-26 所示。

　　3. 从云平台经网关实现数据采集

　　NLECloud 物联网云平台中,网关、传感器等设备已经创建成功并配置完毕,接下来实现在 NLECloud 物联网云平台上查看实训仿真系统侧传感器数据的功能。

　　步骤八:实现云平台与实训仿真系统的传感数据同步,通过云平台实时采集并显示传感器数据。

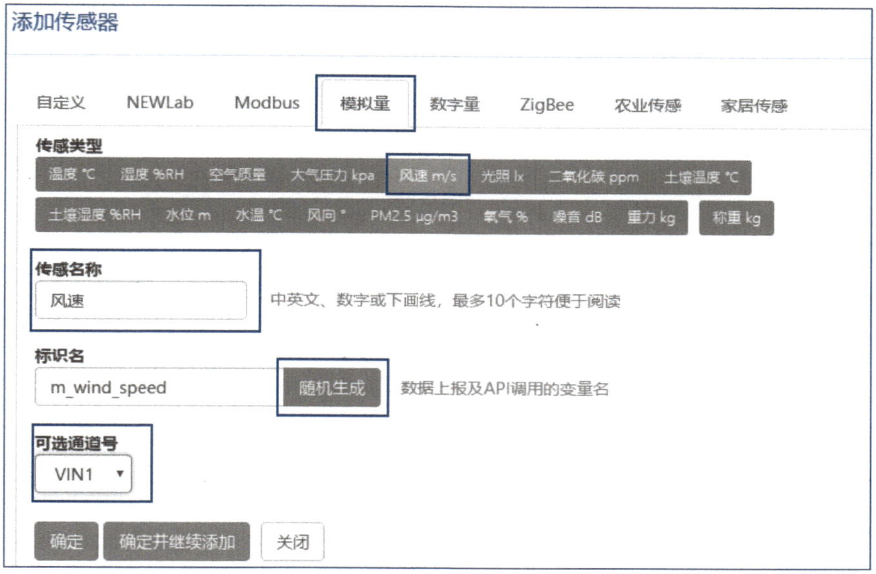

图 8-25　添加风速传感器

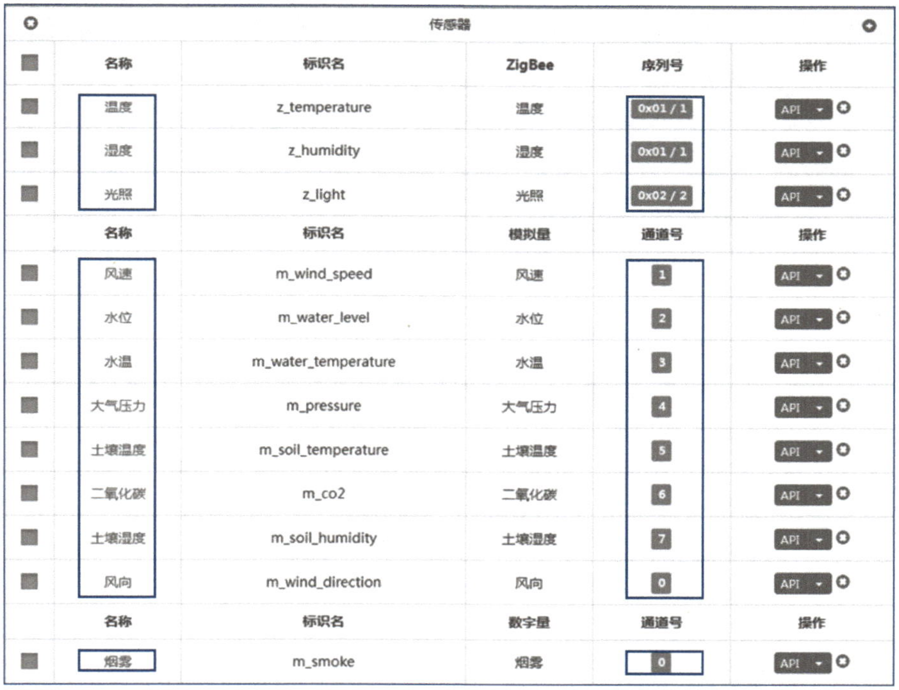

图 8-26　所有传感器添加完毕

　　再次在实训仿真系统中开启任务二工程的模拟实验功能,返回 NLECloud 物联网云平台刷新页面,发现云平台上标识设备在线的小灯泡亮起,并显示"在线中",如图 8-27 所示。

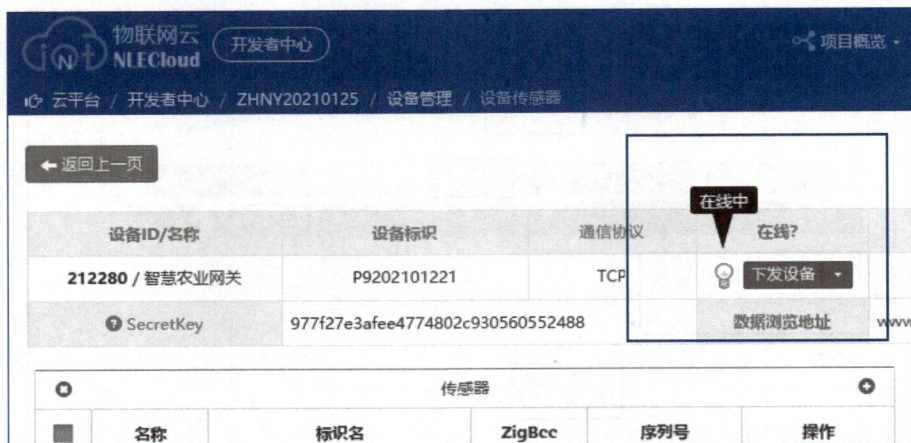

图 8-27   设备上线

确保设备在线后，单击"下发设备"按钮，并单击"确定"按钮，之后会发现实训仿真系统的新网关监控界面中，部分原本显示为"未定义"的区域都出现了定义，如图 8-28 所示。

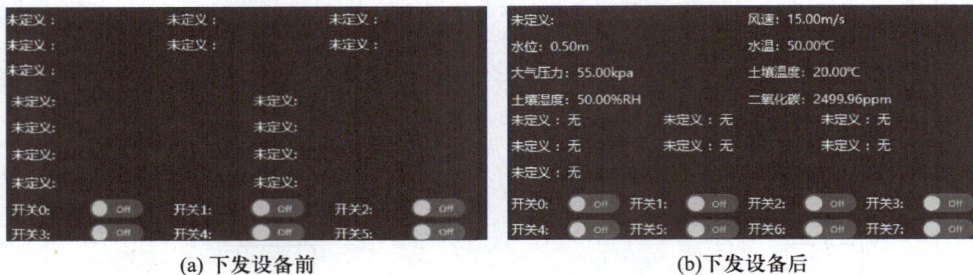

(a) 下发设备前   (b) 下发设备后

图 8-28   下发设备前后新网关监控界面的变化

单击"下发设备"右侧的 ▾ 按钮，并单击"实时数据关"，直到显示"实时数据开"，可以观察到传感器有了实时数据，如图 8-29 所示。

至此，传感器数据上报 NLECloud 物联网云平台的功能已实现。特别要注意，实训仿真系统中的网关序列号需要与 NLECloud 物联网云平台的设备标识一致，否则设备不会"登入"平台，数据也不会同步。

4. 从云平台经网关实现设备控制

上面已经完成了通过 NLECloud 物联网云平台实时采集并显示传感器数据的任务。接下来将通过 NLECloud 物联网云平台经网关完成对实训仿真系统中执行器设备的控制，即实现对实训仿真系统中模拟电动机的控制。

步骤九：添加有线执行器并正确设置相关参数。

在"设备传感器"页面中，单击"马上创建一个执行器"按钮，添加 ADAM-4150 连接的执行器，如风扇（风机），如图 8-30 所示。

同理，依次添加雾化器、水泵、补光灯（灯泡），如图 8-31 所示。

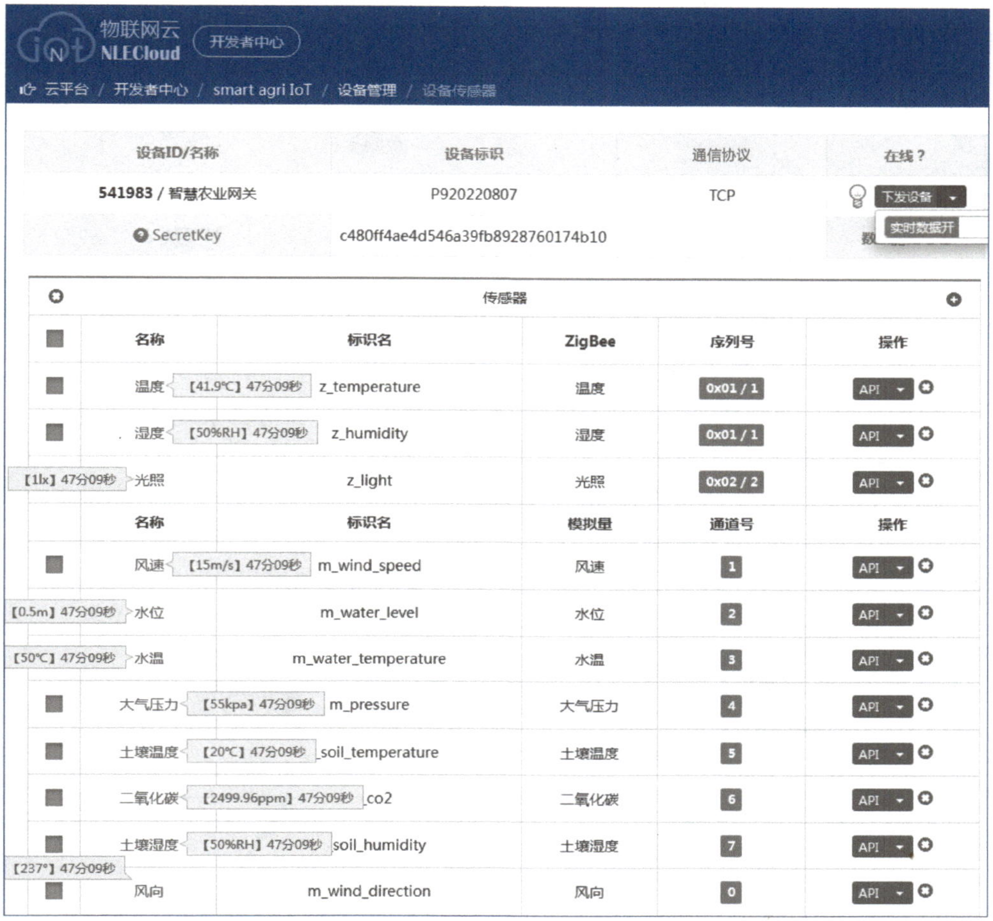

图 8-29 实时数据开启

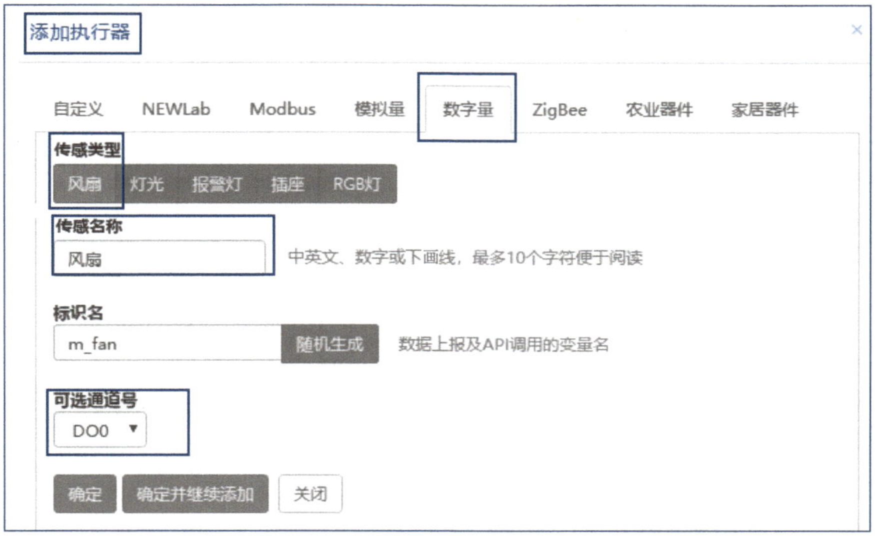

图 8-30 添加风扇（风机）执行器

图 8-31　完成所有执行器添加

步骤十：在云平台执行设备控制操作，操作将同步到实训仿真系统，观察现象。

再次单击"设备下发"按钮，确保在云平台中执行的操作能够同步到实训仿真系统。单击"执行器"栏中的操作按钮，例如打开补光灯（灯泡），返回实训仿真系统中，可观察到补光灯（灯泡）由灭变亮。可以尝试再对另外三个执行器，即雾化器、水泵和风扇（风机）进行操作，并观察实训仿真系统中的执行器变化现象，如图 8-32 所示。

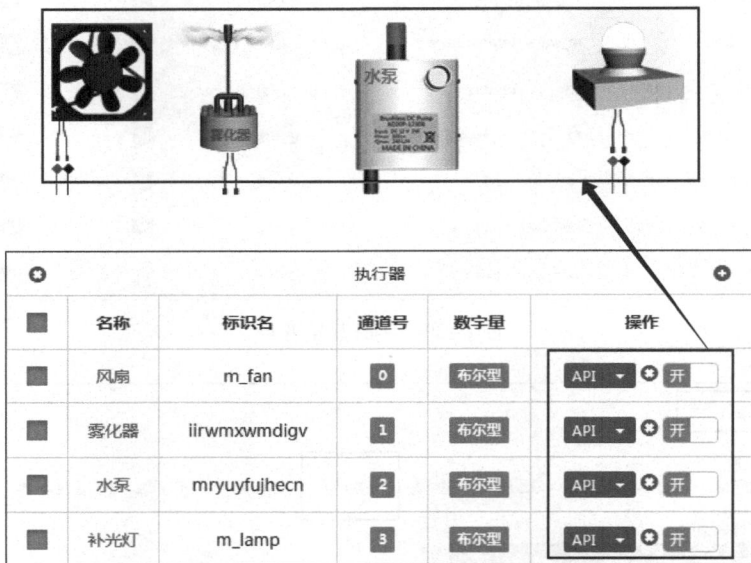

图 8-32　云平台中执行的设备操作同步到实训仿真系统

5. 控制策略

在 NLECloud 物联网云平台内可以查看感知层设备的实时监测数据，也可以控制各执行器的启停，但是无法进行基于设计策略的控制操作，依旧是不"智能"的物联网系统。NLECloud 物联网云平台支持在传感器和执行器之间建立基于既定策略的联动，例如当检测到温度大于 20 ℃时，风扇（风机）自动开启。可以通过创建和管理策略来实现这种联动。

步骤十一：创建和管理策略，在传感器和执行器之间建立依据既定规则的联动。

单击"逻辑控制"菜单下的"策略管理"，进入设置页面，单击"马上添加一个策略"

按钮,如图8-33所示。

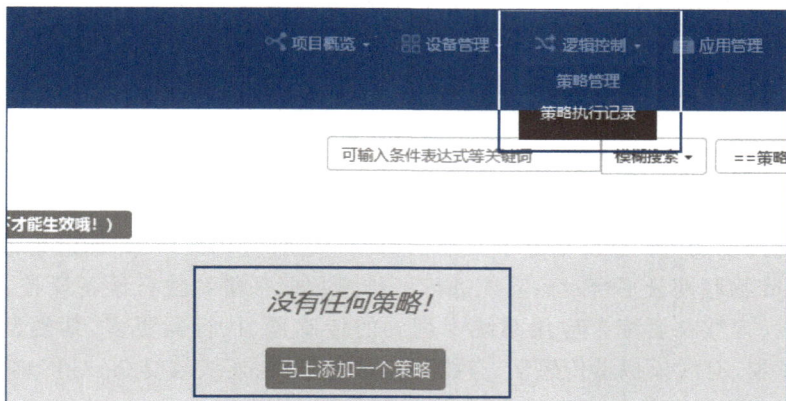

图8-33 添加一个策略

微课

智慧农业综合应用
系统任务实施:在
云平台侧实施策略
控制

按图8-34所示对温度策略进行设置。

图8-34 温度策略设置

单击"确定"按钮,生成温度策略,单击⏻未开启 按钮,按钮变为⏱启用中,开始执行策略,如图8-35所示。

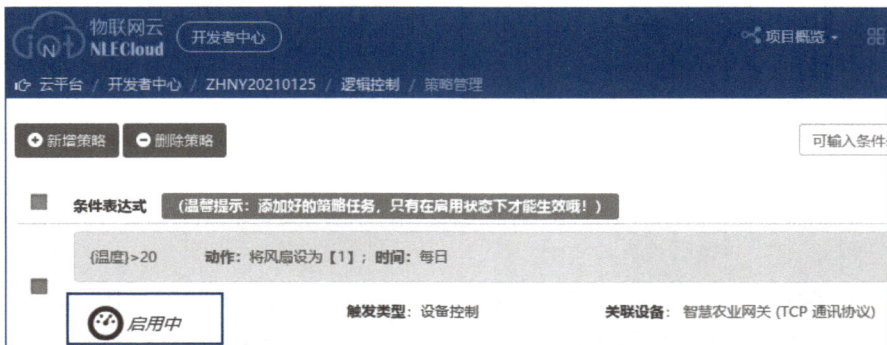

图8-35 生成并启用温度策略

读者可尝试在云平台中创建并执行其他策略,观察实施效果。例如,当湿度小于设定值时,开启喷灌设备(雾化器)。此外,策略管理部分还支持策略查询、策略编辑以及策略删除等操作。

至此,本案例任务二的内容已完成。

微课

智慧农业综合应用系统案例总结

8.4　案例总结

本章利用实训仿真软件搭建了一个智慧农业综合应用系统,并通过虚拟串口工具或 NLECloud 物联网云平台对该系统进行了传感数据采集和执行设备操控。相较第 6 章和第 7 章,智慧农业综合应用系统中用到的传感器、执行器更多,其类型涉及无线 ZigBee 传感器、有线模拟量传感器、有线开关量传感器,连线较复杂,对传感器、采集器以及网关的配置操作比较考验读者对系统透彻理解的程度。

本章的智慧农业综合应用系统用到了 ZigBee 无线通信技术。其中,ZigBee 节点的参数配置、网关配置是任务的重难点,也是数据能否对接上云的关键所在,需要读者在理解 ZigBee 通信技术原理的基础上进行实操,为后续学习无线通信技术、传感网编程以及网络协议打下良好基础。

通过本案例的仿真实操,读者可以进一步熟练掌握利用配套虚拟串口工具或 NLECloud 物联网云平台对物联网系统进行数据采集和设备控制的方法。

资料下载

第 8 章仿真工程文件及配套上位机软件

习　题

一、单项选择题

1. 在基于温室大棚的智慧农业综合应用系统中,不常用的传感器是(　　)。

A. 温湿度传感器　　　B. 光照传感器　　　C. 风速传感器　　　D. 地磁传感器

2. 以下传感器中,不常用于大棚所在地的农业气象勘测的是(　　)。

A. 风速传感器　　　B. 风向传感器　　　C. 大气压力传感器　　D. 火焰传感器

3. 智慧农业综合应用系统中,对(　　)执行器的控制与二氧化碳传感器数据有关联。

A. 雾化器　　　　　B. 风机(风扇)　　　C. 补光灯(灯泡)　　D. 水泵

4. 智慧农业综合应用系统中,对(　　)执行器的控制与土壤水分传感器数据有关联。

A. 雾化器　　　　　B. 风机(风扇)　　　C. 补光灯(灯泡)　　D. 水泵

5. 智慧农业综合应用系统中,对(　　)执行器的控制与光照传感器数据有关联。

A. 雾化器　　　　　B. 风机(风扇)　　　C. 补光灯(灯泡)　　D. 水泵

6. 智慧农业综合应用系统中,对(　　)执行器的控制与温湿度传感器数据有关联。

A. 雾化器　　　　　B. 风机(风扇)　　　C. 补光灯(灯泡)　　D. 水泵

7. 在智慧农业综合应用系统的串口数据采集及控制仿真任务中,共占用了串口服务器的(　　)个串口。

A. 1　　　　　B. 2　　　　　C. 3　　　　　D. 4

8. 关于智慧农业综合应用系统的仿真,以下描述中不正确的是(　　)。

A. 新网关控制界面包含"有线传感"与"无线传感"界面

B. ZigBee 温湿度传感器模块和 ZigBee 光照传感器模块在网关中隶属于"无线传感"界面

C. 串口服务器的端口号波特率默认为 9 600 bit/s

D. ZigBee 底板的序列号不一定是唯一的

9. 关于 ZigBee 技术的特点,以下描述中不正确的是(　　)。

A. 低功耗　　　B. 远距离　　　C. 低成本　　　D. 短时延

10. ZigBee 技术不可以应用于(　　)领域。

A. 视频监控　　　B. 智慧农业　　　C. 自动抄表　　　D. 智能家居

11. 在智慧农业综合应用系统中,既可作为采集器也可作为控制器的设备是(　　)。

A. ADAM-4017　　　B. ADAM-4017+　　　C. ADAM-4150　　　D. 以上都不是

12. 执行器设备供电电源的正极(Vs)和负极(GND)应当与(　　)相连接。

A. 继电器的 6 口和 5 口　　　B. 执行器设备的 Vs 和 GND

C. 继电器的 4 口和 3 口　　　D. 继电器的 5 口和 6 口

13. 不属于无线短距离通信技术的是 (　　)。

A. ZigBee　　　B. 蓝牙　　　C. Z-Wave　　　D. NB-IoT

14. 在智慧农业综合应用系统中,(　　)不是 ZigBee 无线采集连接的设备。

A. 光照传感器　　　B. 温度传感器　　　C. 风速传感器　　　D. 湿度传感器

15. 型号为 SHT11 的传感器属于(　　)。

A. 温湿度传感器　　　B. 光照传感器　　　C. 红外传感器　　　D. 火焰传感器

16. 智慧农业综合应用系统中,在云平台侧配置网关时,选择的通信协议是(　　)。

A. HTTP　　　B. MQTT　　　C. CoAP　　　D. TCP

二、多项选择题

1. 在智慧农业综合应用系统的串口数据采集及控制仿真任务中,传感器和执行器通过(　　)回传传感数据或接收控制信息。

A. 协调器　　　B. ADAM-4150　　　C. ADAM-4017　　　D. ADAM-4017+

2. 关于智慧农业综合应用系统的仿真,以下描述中不正确的是(　　)。

A. 要在配套虚拟串口工具上完成有线传感网设备及无线传感网设备的串口设置,注意要与实训仿真系统中的串口设置保持一致

B. 应当使用配套虚拟串口工具上的有线传感网设备端口的默认设置

C. 在网关数据采集及控制仿真任务中,开发者利用虚拟串口工具实现传感器数据查看及执行器控制

D. 在网关数据采集及控制仿真任务中,开发者只可以通过云平台设备展示页面进行手动控制

3. 在智慧农业综合应用系统的串口数据采集及控制仿真任务中,用到的设备包括

(　　　)。

A. 协调器　　　　　　　　　　　　B. 串口服务器

C. 网关　　　　　　　　　　　　　D. 485=232 转换器

4. 在智慧农业综合应用系统的网关数据采集及控制仿真任务中,没有用到的设备包括(　　　)。

A. 协调器　　　　　　　　　　　　B. 串口服务器

C. 网关　　　　　　　　　　　　　D. 485=232 转换器

5. 智慧农业综合应用系统涉及的设备包括(　　　)。

A. 由 ZigBee 无线采集连接的设备,包括温湿度传感器、光照传感器

B. 由模拟量采集器 ADAM-4017+ 连接的设备,包括风速传感器、风向传感器、水温传感器、液位传感器、二氧化碳传感器、土壤水分传感器、大气压力传感器

C. 由数字量采集控制器 ADAM-4150 的 DI 端口连接的设备,即烟雾传感器

D. 通过数字量采集控制器 ADAM-4150 的 DO 端口进行控制的设备,包括雾化器、水泵、风机(风扇)、补光灯(灯泡)

三、判断题

1. 完成智慧农业综合应用系统的串口数据采集及控制仿真任务,无须串口服务器设备的参与。（　　　）

2. 在智慧农业综合应用系统的串口数据采集及控制仿真任务中,只需在实训仿真系统中完成虚拟串口设置。（　　　）

3. 完成智慧农业综合应用系统的网关数据采集及控制仿真任务,需要串口服务器设备的参与。（　　　）

4. 在智慧农业综合应用系统的串口数据采集及控制仿真任务中,无线传感器模块无须 485=232 转换器的帮助,而是以无线通信的方式将数据直接发送至串口服务器。
（　　　）

5. 继电器通过 6 口和 5 口与相应执行器设备的 Vs 及 GND 相连接,以达到控制执行器设备的目的。（　　　）

6. 可以在新网关监控界面自定义传感器的名称。（　　　）

7. 在智慧农业综合应用系统的网关数据采集及控制仿真任务中,需要在模拟实验功能关闭的情况下双击新网关,从而打开新网关监控界面。（　　　）

8. 在智慧农业综合应用系统的网关数据采集及控制仿真任务中,可以看到新网关的"有线传感"界面中共有 8 个开关(开关 0～开关 7),它们可分别控制 ADAM-4017+ 的 8 个 DO 端口所连接的执行器。（　　　）

9. 在智慧农业综合应用系统的串口数据采集及控制仿真任务中,无线传感器模块直接通过无线通信的方式将数据发送至串口服务器端口。（　　　）

10. 在智慧农业综合应用系统的网关数据采集及控制仿真任务中,无线传感器模块直接通过无线通信的方式将数据发送至网关。（　　　）

11. 在智慧农业综合应用系统的网关数据采集及控制仿真任务中,新网关监控界面中的传感器名称需要后续在 NLECloud 物联网云平台进行设置,否则会显示"未定义"字样。（　　　）

12. 实训仿真系统的虚拟串口工具不能通过串口控制实训仿真系统中的设备。

（   ）

13. 互相通信的 ZigBee 模块之间不需要统一域网地址（PAN ID）和通信信道（Channel），数据也能互通。（   ）

14. 传感器和执行器跟踪不同的信号，通过不同的方式进行操作，并且必须协同工作才能完成任务。（   ）

15. 在实训仿真系统中，多个具有相同额定电压的设备可以由同一个电源供电。

（   ）

16. 如果实训仿真系统的串口数据需要发送至虚拟串口工具的界面上，则串口服务器连接的传感器设备的串口号和串口服务器配置界面中虚拟串口工具对应的串口号要保持一致。（   ）

17. 在智慧农业综合应用系统的串口数据采集及控制仿真任务中，在配置网关时，应确保 ZigBee 底板和网关的相应配置一致。（   ）

18. 在实训仿真系统中设置网关序列号时，支持自定义设置，保证唯一性即可。

（   ）

四、填空题

1. 新网关监控界面左上角有一个"切换"按钮，该按钮可以切换_____与_____界面。

2. 新网关的"有线传感"界面主要展示_____采集的模拟传感器数据和_____采集的数字传感器数据。

3. 互相通信的 ZigBee 模块之间需要统一_____和_____。

4. 如果要通过 NLECloud 物联网云平台为传感器和执行器之间建立联动，首先需要单击"逻辑控制"菜单下的"_____"。

5. ZigBee 技术采用的协议标准为_____。

6. 在云平台侧添加网关连接的设备时，设备标识应与实训仿真系统中所设置的_____的_____一致。

五、简答题

1. 在智慧农业综合应用系统仿真中，如果云平台侧配置完毕后，设备无法"登入"平台，数据也不会同步在云平台中，试分析问题存在的原因及解决方法。

2. 举例说明 ADAM-4017+ 连接的有线模拟量传感器有哪些（至少 4 种），并说明每一类传感器相应的功能。

3. 谈一谈通过 NLECloud 物联网云平台控制实训仿真系统中的执行器设备需要经过哪些步骤。

4. 根据自己的理解，谈一谈传感器和执行器有什么区别。

参考文献

[1] 戴涵斐,胥琳.物联网产业应用及发展对策研究[J].现代营销(学苑版),2015(3):5.

[2] 徐英.基于IIoT思维的智能工厂架构及实践[J].仪器仪表用户,2020,27(8):99-105.

[3] 王智彪,冉鹏,陈巧.物联网技术在医疗服务领域的应用与发展现状[J].物联网学报,2018,2(3):1-10.

[4] 张花子,刘艺,崔文香.物联网在国内医疗领域的应用现状知识图谱[J].中国数字医学,2020,15(4):5.

[5] 张瑶,王傲寒,张宏.中国智能电网发展综述[J].电力系统保护与控制,2021,49(5):180-187.

[6] 王本菊.霍尔效应及其应用[J].中国校外教育,2011(6):76,107.

[7] 李亚龙.浅析红外遥控技术的有效应用[J].科技风,2018(33):73.

[8] 王瑞芬.2020年通信业统计公报[J].中国宽带,2021.

[9] KRASNIQI ZH,VERSHEVCI B. Smart Home:Automatic Control of Lighting through Z-Wave IoT technology[C]//IC-ISS 2020:9th International Conference on Information Systems and Security,2020.

[10] HUSSAIN N,N.D,KUMAR S S,Cn D. MEMS Sensors in IoT Applications[J]. Control & Instrumentation,2021,12(1):18-22.

[11] 潘小青,刘庆成.气体传感器及其发展[J].东华理工大学学报,2004,27(1):89-93.

[12] 王伟.传感器在基于物联网的智慧实验室中的应用[J].科学技术创新,2021(29):84-86.

[13] 王泳鋆,杨志红,贾蒙蒙.智能传感器在物联网中的应用探究[J].中国新通信,2022,24(4):74-76.

[14] 王淑华.MEMS传感器现状及应用[J].微纳电子技术,2011,48(8):516-522.

[15] 彭辉.物联网技术中磁传感器的应用[J].智能计算机与应用,2019,9(5):344-346.

[16] 郑兆聪.生活中常见的一维条码与二维码[J].中国自动识别技术,2021(6):60-62.

[17] 许释元.传感器的分类及生活中常见的应用探析[J].中国设备工程,2022(2):242-243.

[18] 倪皓然.浅析5G移动通信技术在物联网时代的应用[J].数字通信世界,2021(10):26-27.

[19] 张丹.5G网络下的物联网通信技术应用[J].电子世界,2021(24):51-52.

[20] 王明哲.5G通信技术下物联网的发展趋势[J].光源与照明,2021(12):54-55,110.

[21] 尤肖虎,潘志文,高西奇,等.5G移动通信发展趋势与若干关键技术[J].中国科学:信息科学,2014,44(5):551-563.

读者意见反馈

为收集对教材的意见建议，进一步完善教材编写并做好服务工作，读者可将对本教材的意见建议通过如下渠道反馈至我社。

咨询电话　　400-810-0598

反馈邮箱　　gjdzfwb@ pub. hep. cn

通信地址　　北京市朝阳区惠新东街 4 号富盛大厦 1 座

　　　　　　高等教育出版社总编辑办公室

邮政编码　　100029